# 大学物理实验讲义

## （修 订 版）

高兴茹　倪苏敏　张义民　主编

中国科学技术出版社

·北 京·

**图书在版编目(CIP)数据**

大学物理实验讲义/高兴茹，倪苏敏，张义民主编．—北京：中国科学技术出版社，2001.8
(2019.2 重印)

ISBN 978 – 7 – 5046 – 3115 – 2

Ⅰ.大… Ⅱ.①高…②倪…③张… Ⅲ.物理 – 实验 – 高等学校 – 教材 Ⅳ.04 – 33

中国版本图书馆 CIP 数据核字(2001)第 048312 号

| | |
|---|---|
| 责任编辑 | 杨 艳 |
| 封面设计 | 耕者设计工作者 |
| 责任校对 | 刘洪岩 |
| 责任印制 | 李晓霖 |

| | |
|---|---|
| 出　　版 | 中国科学技术出版社 |
| 发　　行 | 中国科学技术出版社发行部 |
| 地　　址 | 北京市海淀区中关村南大街 16 号 |
| 邮　　编 | 100081 |
| 发行电话 | 010 – 62173865 |
| 传　　真 | 010 – 62179148 |
| 投稿电话 | 010 – 63582180 |
| 网　　址 | http://www.cspbooks.com.cn |

| | |
|---|---|
| 开　　本 | 787mm×1092mm　1/16 |
| 字　　数 | 350 千字 |
| 印　　张 | 14.5 |
| 版　　次 | 2004 年 8 月第 1 版 |
| 印　　次 | 2019 年 2 月第 12 次印刷 |
| 印　　刷 | 北京九州迅驰传媒文化有限公司 |

| | |
|---|---|
| 书　　号 | ISBN 978 – 7 – 5046 – 3115 – 2/O · 63 |
| 定　　价 | 28.00 元 |

# 前　言

本书是根据教育部物理学与天文学教学指导委员会颁布的《理工科类大学物理实验课程教学基本要求》(2010 年版),在我校多年教学实践基础上改编而成的。

大学物理实验是学生进入大学后遇到的第一门实验课,它既要以中学物理实验为起点,又要为以后其他实验实训课适当配合,还要注意到当前工科物理实验的学时,因此我们在这次改编中,对实验题目做了一些调整,保留了一些基本内容,增加了一些近代物理的内容和传感器方面的内容,提高了实验的综合性和实用性。

本书对各实验的原理都做了简要的论述,使学生通过实验课能比较好地掌握和运用理论知识,在各实验中都介绍了主要实验仪器,并比较详细地说明了实验方法和步骤,这样可使学生很快地独立完成实验,在一些实验中还提出几种实验方法供学生选用,以利于因材施教,在一些实验中给出了数据记录表格,供学生参考使用。

全书共六章。第一章,测量误差及数据处理的基本知识;第二章,基础性实验;第三章,综合性实验;第四章,研究性实验;第五章,设计性实验;第六章,应用性实验。

第二章到第六章共选了 37 个实验。在附录中介绍了一些物理实验室常用设备和世界十大经典物理实验。本书的编写始终围绕着如何提高学生综合素质而进行。

本书的完成凝聚了近些年物理教研室全体教师和实验技术人员的智慧和劳动,是一项集体创作。本书由高兴茹、倪苏敏、张义民主编。参加本书编写工作的有:高兴茹、倪苏敏、张义民、宗广智、张东、姜黎霞、李琳、尚宏龄、陆军、姚淑娜、赵敏、王雪梅、孙会娟、吴萍、钱卉仙、母小云、王云志、陶进前、张春柏、陈谊等教师。本书插图由刘萍、张颖、李琳、倪苏敏等教师绘制。

本书得到北京联合大学各级领导的大力支持和帮助,在此表示衷心感谢。

由于编者水平有限,难免有错误和不足之处,恳请读者批评指正。

编　者

2012 年 1 月

# 目　　录

# 绪　　论

## 一、要重视物理实验

物理实验是理工科院校学生进行科学实验基本训练的一门独立的基础课程,是学生进入大学后受到系统实验方法和实验技能训练的开端。理工科学生学好物理学和物理实验,获得进行科学实验的基本技能和经验,对后继工程技术课程的学习以至从事科学技术工作将起到重要作用。

科学实验是人们按照一定的研究目的,借助特定仪器设备,在预先安排和严格控制的条件下对自然事物和现象进行精密、反复的观察和测试,以探索其内部的规律性的过程。这种对自然有目的、有控制、有组织的探索活动是现代科学技术发展的源泉。如果没有科学实验,现代科学技术永远不会达到目前的成就。

大学教育,不仅要求学生掌握已知,更要培养学生探索未知的能力。近年来随着物理实验教学体系与内容的改革,物理实验课在高素质人才培养中越来越显示其独特的地位和重要性。

"物理学是以实验为本的科学",这一精辟论述出自诺贝尔物理学奖获得者、著名理论物理学家杨振宁教授的一则题词。这是物理学界的共识。无论是物理规律的发现,还是物理理论的验证都要靠实验。在物理学发展过程中,人类积累了丰富的实验方法,创造出各种精巧的仪器设备,涉及广泛的物理现象,这就使物理实验课有了充实的教学内容。学生从中可以学到许多基本实验方法和实验技能,观察到许多生动的自然现象,物理实验在客观实际的事物与抽象模型化的物理理论之间架起桥梁,使学生在应用理论于实践的过程中,加深对理论的理解,提高分析和解决实际问题的能力。

## 二、物理实验课的教学目的

物理实验课将使学生得到系统实验方法和实验技能的训练,使学生初步了解科学实验的主要过程和基本方法,为今后的学习和工作奠定良好的基础。物理实验课是一门实践性课程。学生在教师指导下,通过自己独立完成实验课题增长知识,提高能力。整个教学活动的进行也将有助于学生作风、态度及品德的培养和素质的提高。

本课程要完成三项具体任务:

(1)通过对实验现象的观察、分析和对物理量的测量,学习物理实验知识,加深对物理学原理的理解。

(2)培养与提高学生的科学实验能力。其中包括:

① 能够通过阅读实验教材或资料,做好实验前的准备;

② 能够借助教材或仪器说明书正确使用常用仪器;

③ 能够运用物理学理论对实验现象进行初步的分析判断；

④ 能够正确记录和处理实验数据、绘制曲线、说明实验结果和撰写合格的实验报告；

⑤ 能够完成简单的、具有设计性内容的实验和研究性内容的实验。

（3）培养与提高学生的科学实验素养。要求学生具有理论联系实际和实事求是的科学作风，严肃、认真的工作态度，主动研究的探索精神，遵守纪律、团结协作和爱护公共财产的优良品德。

### 三、物理实验课的主要环节

物理实验课的基本程序一般分为三个阶段。

**1. 实验前的预习**

每次实验课前要做好实验准备工作。通过阅读实验教材和参考资料，弄清本次实验的目的、原理和所要使用的仪器，明确测量方法，了解实验要求及实验中特别要注意的问题等，在此基础上写出简要的预习报告。预习报告包括：实验名称、目的、仪器、简要的原理及计算公式、简单的电路图或光路图以及记录测试数据的表格。

预习得好坏将决定能否主动、顺利地进行实验。

**2. 实验操作**

实验操作是物理实验基本程序中的核心，是学生主动研究、积极探索的好时机。每一实验收获的大小，主要取决于学生主观能动性的发挥程度。

在动手操作前应首先认识和熟悉仪器，了解使用方法，记录仪器的规格型号，然后进行仪器的安装（或连接电路）、调试。实验要按步骤井井有条地进行。在正式获取实验数据之前，要把仪器设备调试到最佳工作状态。要明确每步操作的意义，要掌握正确的调整操作方法，要认真观察实验现象，正确记录实验数据。实验中若出现不正常情况要及时请教教师，不要自己随意处理。如果对实验有新的想法或想进一步深入研究，需向指导教师说明并经同意后进行。实验完毕，实验数据需经教师审阅、签字，再将仪器整理好。

**3. 整理实验报告**

实验报告是实验成果的文字报道，是实验过程的总结。要写好一份实验报告，应做到：认真学习和掌握实验原理和方法，正确进行数据处理和误差分析，记录并分析实验中观察到的现象，正确表示出测量结果，并对结果做出合理分析和讨论。

实验报告内容包括：

① 实验名称。

② 实验目的。

③ 实验仪器。写明主要仪器的规格、型号和被测样品编号。

④ 实验原理。简要叙述有关物理内容（包括电路图、光路图或实验装置示意图）及测量中依据的主要公式，式中各量的物理含义及单位，公式成立所应满足的实验条件等。

⑤ 实验步骤。根据实际的实验过程写明关键步骤和安全注意要点。

⑥ 原始数据记录。预习时应根据实验要求拟好数据记录表格（用另一张纸写），上课前交给教师审查，进行实验时应直接将实验数据记在原始记录表格上。原始记录是实验工作的第一手资料，是实验工作中最有价值的技术资料，做好原始记录是进行科学实验的基本功之一。同学们应给予足够重视。

⑦ 数据表格与数据处理。记录中应有仪器编号、规格及完整的实验数据。要完成数据计算、曲线图绘制及误差分析。最后写明实验结果。

⑧ 实验结论与分析。对本次实验所得结果和实验中出现的现象进行分析,实验的收获和建议。

写出一份文字简练、通顺,字迹清楚,数据齐全,图表规范、正确的实验报告是对学生基本的要求,也是学生应具备的基本能力。

## 四、严格基本训练,培养科学实验素养

进行科学实验训练是为成才练基本功。实验能力的提高是一点一滴积累起来的,严格的科学实验训练是从一招一式做起的。例如,正确使用仪器就涉及怎样使仪器有最合理布局,按什么顺序调节仪器最便捷,还有调零、消视差等在操作中都需要考虑到。

实验不能只为测得几个数据,要充分利用实验的机会来培养自己的动手能力:遇到困难或在实验中出现不理想的情况不要一概归咎于仪器,而是要认真分析观察到的现象,找出原因,自己动手排除障碍,使实验顺利进行。其实,在实验中遇到困难是正常的,也是一件好事,使我们有更多思考问题和处理问题的机会。

物理实验中所选择的实验项目,集中了许多科学实验的训练内容,其中包含许多具有普遍意义的实验知识、实验方法和实验技能。初学实验者必须在每一个实验后进行归纳、总结,这样就能不断积累实验知识,提高实验技能。例如,一个实验的实际环境条件是否满足实验涉及的物理原理,作了哪些简化,实验体现了哪些基本实验方法,用了哪些数据处理方法等。

好奇心是一名优秀科技人员必须具有的心理特征之一。学生在实验时也要有好奇心。这样就会发现更多的实验现象,就会体会到更多的实验设计和仪器设计中的妙处,就有更多思考问题的机会和更多实验知识的积累。

"千里之行,始于足下。"同学们要以培养自己成为严谨的科技工作者的远大志向,认真做好每一个实验,加速提高自己的实验能力和实验素养。

## 五、实验室规则

(1) 学生进入实验室需带上预习报告和记录实验数据的表格,经教师检查同意后,方可进行实验。

(2) 遵守课堂纪律,保持安静的实验环境。

(3) 使用电源时,务必经过教师检查线路后才能接通电源。

(4) 爱护仪器。学生应按规定的组号使用该组仪器进行实验。并在仪器使用登记卡上签上自己的姓名。未经允许,不得擅自取用别组仪器。实验中严格按教材或仪器说明书操作,如有损坏,照章赔偿。公用工具用完后应立即放回原处。

(5) 做完实验,经教师审查测量数据并签字后,学生应将仪器整理还原,将桌面和凳子收拾整齐,然后离开实验室。

(6) 要及时交实验报告(一般在两周之内)。在实验报告上应有教师签字的原始记录,否则该次实验不予承认。

# 第一章 测量误差及数据处理

## 第一节 测量误差的基本知识

### 一、测量与误差

#### 1. 测量

在物理实验中除了要仔细观察实验过程中发生的现象外,还要探索物理现象所遵循的规律,找到物理量之间的相互关系,特别是定量关系,这就必须对各物理量进行测量。

测量就是借助仪器,通过一定的方法进行实验比较,以某一计量单位把待测量定量地表示出来。测量中除特殊情况外,计量单位一般都采用国际单位制,如:千克(kg),米(m),秒(s)等。

按测量方法,测量可以分为直接测量和间接测量两种。

直接测量是将待测量与预先标定好的仪器、量具进行比较,直接从仪器、量具上读出量值大小的测量。例如,用米尺测长度,用天平称质量,用秒表测时间等都是直接测量,相应的物理量称为直接测量量。

间接测量则是依据待测量和某些直接测量量的函数关系,求出待测量数值的测量。例如,通过直接测量铜柱的高度 $H$、直径 $D$ 和质量 $M$ 来确定铜柱密度 $\rho$

$$\rho = \frac{M}{V} = \frac{4M}{\pi D^2 H}$$

这里 $D$ 和 $H$ 是直接测量量,$\rho$ 就是间接测量量。

#### 2. 测量误差

任何一个物理量,在一定的条件下都具有一定的数值,这是客观存在的。这个客观数值称为物理量的真值,我们用 $x_0$ 表示,测量的目的就是要获得测量的真值。但是,由于实验条件、测量方法、测量仪器等各种因素的影响,测量结果不可能准确无误,所以测量值(用 $x$ 表示)与真值之间总存在着差异,这种差异称作测量误差,测量误差可以用绝对误差($\Delta x$)表示,也可以用相对误差($E$)表示。

$$绝对误差 = 测量结果 - 被测量的真值$$

即

$$\Delta x = x - x_0 \qquad (一般取 1 位) \quad (1.1)$$

$$相对误差 = \frac{测量的绝对误差}{被测量的真值} \times 100\%$$

即

$$E = \frac{\Delta x}{x_0} \qquad \text{（最多取 2 位）} \quad (1.2)$$

## 二、系统误差与随机误差

误差存在于测量过程的始终,引起误差的因素是多方面的,在实验中必须抓住那些起主要作用的因素。测量中的误差主要分为系统误差和随机误差两种类型,这两种不同性质的误差要用不同的方法处理。

**1. 系统误差**

在相同条件下多次测量同一物理量时,测量值总是有规律地朝着某方向偏离真值的误差,称为系统误差。系统误差主要来源于仪器本身的缺陷或实验理论、实验方法的不严密。系统误差不能通过多次测量的方法消除,只能找到产生系统误差的原因,采用相应的方法消除或减少。

**2. 随机误差**

由于偶然或不确定的因素造成测量误差,其大小和正负都带有随机性,这类误差称为随机误差或偶然误差。例如,电压的随机波动,温度的微小起伏等。一般增加测量次数可以减少随机误差。

## 三、随机误差的估算

在下面的讨论中,我们约定系统误差已经消除或修正,只剩下随机误差。随机误差可以进行估算。下面我们介绍几种误差的估算方法。

**1. 直接测量误差的估算**

（1）单次测量

在实际实验中,有些量是在动态中测量的,例如,在升温过程中测量温度。这些量不可能进行多次重复测量。有些量根据实验的要求没有必要进行多次测量,我们可以取单次测量的值,作为测量结果。在单次测量的情况下,仍存在测量误差的估算。在正确使用仪器的情况下,测量误差一般不会超过仪器误差。因此在单次测量中可按仪器出厂鉴定书或仪器上直接注明的仪器误差 $\Delta_{仪}$,作为单次测量的误差。如没有注明也可取仪器最小刻度的一半作为单次测量的误差。

（2）多次重复测量

为了减小随机误差,在可能的情况下总是进行多次测量,将各次测量的算术平均值作为测量的结果。在测量条件相同的条件下,对测量进行了 $n$ 次测量（称为等精度测量）。测得 $n$ 个值 $x_1, x_2, \cdots, x_n$,它们的算术平均值为

$$\bar{x} = \frac{1}{n}(x_1 + x_2 + \cdots + x_n) = \frac{1}{n}\sum_{i=1}^{n} x_i \qquad (1.3)$$

根据误差的统计理论,在一组 $n$ 次测量中,其算术平均值 $\bar{x}$ 最接近于真值,称为最佳值,我们可以把它近似看作为真值。

在物理实验中,测量值的随机误差的估算方法主要有两种,分别介绍如下:

① 算术平均误差[①]：

这种估算方法比较粗略，但计算方法简单。在实验中，除特别声明外都可用此法。

设各次测量值 $x$ 与平均值 $\bar{x}$ 的误差分别为：

第一次测量的误差 $\Delta x_1 = x_1 - \bar{x}$

第二次测量的误差 $\Delta x_2 = x_2 - \bar{x}$

$\vdots$

第 $i$ 次测量的误差 $\Delta x_i = x_i - \bar{x}$

第 $n$ 次测量的误差 $\Delta x_n = x_n - \bar{x}$。

把各次测量的误差取算术平均值，就是测量结果的算术平均误差。

$$\Delta x = \frac{1}{n}(\,|\Delta x_1| + |\Delta x_2| + \cdots + |\Delta x_n|\,)$$

$$= \frac{1}{n}\sum_{i=1}^{n}|\Delta x_i| \qquad (\text{注意：算术值只取正数})(1.4)$$

② 标准误差（方均根误差）：

在正式的误差分析和计算中大多采用此法。

（a）仍用算术平均值作为测量的最佳值来代替真值，依次写出各次测量值的误差：

$$\Delta x_i = x_i - \bar{x} \quad (i = 1,2,\cdots,n)$$

（b）标准误差的定义：

在有限次（$n$ 次）测量中的某一次测量值的标准误差用 $S_x$ 表示：

$$S_x = \sqrt{\frac{\sum_{i=1}^{n}(x_i - \bar{x})^2}{n-1}} = \sqrt{\frac{\sum_{i=1}^{n}(\Delta x_i)^2}{n-1}} \qquad (1.5)$$

（1.5）式称为贝赛尔公式。标准误差不是测量值的实际误差，也不是误差范围，它只是对一组测量值可靠性的估计，一组值（测 $n$ 次）的标准误差为 $S_x$，就表示在该组测量值中，任一个测量值的误差，有 68.3% 的可能性是在（$-S_x$，$+S_x$）区间内。所以在同一组测量值中，任一测量值的标准误差都是 $S_x$。而算术平均值的标准误差用 $\delta_x$ 表示，称为均值误差

$$\delta_x = \frac{S_x}{\sqrt{n}} = \sqrt{\frac{\sum_{i=1}^{n}(\Delta x_i)^2}{n(n-1)}} \qquad (1.6)$$

它也只表示算术平均值的误差有 68.3% 的可能性落在 $\pm\delta_x$ 的区间上。

显然 $\delta_x < S_x$ 这说明算术平均值的可靠性高于任何一次测量值。

假定多次测量结果的误差估算用算术平均误差 $\Delta x$，考虑到多次测量也有仪器误差 $\Delta_{仪}$ 的影响，因此直接测量误差

当 $\Delta x > \Delta_{仪}$ 时，取 $\Delta x$；

当 $\Delta x < \Delta_{仪}$ 时，取 $\Delta_{仪}$。

**2. 间接测量误差的估算**

间接测量的结果是由直接测量通过数学公式计算出来的。既然公式中所包含的直接测

① 严格来讲，误差是测量值与真值之差。但真值不可能测得，只能用算术平均值代替。各次测量值与平均值之差称为偏差，误差与偏差是有差别的。但习惯上往往不去区分偏差与误差的细微区别，所以在这里就把偏差称为误差。

量结果都是有误差的,那么间接测量的结果也必然有误差,这就是误差的传递。直接测量误差对间接测量误差的影响可以由相应的数学公式(称为误差传递公式)计算出来。

下面介绍通过误差传递公式计算间接测量误差的一般方法。

设间接测量结果 $y$,是直接测量结果 $x_1,x_2,\cdots$ 的函数,即 $y=f(x_1,x_2,\cdots)$,其中 $x_1,x_2,\cdots$ 都是相互独立的测量值,当 $x_1,x_2,\cdots$ 存在误差 $\Delta x_1,\Delta x_2,\cdots$ 时,使 $y$ 产生了相应的误差 $\Delta y$。由于误差都远小于测量值,所以误差相对于测量值来说都是微小量。因而误差传递可根据数学上的全微分求出。步骤如下:

(1)写出 $y$ 的全微分

$$dy = \frac{\partial f}{\partial x_1}dx_1 + \frac{\partial f}{\partial x_2}dx_2 + \cdots$$

(2)把微分号"d"用误差符号"Δ"代替,并把全微分公式改写成误差传递公式,这个步骤称为误差的合成。常用的合成方法有绝对值合成和方均根合成两种。这里只介绍绝对值合成。

把全微分公式改写成如下的误差传递公式

$$\Delta y = \left|\frac{\partial f}{\partial x_1}\Delta x_1\right| + \left|\frac{\partial f}{\partial x_2}\Delta x_2\right| + \cdots \tag{1.7}$$

$\Delta y$ 是间接测量的绝对误差。

遇到积商形式的测量时,则先对测量式取自然对数再求全微分,最后写出误差公式较为简便。即对 $y=f(x_1,x_2,\cdots)$ 取对数,

$$\ln y = \ln f(x_1,x_2,\cdots)$$

求全微分

$$\frac{dy}{y} = \frac{\partial \ln f}{\partial x_1}dx_1 + \frac{\partial \ln f}{\partial x_2}dx_2 + \cdots$$

改写成误差传递公式

$$\frac{\Delta y}{y} = \left|\frac{\partial \ln f}{\partial x_1}\Delta x_1\right| + \left|\frac{\partial \ln f}{\partial x_2}\Delta x_2\right| + \cdots \tag{1.8}$$

这里 $\frac{\Delta y}{y}$ 是相对误差。求出相对误差后,可由

$$\Delta y = \frac{\Delta y}{y}y$$

再求出绝对误差 $\Delta y$。

绝对值合成方法与实际误差合成方法的情况可能有较大的出入,但比较简单,是一种常用的、简化的处理方法。我们在实验中一般都用这种方法来处理。

**例1** 测得三个电阻的阻值分别为

$$R_1 = 1060 \pm 1(\Omega)$$
$$R_2 = 520.0 \pm 0.7(\Omega)$$
$$R_3 = 2745 \pm 3(\Omega)$$

求三个电阻串联后的阻值 $R$ 及误差 $\Delta R$,并写出测量结果。

解:(1)三个电阻串联的函数式为

$$R = R_1 + R_2 + R_3$$

（2）求全微分：（因测量式是和差形式的函数，故先求绝对误差较方便）

$$\mathrm{d}R = \frac{\partial R}{\partial R_1}\mathrm{d}R_1 + \frac{\partial R}{\partial R_2}\mathrm{d}R_2 + \frac{\partial R}{\partial R_3}\mathrm{d}R_3$$

有

$$\mathrm{d}R = \mathrm{d}R_1 + \mathrm{d}R_2 + \mathrm{d}R_3$$

（3）写成误差传递公式：

绝对值合成：

$$\Delta R = |\Delta R_1| + |\Delta R_2| + |\Delta R_3|$$

（4）计算：

$$R = R_1 + R_2 + R_3$$
$$= 1060 + 520.0 + 2745.0 = 4325.0(\Omega)$$
$$\Delta R = |\Delta R_1| + |\Delta R_2| + |\Delta R_3|$$
$$= 1 + 0.7 + 3 = 4.7 \approx 5(\Omega)$$

（绝对误差一般只保留一位数，首位是 1 的可保留两位）

相对误差 $E = \dfrac{\Delta R}{R} = \dfrac{5}{4325} = 0.12\%$（相对误差一般保留两位小数）

（5）测量结果：

$$R = 4325 \pm 5(\Omega)$$
$$E = 0.12\%$$

（测量的末位数字应与绝对误差位数取齐）

**例2** 用流体静力称衡法测固体密度 $\rho$ 的公式为

$$\rho = \frac{m_1}{m_1 - m_2}\rho_0$$

测量 　$m_1 = 24.37 \pm 0.03(\mathrm{g})$
　　　　$m_2 = 15.04 \pm 0.03(\mathrm{g})$
　　　　$\rho_0 = 0.9982 \pm 0.0003(\mathrm{g/cm^3})$

试写出 $\rho$ 的测量结果。

解：（1）测量式 $\rho = \dfrac{m_1}{m_1 - m_2}\rho_0$；

（2）求全微分（因测量式是积商形式的函数，故先求相对误差较简便）。

取对数 $\ln\rho = \ln m_1 - \ln(m_1 - m_2) + \ln\rho_0$

求全微分

$$\frac{\mathrm{d}\rho}{\rho} = \frac{\mathrm{d}m_1}{m_1} - \frac{\mathrm{d}m_1 - \mathrm{d}m_2}{m_1 - m_2} + \frac{\mathrm{d}\rho_0}{\rho_0}$$

合并同一变量系数

$$\frac{\mathrm{d}\rho}{\rho} = \left(\frac{1}{m_1} - \frac{1}{m_1 - m_2}\right)\mathrm{d}m_1 + \frac{\mathrm{d}m_2}{m_1 - m_2} + \frac{\mathrm{d}\rho_0}{\rho_0}$$
$$= \left[\frac{-m_2}{m_1(m_1 - m_2)}\right]\mathrm{d}m_1 + \frac{1}{m_1 - m_2}\mathrm{d}m_2 + \frac{\mathrm{d}\rho_0}{\rho_0}$$

（3）写成误差传递公式：

　　绝对值合成：

$$\frac{\Delta\rho}{\rho} = \left|\frac{-m_2}{m_1(m_1 - m_2)}\right|\Delta m_1 + \left|\frac{1}{m_1 - m_2}\right|\Delta m_2 + \left|\frac{1}{\rho_0}\right|\Delta\rho_0$$

（4）测量结果的表示：

$$\rho = 2.607 \pm 0.014(\mathrm{g/cm^3})$$
$$E = 0.54\%$$

# 第二节　测量不确定度简介

## 一、"测量不确定度"的概念

前面对测量结果中可能存在的各种误差作了简要介绍。这些误差的存在，使得测量结果具有一定程度的不确定性。

一个测量值必须说明其可靠程度。长期以来，人们用误差来表征测量结果可信程度的高低。一般认为误差越小，测量结果的可信度越高。然而，根据测量误差的定义（测量结果与真值的差值），"真值"是无法确定的，它只是一个理想值，因此，测量误差通常是无法确定的，不能直接用作测量结果准确度的量化表示。为了对测量值的准确程度给出一个量化表述，有必要在测量误差的基础上给出一个"测量不确定度"的概念。

以前国内外对于测量结果的不确定度的表述、运算规则都不尽统一。1992 年国际计量大会制定了《测量不确定度表达指南》（以下简称《指南》）这一具有国际指导性的文件。我国国家技术监督局决定于 1992 年 10 月 1 日正式开始采用不确定度进行误差的评定工作。在实验中全面采用不确定度来评价测量结果已成为必然趋势。下面将以《指南》为基础，结合我校实验教学的具体情况，简单介绍测量不确定度概念。

测量不确定度是与测量结果相关联的一个必不可少的参数。测量不确定度反映了测量值可信赖的程度，其定义如下：

对某一物理量进行测量，测量值 $x$ 与真值 $x_0$ 之差的绝对值以一定的概率（如置信概率 $P = 68.3\%$）分布在 $-\Delta \sim \Delta$ 之间，即

$$|x - x_0| \leqslant \Delta \quad (\text{置信概率 } P = 68.3\%) \tag{1.9}$$

依照相对误差的定义，相对不确定度为

$$E = \frac{\Delta}{x} \times 100\% \tag{1.10}$$

## 二、直接测量结果的不确定度评定

由于误差的来源很多，测量结果的不确定度一般也包含几个分量，在修正了可定系统误差之后，把余下的全部误差归为 $A$、$B$ 两类不确定度分量。

**1. 不确定度 $A$ 类分量 $\Delta_A$**

多次重复测量，用统计方法求出的分量，称为不确定度 $A$ 类分量，记为 $\Delta_A$。在实际测量中，一般只能进行有限次的测量，这时，测量误差不完全服从正态分布规律，而是服从称之为 t 分布（又称学生分布）的规律。在这种情况下，对测量误差的估计，就要在贝塞尔公式（1.5）的基础上再乘以一个因子。在相同条件下，对同一被测量量作 $n$ 次测量，若只计算总不确定

度的 $A$ 类分量 $\Delta_A$,那么它等于测量值的标准偏差 $S_x$ 乘以一因子 $\dfrac{t_p}{\sqrt{n}}$,即

$$\Delta_A = \frac{t_p}{\sqrt{n}} \delta_x \tag{1.11}$$

式中,$\dfrac{t_p}{\sqrt{n}}$ 是与测量次数 $n$、置信概率 $P$ 有关的量。

概率 $P$ 及测量次数 $n$ 确定后,$\dfrac{t_p}{\sqrt{n}}$ 也就确定了。$t_p$ 的值可以从专门的数据表中查得,当 $P = 0.95$ 时,$\dfrac{t_p}{\sqrt{n}}$ 的部分数据可以从表 1 - 1 中查到。

表 1 - 1　测量次数与 $\dfrac{t_p}{\sqrt{n}}$ 因子的关系表

| 测量次数 $n$ | 2 | 3 | 4 | 5 | 6 | 7 | 8 | 9 | 10 |
|---|---|---|---|---|---|---|---|---|---|
| $\dfrac{t_p}{\sqrt{n}}$ 因子的值 | 8.98 | 2.48 | 1.59 | 1.24 | 1.05 | 0.93 | 0.84 | 0.77 | 0.72 |

大学物理实验中测量次数 $n$ 一般不大于 10。从该表可以看出,当 $5 < n \leqslant 10$ 时,因子 $\dfrac{t_p}{\sqrt{n}}$ 近似于 1,误差并不是很大。这时式(1.11)可简化为

$$\Delta_A = \delta_x = \frac{S_x}{\sqrt{n}} \tag{1.12}$$

计算表明,在 $5 < n \leqslant 10$ 时,作 $\Delta_A = \delta_x$ 近似,置信概率近似为 0.95 或更大。即当 $5 < n \leqslant 10$ 时,取 $\Delta_A = \delta_x$ 已可使被测量的真值落在 $\bar{x} \pm \delta_x$ 范围内的概率接近或大于 0.95。因此我们可以这样简化:

直接把 $\delta_x$ 的值当作测量结果的 $A$ 类不确定度的分量 $\Delta_A$。当然,测量次数 $n$ 不在上述范围或要求误差估计比较精确时,要从有关数据表中查出相应的因子 $\dfrac{t_p}{\sqrt{n}}$ 的值。

**2. 不确定度的 $B$ 类分量 $\Delta_B$**

测量中凡是不符合统计规律的不确定度分量,称为不确定度的 $B$ 类分量,记为 $\Delta_B$。

在实验中尽管有多方面的因素存在,一般只考虑仪器误差这一主要因素。因此我们约定:在大学物理实验中的大多数情况下,用仪器的等价标准差近似表示不确定度的 $B$ 类分量,即

$$\Delta_B = \frac{\Delta_仪}{c} \tag{1.13}$$

因子 $c$ 与仪器误差的分布规律有关。如果仪器误差服从均匀分布规律,则 $c = \sqrt{3}$;若服从正态分布,则 $c = 3$;在不能确定其分布规律的情况下,本着不确定度取偏大值的原则,也取 $c = \sqrt{3}$。因此,在本课程中,我们一律将 $c$ 取为 $\sqrt{3}$,即

$$\Delta_B = \frac{\Delta_仪}{\sqrt{3}} \tag{1.14}$$

## 3. 合成不确定度

在各不确定度分量相互独立的情况下,将两类不确定度分量按"方和根"的方法合成,构成合成不确定度,即

$$\Delta = \sqrt{\Delta_A^2 + \Delta_B^2} \tag{1.15}$$

在许多情况下,需要采用95%、99%或99.7%等较高的置信概率。这时,可以在合成不确定度前乘以一个包含因子 $k$ 来扩展不确定度。国家技术监督局1994年建议:对待测量服从正态分布时,通常对置信概率为 $P = 68.3\%$ ,近似地取 $k = 1$ ;对置信概率为 $P = 95.0\%$ ,近似地取 $k = 2$ ;对置信概率为 $P = 99.7\%$ ,近似地取 $k = 3$ 。

在大学物理实验课程中,除特别说明外,置信概率均取 $P = 68.3\%$ 。

## 4. 测量结果的不确定度表示

按照国家计量局1980年的建议书,直接测量量 $x$ 的测量结果可表示为:

$$x = \bar{x} \pm \Delta \quad (置信概率 P = 68.3\%) \tag{1.16}$$

相对不确定度表示为:

$$E = \frac{\Delta}{\bar{x}} \times 100\% \tag{1.17}$$

**例1** 用量程为 $0 \sim 25$ mm 的一级螺旋测微计( $\Delta_仪 = 0.005$ mm)对一铁板的厚度进行了8次重复测量,以 mm 为单位,测量数据为:3.784,3.779,3.786,3.781,3.778,3.782,3.780,3.778。螺旋测微计的零点读数为 0.008mm,求测量结果。

解:可求得铁板的厚度的平均测量值为:

$$\bar{L} = 3.781\text{mm}$$

测量数据如下表所示:

| 次数 | 1 | 2 | 3 | 4 | 5 | 6 | 7 | 8 |
|------|------|------|------|------|------|------|------|------|
| $L$(mm) | 3.784 | 3.779 | 3.786 | 3.781 | 3.778 | 3.782 | 3.780 | 3.778 |
| $\Delta L$(mm) | 0.003 | $-0.002$ | 0.005 | 0 | $-0.003$ | 0.001 | $-0.001$ | $-0.003$ |

计算某次测量的实验标准差为

$$S_x = \sqrt{\frac{\sum_{i=1}^{8}(L_i - \bar{L})^2}{8 - 1}} = 0.0029\text{mm} \ (\text{中间运算多取一位,下同})$$

算术平均值的标准误差 $\delta_x$

$$\delta_x = \frac{S_x}{\sqrt{n}} = 0.0010\text{mm}$$

由此得 $A$ 类不确定度为

$$\Delta_A = \delta_x = \frac{S_x}{\sqrt{n}} = 0.0010\text{mm}$$

$B$ 类不确定度为

$$\Delta_B = \frac{\Delta_仪}{\sqrt{3}} = \frac{0.005}{\sqrt{3}}\text{mm} = 0.0029\text{mm}$$

合成不确定度为

$$\Delta = \sqrt{\Delta_A^2 + \Delta_B^2} = \sqrt{0.0010^2 + 0.0029^2}\ \text{mm} = 0.003\ \text{mm}$$

修正螺旋测微计的零点误差,得铁板的厚度的平均测量值为:

$$\bar{L}' = (3.781 - 0.008)\ \text{mm} = 3.773\ \text{mm}$$

测量结果表示为

$$L' = (3.773 \pm 0.003)\ \text{mm} \quad (\text{置信概率}\ P = 68.3\%)$$

相对不确定度为

$$U_r = \frac{\Delta}{\bar{L}'} = \frac{0.003}{3.773} = 0.80\%$$

### 三、间接测量的结果的不确定度评定

设间接测量量 $y$ 与直接测量量 $x_1, x_2, x_3, \cdots$ 的函数关系为

$$y = f(x_1, x_2, x_3, \cdots) \tag{1.18}$$

由于 $x_1, x_2, x_3, \cdots$ 具有不确定度 $\Delta_{x_1}, \Delta_{x_2}, \Delta_{x_3}, \cdots$, $y$ 也必然具有不确定定度 $\Delta_y$。因为不确定度是一个微小量,故可以借助于微分手段来计算。

对于以加减运算为主的函数,先求全微分得

$$\mathrm{d}y = \frac{\partial f}{\partial x_1}\mathrm{d}x_1 + \frac{\partial f}{\partial x_2}\mathrm{d}x_2 + \cdots \tag{1.19}$$

当直接测量结果 $x_1, x_2, x_3, \cdots$ 彼此独立时,间接测量结果 $y$ 的不确定度为各分量的均方根,即

$$\Delta_y = \sqrt{\left(\frac{\partial f}{\partial x_1}\right)^2 (\Delta_{x_1})^2 + \left(\frac{\partial f}{\partial x_2}\right)^2 (\Delta_{x_2})^2 + \cdots} \tag{1.20}$$

对于乘除运算为主的函数,则先取自然对数,再取微分得

$$\frac{\mathrm{d}y}{y} = \frac{\partial \ln f}{\partial x_1}\mathrm{d}x_1 + \frac{\partial \ln f}{\partial x_2}\mathrm{d}x_2 + \cdots \tag{1.21}$$

由此得间接测量结果 $y$ 的相对不确定度为

$$\frac{\Delta_y}{y} = \sqrt{\left(\frac{\partial \ln f}{\partial x_1}\right)^2 (\Delta_{x_1})^2 + \left(\frac{\partial \ln f}{\partial x_2}\right)^2 (\Delta_{x_2})^2 + \cdots} \tag{1.22}$$

## 第三节　有效数字及其运算

在实验中我们所测的被测量都是含有误差的数值,对这些数值不能任意取舍,要根据测量误差来定,所以在记录数据、计算以及书写测量结果时,究竟应写出几位数字,必须遵循一定的法则,这就是有效数字及其运算的规则。

### 一、有效数字

#### 1. 有效数字的定义

测量结果中可靠的几位数字加上存疑的一位数字统称为测量结果的有效数字。例如,用毫米分度的米尺测量一物体的长度,测得物体的长度在 13.4~13.5 cm 之间。因为米尺的最小分度是 1 mm,所以正确的读数除了读出米尺上有刻线的位数 13.4 之外,还应该估计一位,即读到十分之几毫米。例如,测得物体长度为 13.47 cm。其中 13.4 三个数字都是准确

的,只有 7 是估计的。当然不可能估计得非常准确,故"7"这个数字称为存疑数字,有效数字中只保留一位(最后一位)存疑数字,多保留是没有意义的。13.47 称为四位有效数字。同理,20.013称为五位有效数字。其中的 3 是存疑的。3 前面的数字都是准确的。值得注意的是当物体的两端正好都与米尺的刻线对齐时,别忘了存疑数字"0"。例如,某物体长度为25.70cm,表示"0"是存疑的,另一位同学测量时,很可能测得长度为 25.69cm 或 25.71cm。如果测量结果是 15.00cm,则表示物体的一端与"15cm"的刻线对齐,不可能与 14.9cm 或15.1cm的刻线对齐。所以前面三个数字"15.0"都是准确的,只有最后一个"0"才是存疑的,15.00 也是四位有效数字。

### 2. 确定测量结果的有效数字的方法

根据有效数字的定义,有效数字的最后一位也应是随机误差所在的那一位。因为随机误差本身就是一个估计值,因此在一般情况下误差的有效数字只取一位,特殊情况也不能超过两位。在书写测量结果时,测量值的最后一位数应与误差位对齐。例如:

$$R = 4325 \pm 5(\Omega)$$

$$\rho = 2.607 \pm 0.014(\text{g/cm}^3)$$

由此可知,测量结果的有效数字完全由绝对误差决定。

有效数字一方面表示了被测量的数值,同时也表示了测量仪器的精度。同一物体用不同精度的仪器来测量时,得到的有效数字不同。有效数字位数越多测量的精度就越高。例如,分别用不同精度的测量仪器对同一铝块的厚度 $d$ 做单次测量,测量结果如下:

用钢尺测量( $\Delta_{仪} = 0.5\text{mm}$ )得

$$d = 4.0 \pm 0.5\text{mm}, \quad E = \frac{0.5}{4.0} = 13\%$$

用卡尺测量( $\Delta_{仪} = 0.02\text{mm}$ )得

$$d = 4.05 \pm 0.02\text{mm}, \quad E = \frac{0.02}{4.05} = 0.49\%$$

用千分尺测量( $\Delta_{仪} = 0.005\text{mm}$ )得

$$d = 4.043 \pm 0.005\text{mm}, \quad E = \frac{0.005}{4.043} = 0.12\%$$

由此可见,有效数字多一位,相对误差几乎要小一个数量级。因此,有效数字不要任意取舍。一般来说,两位有效数字对应于十分之几至百分之几的相对误差,三位有效数字对应于百分之几至千分之几的相对误差,以此类推。

### 3. 关于有效数字的几点说明

(1)有效数字的位数与小数点的位置无关。变换单位时,有效数字的位数不变。例如1.35cm换成以毫米为单位时为 13.5mm,以米为单位时,则为0.0135m。虽然单位变了,小数点的位置也变了,但都是三位有效数字。

(2)数值前定位用的"0"不算有效数字,数值中及数值末的"0"都算有效数字,故0.00313,0.313,303 都是三位有效数字,而 0.003130,0.3000,3131 都是四位有效数字。

(3)用计算工具计算时,计算工具的位数应不低于原始数据的位数。在计算过程中,中间结果可多取几位数字以免引入截取误差。对公式中的 $\pi$,$\sqrt{2}$ 等常数,应尽量从计算器上的"$\pi$","$\sqrt{2}$"等键取用,要充分发挥计算器的效能。

**4．有效数字的科学表示法**

对于数值很大或很小而有效数字又不多的数值,常用"×10$^n$"的形式书写,称为科学计数法。用这种方法表示时,通常小数点前只写一位数字。例如,地球的平均半径为6371km,可写成6.731×10$^6$m,有效数字仍为4位。又如0.000017kg,写成1.7×10$^{-5}$kg,仍保留两位有效数字。

## 二、有效数字的运算规则

如果实验中没有进行误差计算,则最后结果的有效数字可用下面的法则粗略地确定。

(1)经过加减法的运算后,最后结果应与原始数据中尾数最靠前的那位取齐。例如:(10.2 + 0.535 − 2.28)的结果应为8.5,"5"与10.2中的"2"取齐。

(2)在连乘除的情况下,最后结果的有效数学的位数要与原始数据中位数最少的一致。例如:30×0.2 = 6。

# 第四节　误差理论的应用

测量误差存在于实验的始终。学习、了解、掌握误差理论是物理实验的目的之一。下面从几个方面介绍误差理论的应用。

## 一、几种常用的消除系统误差的技巧

### 1．交换法

即是将测量中某些条件相互交换,使它们产生的系统误差对测量结果的影响相反,而相互抵消。

例如,天平的复秤法就是将重物与砝码交换位置进行称量,取平均值即可消除天平不等臂引起的系统误差。

### 2．倒号法

改变测试条件中的电流方向或磁场方向等,使系统误差改变符号,两次测量值取平均,即可消除某些系统误差。

例如,用霍耳元件测磁场时,分别改变电流和磁场的方向进行测量取平均值,可消除霍耳元件装置引起的系统误差。

### 3．替代法

这种方法是在测量条件不变的情况下,用已知标准量替代被测量来进行测量的。待测量的误差主要由标准量的误差决定。这种方法也常用来消除实验中其他元器件引起的系统误差

例如,用电桥测电阻时,调整平衡后用可变标准电阻代替被测电阻,调标准电阻重新达到平衡后,标准电阻的示值即为待测电阻的阻值。

### 4．对称观测法

若有随时间线性变化的系统误差,可将观测程序对某时刻对称地再做一次。

例如,一只灵敏电流计零点随时间有线性漂移,在测量读数前记下一次零点值,测量读数后再记一次零点值,取两次零点值的平均修正测量值。

由于很多随时间变化的误差在短时间内均可近似认为是线性变化,因此对称观测法是一种能够消除随时间变化的系统误差的常用方法。

### 5. 半周期偶数观测法

对周期性误差,可以每经过半个周期进行偶数次观测。

例如,测角度(如分光计),刻度盘偏心带来的角度测量误差是以360°为周期,就采取相距180°的一对游标,每次测量读两个数,则两个位置之间的夹角是两个游标上分别算出来的夹角的平均值。

## 二、实验中有关理论的必要修正和补充

一般描述物理规律的理论公式都是建立在理想条件、理想模型的基础之上的,将这样的公式用于实验中,需要考虑一些不可忽略的客观条件对实验的影响。

例如,用伏安法测电阻所依据的公式 $R = \dfrac{V}{I}$ 中,$V$ 应为电阻 $R$ 上的电压,$I$ 应为通过 $R$ 的电流,可是在测量中如果按图 1.1 线路接线,则电流表 A 测量的确实是通过 $R$ 的电流 $I$,但电压表 V 测得的却是电流表 A 上的电压 $V_A$ 和 $R$ 上的电压 $V_A$ 之和。

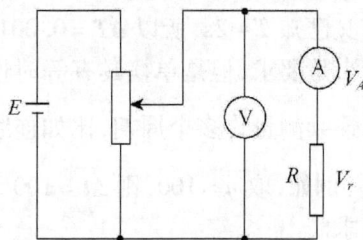

图 1.1 伏安法测电阻电路图

因此用电压表的读数代入公式计算时,所得的电阻

$$R' = \frac{V}{I} = \frac{(V_A + V_R)}{I} = R_A + R$$

$R'$ 肯定比实际值 $R = \dfrac{V}{I}$ 要大,这是因为实验方法不完善而引入的系统误差。这种误差也可以通过分析加以修正。从上式知

$$R' = R_A + R$$

所以只要知道电流表内电阻 $R_A$,根据

$$R = R' - R_A \quad \text{或} \quad R = \frac{V(\text{电压表读数})}{I(\text{电流表读数})} - R_A$$

用此式计算出的 $R$ 就是真正的电阻的数值。

## 三、运用等分配方案选择最佳的实验仪器组合

如果在测量之前,对间接测量的精确度提出了一定的要求,如何确定各直接测量量的精确度呢?

这个问题在实际工作中是会经常遇到的,通常采用等分配方案。例如,在利用单摆测重力加速度的实验中,有

$$g = \frac{4\pi^2 L}{T^2}$$

式中,$L$ 是单摆的摆长,$L = l - \left(\dfrac{D}{2}\right)$,它是悬挂点到球心的距离;$l$ 是从悬点到球的下端的长

度;$g$ 是当地的重力加速度;$D$ 是摆球的直径。

我们应用误差理论中阐述的求间接测量误差的方法,可得到

$$\frac{\Delta g}{g} = \frac{\Delta L}{L} + 2\frac{\Delta T}{T}$$

如果使用单摆测量某地的重力加速度 $g$,要求结果 $\frac{\Delta g}{g} \leqslant 0.2\%$ 时,则可如下确定测量摆长 $L$ 和周期 $T$ 的仪器的精度。

已知 $L \approx 100\,\text{cm}, T \approx 2\,\text{s}$。根据 $\frac{\Delta g}{g} = \frac{\Delta L}{L} + 2\frac{\Delta T}{T} \leqslant 0.2\%$ 的要求,采用等分配方案可确定 $\frac{\Delta L}{L} \leqslant 0.001$。因为已知 $L \approx 100\,\text{cm}$,所以 $\Delta L \leqslant 0.1\,\text{cm}$,这样使用最小分度为毫米的米尺去测量是可以满足此要求的。

又已知 $T \approx 2\,\text{s}$,所以 $\Delta T = 0.001\,\text{s}$,这表示如果只测量一个周期,那就要用毫秒仪去测量,才能满足要求,但是单摆具有等时性,亦即 $\theta$ 很小时,单摆摆动的周期总是相等的,因此我们可以连续测量许多个周期,比如连续测 $n$ 个周期的时间为 $t$;则 $t = nT$,而 $\frac{\Delta t}{t} = \frac{\Delta T}{T}$,亦即 $\Delta t = n\Delta T$。例如,取 $n = 100$,则 $\Delta t = 100 \times 0.001\,\text{s}$,这样用最小分度为 $0.1\,\text{s}$ 的停表去测量就可以满足要求。

### 四、运用误差传递公式,找出影响误差的主要测量量

在一个实验中,往往存在多个测量量,它们都存在测量误差,换句话说,实验结果的误差包含着各个测量量的误差。

通过误差传递公式比较这多个测量量的误差,可以发现其值有大有小,在实际测量时,就要注意误差较大的测量量的测量精度,尽可能减少其对实验结果的影响。

例如,用流体静力称衡法测固体密度 $\rho$ 的公式为

$$\rho = \frac{m_1}{m_1 - m_2}\rho_0$$

运用误差传递公式,可知相对误差为 $\frac{\Delta \rho}{\rho}$

$$\frac{\Delta \rho}{\rho} = \left|\frac{-m_2}{m_1(m_1 - m_2)}\right|\Delta m_1 + \left|\frac{1}{m_1 - m_2}\right|\Delta m_2 + \left|\frac{1}{\rho_0}\right|\Delta \rho_0$$

假定式中 $m_1 = 24.31 \pm 0.03$,$m_2 = 15.04 \pm 0.03$,$\rho_0 = 0.09982 \pm 0.0003$,则

$$\frac{\Delta \rho}{\rho} = 0.20\% + 0.32\% + 0.03\%$$

由此可知,$m_1$ 和 $m_2$ 引入的误差相当,但 $m_2$ 引入的误差更大。$\rho_0$ 引入的误差非常小,在实验室实验中可以忽略不计,$\rho_0$ 视为一常数。如果计及 $\rho_0$ 引入的误差,那么就要提高 $m_1$ 和 $m_2$ 的测量精度,尤其是 $m_2$ 的测量精度。

## 第五节　数据处理的基本方法

物理实验中将得到大量的实验数据,为了使实验结果能清楚明了、比较客观地反映出

来,需要对实验数据进行处理。处理数据常用的方法有:列表法、作图法、逐差法和回归法等。

## 一、列表法

在记录和处理数据时,常将数据和处理数据的结果列成表格,列表的要求是:

(1)简单明了,栏目条理清楚;

(2)物理符号的意义、单位及量值的数量级应写在标题栏中;

(3)表中所列数据要正确地反映测量结果的有效数字。

## 二、作图法

作图法是研究物理量之间的变化规律,找出对应的函数关系,求出经验公式的最常用的一种方法。尤其当物理量之间的关系很难用一个解析函数来表示或没有必要得出函数表示式时,实验曲线就成为一种主要的表示形式。

### 1. 作图法的主要优点

(1)能形象而直观地反映出测量量之间的关系,找出物理量之间的变化规律;

(2)从图上可以读出没被测量的数值;

(3)能很方便地从图上得出一些有用的参量,如截距、斜率、最大值、最小值等;

(4)有些较复杂的函数关系,曲线难画而且求值困难,可以通过变量代换,使之成为线性函数,以便于处理。例如,单摆的摆长 $L$ 和周期 $T$ 的关系为

$$T = 2\pi \sqrt{\frac{L}{g}}$$

$L$ 和 $T$ 不是线性关系,经变换后

$$L = \frac{g}{4\pi^2} T^2$$

作图时以 $T^2$ 为横坐标,$L$ 为纵坐标,画出的就是一条直线,从图上求出直线的斜率,令其等于 $\frac{g}{4\pi^2}$,便可求出重力加速度 $g$。

### 2. 作图规则

(1)作图必须用坐标纸,可根据函数关系选用直角坐标纸、单对数或双对数坐标纸、极坐标纸等。

(2)坐标纸的大小及坐标轴的比例:应根据所测得数据的有效数字和结果的需要来定,原则上坐标纸上的最小格与准确数字的最后一位相对应,存疑数字和小格以下的估计值相对应。如果图太小,可以适当放大,例如,放大成原图的 2 倍、5 倍或 10 倍等,但处理数据时应注意,图放大后有效数字仍保持不变。如图太大也可适当缩小,但缩小后有效数字要减少。

① 选轴:以横坐标代表自变量,纵坐标代表因变量,应标明坐标轴的方向,所代表的物理量的名称(或代号)及单位。单位要加括号。坐标分度应等距离标出。

② 分度值的选取(也就是选几格作为 1 个单位)应便于读数,可选择 1∶1 或 1∶2 等,不宜选 1∶15、1∶3 等,分度范围应恰好包括全部测量值并略有富余。横轴和纵轴的标度可以不同,两轴的交点也可以不从零开始,可以取比数据最小值再小一些的整数开始标值。应尽量使作出的曲线大体上充满全图,而不要偏于一边或一角。

③ 如果数据特别大或特别小时,可以提出乘积因子,例如,提出 $\times 10^5$、$\times 10^{-2}$ 等,放在坐标轴上单位的旁边。

(3)描点:根据实验数据,用"＋"、"×"或"○"等符号准确标出各点的坐标。若一张图画几条曲线时,每条曲线要用不同的符号标记以示区别。

(4)连线:连线一定要用直尺或曲线板等作图工具。因各个实验点的误差情况不一定相同,所以不要求曲线都通过所有的点。应按实验点的趋势连成一条光滑的曲线,并使曲线两侧的实验点到曲线的距离尽可能小,且分布均匀。但应指出,仪表的校准曲线必须通过每个实验点而连成折线。

(5)利用图上的空白位置,注明实验条件及从图上得出的某些参数,如截距、斜率、极大值、极小值等。对应这些数值的点或线应在图上明确标出。

(6)标写图名:在曲线上部空旷位置写出曲线的名称,下部标明实验者的班级、姓名及实验日期。

## 三、逐差法

逐差法是物理实验中常用的一种处理数据方法,一般用于等间隔线性变换测量中所得数据的处理。

逐差法是将测量的数据按顺序分为前后两组,先求出两组对应项的差值(即逐差),然后取其平均值。

例如,在金属杨氏弹性模量的测定实验中,在金属丝下端不断增加拉力时,金属丝由原长 $L_0$ 逐渐伸长为 $L_1$,$L_2$,$L_3$,… 在采用逐差法求出伸长量的平均值时,将该组数据分成两部分:

$$L_0,\ L_1,L_2,L_3\ 和\ L_4,L_5,L_6,L_7$$

取对应项的差值为:

$$L_4-L_0,L_5-L_1,L_6-L_2,L_7-L_3$$

再取其平均值,即

$$\bar{L}=\frac{1}{4}\big[\,(L_4-L_0)+(L_5-L_1)+(L_6-L_2)+(L_7-L_3)\,\big]$$

这样计算可以充分利用测量到的数据,避免了如果用一般取平均值的方法对这种数据进行处理时,容易丢失中间数据的问题。

## 四、回归法(最小二乘法)

回归法是一种建立在统计理论基础上的数据处理方法,它常用在同时存在两个变量的问题中。假设一个物理过程涉及的变量为 $x$、$y$,而且它们之间存在着线性关系,即 $y=a+bx$,那么如何根据实验测得的一组数据 $\{x,y\}$ 正确地画出这组数据点的最佳直线呢？常用的方法有"图估法"和"回归法"。

图估法是凭眼力估测直线的位置,使直线两侧的数据点分布均匀,它的优点是简单、直观、方便,缺点是准确度差、有一定的主观随意性。

回归法又称最小二乘法,是用数理统计方法处理相关关系,进行线性拟合,找到通过一组数据点的最佳直线和方程。

我们假定实验中对 $x$ 的测量误差很小，主要误差出现在对 $y$ 的测量上，由理论推导可知，最佳直线和方程的截距 $a$ 和斜率 $b$ 分别为

$$a = \frac{\sum(x_i \cdot y_i) \cdot \sum x_i - \sum y_i \cdot \sum x_i^2}{(\sum x_i)^2 - n \cdot \sum x_i^2}$$

$$b = \frac{\sum x_i \cdot \sum y_i - n \cdot \sum x_i y_i}{(\sum x_i)^2 - n \cdot \sum x_i^2}$$

这里用相关系数 $r$ 来判定拟合程度。若 $r$ 取到 0.999，则表明拟合得相当不错了，由理论推导可知

$$r = \frac{\sum \Delta x_i \cdot \Delta y_i}{\sqrt{\sum(\Delta x_i)^2} \cdot \sqrt{\sum(\Delta y_i)^2}}$$

式中，$\Delta x_i = x_i - \bar{x}$；$\Delta y_i = y_i - \bar{y}$。

在科学实验中常常要根据实验测得的数据寻求经验公式，验证经验公式时也常用到回归法，具体使用时可设法将实验中的两个变量表示成一定的线性关系，用回归法做出最佳直线。若该直线与实验曲线拟合得很好，则原假定的函数关系就是正确的，即经验公式可以成立。

用回归法处理数据的计算量较大，但是，目前不少计算器都具有直接计算"$r$"、"$a$"、"$b$"的功能，使用起来很方便。

# 习　题

1. 比较下列 3 个量的绝对误差和相对误差，哪个最大？哪个最小？

$L_1 = (54.98 \pm 0.02)\,\text{cm}$

$L_2 = (0.498 \pm 0.002)\,\text{cm}$

$L_3 = (0.0098 \pm 0.0002)\,\text{cm}$

2. 测量某一物体质量 5 次，测量数据见表 1.2，仪器误差 $\Delta m_{仪} = 0.0005(\text{g})$，试计算其算术平均值、算术平均误差、不确定度及相对不确定度并写出测量结果表达式。

表 1.2　质量测量数据

| 测量次数 $i$ | 1 | 2 | 3 | 4 | 5 |
|---|---|---|---|---|---|
| 测量值 $m(\text{g})$ | 3.6127 | 3.6126 | 3.6121 | 3.6120 | 3.6123 |
| $\Delta m_i = m_i - \overline{m}(\text{g})$ | | | | | |

3. 指出下列各量是几位有效数字，把答案写在（　　　）内。

（1）$l = 0.0001(\text{cm})$　　　　　　　　　　　　（　　　）

（2）$T = 1.0001(\text{s})$　　　　　　　　　　　　　（　　　）

（3）$g = 980.12306(\text{cm/s}^2)$　　　　　　　　　（　　　）

(4) $E = 2.7 \times 10^{25}(\text{J})$　　　　　　　　　　( 　 )

(5) 0.002300　( 　 )　　　0.0230　( 　 )　　2.300　( 　 )

(6) 17.9　( 　 )　　　1.79　( 　 )　　0.179　( 　 )

4. 按照有效数字的定义和运算规则,改正以下错误:

(1) $d = 9.805 \pm 0.01(\text{mm})$

(2) $L = 5.55 \pm 0.2(\text{cm})$

(3) $h = 17000 \pm 1000(\text{m})$

(4) $b = 51753 \pm 3120(\text{m})$

(5) $3500\Omega = 3.5 \times 10^3\Omega$

(6) $L = 12\text{km} \pm 100\text{m}$

5. 用毫米分度的米尺测量物体的长度为:

$L_1 = 0.49\text{m}$　　　$L_2 = 0.300\text{m}$　　　$L_3 = 20\text{cm}$

$L_4 = 56.475\text{cm}$　　$L_5 = 11.25\text{mm}$　　$L_6 = 215\text{mm}$

试改正上述记录中的错误。

6. 求误差传递公式:

(1) 钢环柱体体积 $V = \dfrac{\pi(D_1^2 - D_2^2)H}{4}$,其中 $D_1$、$D_2$、$H$ 分别为钢环柱体的外径、内径和高,它们都是直接测量量。

(2) 利用衍射光栅测光波波长公式为 $\lambda = (d\sin\theta)/k$,式中 $d$、$k$ 均为常数,$\theta$ 为待测的衍射角。

7. 下面提供两组物理量变化关系数据,按作图法规则分别做出它们的关系曲线。

(1) 一定质量的空气,当体积保持不变时,其压强与温度的关系是 $p = p_0(1 + dT)$,试根据表 1.3 的数据作 $P - T$ 图。

表 1.3　压强随温度变化的关系

| $T(\text{℃})$ | 0.0 | 5.0 | 10.0 | 15.0 | 20.0 | 25.0 | 30.0 | 35.0 | 40.0 | 45.0 | 50.0 |
|---|---|---|---|---|---|---|---|---|---|---|---|
| $P(\text{cmHg})$ | 70.53 | 71.12 | 71.60 | 72.11 | 72.50 | 73.29 | 73.59 | 74.12 | 74.59 | 75.28 | 75.61 |

(2) 根据欧姆定律,通过一段导体的电流强度 $I$ 和导体两端的电压 $U$ 成正比,有 $U = IR$ 的关系。现测得的数据如表 1.4,试作出图线,并由图求出电阻 $R$。

表 1.4　电流强度 $I$ 和导体两端电压 $U$ 的关系

| $U(\text{V})$ | 0.00 | 1.00 | 2.00 | 3.00 | 4.00 | 5.00 | 6.00 | 7.00 | 8.00 | 9.00 | 10.00 |
|---|---|---|---|---|---|---|---|---|---|---|---|
| $I(\text{mA})$ | 0.00 | 2.00 | 4.01 | 6.03 | 7.85 | 9.70 | 11.83 | 13.75 | 16.02 | 17.86 | 19.91 |

# 第二章　基础性实验

本章精选了 14 个涵盖力学、电学、磁学和光学物理内容的基础性实验。在基础性实验中,学生将接触到一些常用的、基本的实验仪器(如:卡尺、螺旋测微计、电压表、电流表、数字万用表、示波器和分光计等),通过对基本仪器的正确调整、操作和使用,对基本物理量的测量(如:密度的测量、刚体转动惯量的测量、霍耳电压测磁场、光速的测量等),培养学生正确使用仪器的习惯和素质,掌握常用的实验操作技术(如:水平/铅直调整、光路的共轴调整、根据给定的电路图正确接线、简单的电路故障检查与排除等),掌握基本物理量的测量方法(如:比较法、放大法、平衡法、补偿法、模拟法等)和实验数据处理的基本方法(如:图解法、逐差法、回归法、最小二乘法等),从而培养学生基本的科学实验素养、实验方法和实验能力。

## 实验一　长度和固态物质密度的测量

### 【实验目的】

1. 学会正确使用游标卡尺、千分尺(螺旋测微计)和物理天平。
2. 学习并掌握测量物质密度的方法。
3. 学习对直接测量量和间接测量量的不确定度的计算。

### 【实验仪器】

游标卡尺,千分尺,物理天平,烧杯,金属圆管(圆柱),金属球,石蜡,水,细线,水银温度计等。

### 【实验原理】

物理实验中常用的长度测量仪器有米尺、游标卡尺、千分尺等。其使用方法见附录。

米尺的分度值为 1mm(毫米)。因此,用米尺测量长度时,可以测准到毫米,毫米以下的一位则需凭视力估计。游标卡尺的最小分度值,即游标卡尺的分度值是游标上格数 $m$ 的倒数(单位是 mm)常用的游标卡尺有 $n=1$ 和 $n=2$ 两种,按分度值分类则有:$m=10$、20、50 三种,对应的分度值是 0.1、0.05、0.02(mm)。千分尺(螺旋测微计)比游标尺精密些,它的量程是按 25mm 分档,即由量程为 $0\sim25$、$25\sim50$、……的各种千分尺组成,测量时按需要选择其中一种。它们的分度值是 0.01mm,即 $\frac{1}{1000}$cm,所以叫千分尺(螺旋测微计)。

密度是物质的基本特性之一,它与物质的纯度有关,因此,工业上常通过测定密度来作原料成分的分析和纯度的鉴定。测量物体质量时要使用天平,天平是物理实验中常用的基本仪器。

物质的密度是指单位体积中所含物质的量,即

$$\rho = \frac{m}{V} \qquad\qquad (1-1)$$

式中:$\rho$ 是物质的密度;$m$ 是物体的质量;$V$ 是物体的体积。

如果被测物体是一规则物体——金属圆管,其外径为 $D$,内径为 $d$,高度为 $H$,则此圆管的体积为

$$V = \frac{\pi}{4}(D^2 - d^2)H \qquad\qquad (1-2)$$

代入式(1-1),即得

$$\rho = \frac{4m}{\pi(D^2 - d^2)H} \qquad\qquad (1-3)$$

对不规则物体可采用以下方法:

**1. 流体静力称衡法**

按照阿基米德定律,浸在液体中的物体受到向上的浮力,浮力的大小等于物体所排开的液体的重量。如果将圆管放在空气中称得重量为 $W$,而浸没于水中时称得重量为 $W_1$,则物体浸没在水中所受到的浮力为 $F = W - W_1$。$F$ 的大小等于物体所排开水的重量,即 $F = \rho_0 gV$(其中 $\rho_0$ 为水的密度,$g$ 为重力加速度,$V$ 为物体浸没在水中的体积),$W = \rho gV$($\rho$ 为物体的密度)。由于 $W = mg$,$W_1 = m_1 g$,$m$ 和 $m_1$ 都可由天平称出,而 $\rho_0$ 可在实验室查出,则由

$$W = \rho gV \quad \text{和} \quad W - W_1 = \rho_0 gV \qquad\qquad (1-4)$$

可得

$$\rho = \frac{W}{W - W_1}\rho_0 = \frac{m}{m - m_1}\rho_0 \qquad\qquad (1-5)$$

上式就是用流体静力称衡法测固体密度 $\rho$ 的公式。

**2. 测量石蜡的密度**

由于石蜡的密度 $\rho'$ 小于水的密度 $\rho_0$,将它放入水中无法全部浸没,可以采用如下方法:将石蜡拴上一个重物(如上述实验中用过的圆管),加上这个重物后,石蜡连同圆管可以全部没在水中,然后进行称衡。相应的砝码质量为 $m_2$,再将石蜡提升到水面以上,而圆管仍浸没在水中,这时进行称衡,如图 1-1,相应的砝码质量为 $m_3$,则石蜡在水中所受的浮力为

$$F = (m_3 - m_2)g = \rho_0 Vg$$

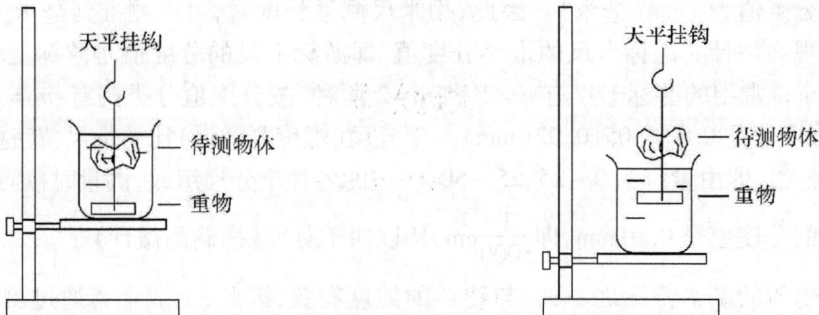

图 1-1 测浮力

石蜡在空气中称衡时砝码的质量为 $m'$，重量为 $W'$，即

$$W' = \rho' V g = m'g$$

由上两式可得石蜡的密度

$$\rho' = \frac{m'}{m_3 - m_2} \rho_0 \qquad (1-6)$$

## 【实验内容】

**1. 长度测量及游标卡尺、千分尺(螺旋测微计)的正确使用**

(1)用游标卡尺测量金属圆管(圆柱)的直径和高，并计算金属圆管(圆柱)钢柱的体积及直径、高(直接测量量)和体积(间接测量量)的不确定度。

(2)用千分尺分别测量钢球的直径，并计算钢球的体积及直径(直接测量量)和体积(间接测量量)的不确定度。

**2. 金属圆管的密度测量及不确定度计算**

**方法一**

按照物理天平的使用方法调整好物理天平。如果天平不等臂，需采用复称法，秤出金属圆管的质量，代入式(1-3)，即可求出密度的近真值 $\rho$。$\rho$ 的最后结果应写成：

$$\rho = \bar{\rho} \pm \Delta\rho$$

$$U_r = \frac{\Delta\rho}{\rho}$$

**方法二(流体静力称衡法)**

(1)将圆管用细线悬挂在天平左方的吊耳上，称出其在空气中的质量 $m$。

(2)烧杯中盛以纯水，放在天平的托盘上，将用细线悬挂的圆管放入烧杯中，调节托盘的位置，使圆管全部浸没于水中，注意，圆管不能与烧杯的任何部位相接触。如果圆管上有气泡可用玻璃棒驱除附着的气泡，测定圆管在水中的表观质量 $m_1$。

(3)由公式 $\rho = \dfrac{m}{m - m_1} \rho_0$。计算出圆管的密度。水的密度 $\rho_0$ 与温度有关，测出水温后，在实验室里从水的密度表中可查出相应温度时水的密度 $\rho_0$ ($\times 10^3 \, \text{kg/m}^3$)。

(4)由于物理天平的灵敏度不太高，各物理量可以只称一次，用天平的仪器误差(即天平的分度值)作为不确定度的 $B$ 类分量 $\Delta_B$。

(5)实验的最后结果

$$\rho = \bar{\rho} \pm \Delta\rho$$

$$U_r = \frac{\Delta\rho}{\rho}$$

**3. 用流体静力称衡法测量石蜡的密度并计算不确定度**

(1)用天平分别测量出石蜡在空气中的质量 $m'$、石蜡连同圆管全部没在水中时的表观质量 $m_2$ 和石蜡提升到水面以上而圆管仍浸没在水中时的表观质量 $m_3$。

(2)将 $m'$、$m_2$ 及 $m_3$ 代入式(1-6)计算出石蜡的密度，并计算出相应的不确定度。

注意:只有当浸入流体后物体的性质不会发生变化时，才能用流体静力称衡法来测定物体的密度。

# 测量参考表格及测量结果

### 表 1-1　金属圆管(圆柱)的长度的测量

测量工具：　　　　　　　　仪器精度：　　　mm　　　　　　　　（单位：mm）

| 次数＼内容 | 内径 $d$ | $\Delta d$ | 外径 $D$ | $\Delta D$ | 高度 $H$ | $\Delta H$ |
|---|---|---|---|---|---|---|
| 1 | | | | | | |
| 2 | | | | | | |
| 3 | | | | | | |
| 4 | | | | | | |
| 5 | | | | | | |
| 平均 | | | | | | |

测量结果：

### 表 1-2　小钢球体积的测量

测量工具：　　　　　　　　仪器精度：　　　mm　　　　　　　　（单位：mm）

| 内容＼次数 | 1 | 2 | 3 | 4 | 5 | 平均值 |
|---|---|---|---|---|---|---|
| 钢球直径 $D$ | | | | | | |

测量结果：

### 表 1-3　质量的测量

测量工具：　　　　　　　　仪器精度：　　　g　　　　　　　　（单位：g）

| 圆管在空气中的质量 | 圆管在水中的表观质量 | 石蜡在空气中的质量 | 石蜡和圆管都在水中的表观质量 | 石蜡在水面上圆管在水中的表观质量 |
|---|---|---|---|---|
| $m$ | $m_1$ | $m'$ | $m_2$ | $m_3$ |
| | | | | |

## 金属圆管密度不确定度的推导

对

$$\rho = \frac{4m}{\pi (D^2 - d^2) H}$$

取对数得

$$\ln\rho = \ln\left(\frac{4}{\pi}\right) + \ln m - \ln(D^2 - d^2) - \ln H$$

对上式求微分可得

$$\frac{\mathrm{d}\rho}{\rho} = \frac{\mathrm{d}m}{m} - \frac{\mathrm{d}(D^2 - d^2)}{D^2 - d^2} - \frac{\mathrm{d}H}{H} = \frac{\mathrm{d}m}{m} - \frac{2D}{D^2 - d^2}\mathrm{d}D + \frac{2d}{D^2 - d^2}\mathrm{d}d - \frac{\mathrm{d}H}{H}$$

由此得相对不确定度公式

$$U_r = \frac{\Delta\rho}{\rho} = \sqrt{\left(\frac{1}{m}\Delta_m\right)^2 + \left(\frac{2D}{D^2 - d^2}\Delta_D\right)^2 + \left(\frac{2d}{D^2 - d^2}\Delta_d\right)^2 + \left(\frac{1}{H}\Delta_H\right)^2}$$

由下式计算密度的不确定度

$$\Delta\rho = U_r \cdot \rho$$

### 水的密度表

| 温度(℃) | 17 | 18 | 19 | 20 | 21 | 22 | 23 | 24 |
|---|---|---|---|---|---|---|---|---|
| 水密度(kg/m³) | 998.774 | 998.595 | 998.404 | 998.203 | 997.991 | 997.769 | 997.537 | 997.295 |
| 温度(℃) | 25 | 26 | 27 | 28 | 29 | 30 | 31 | 32 |
| 水密度(kg/m³) | 997.043 | 996.782 | 996.511 | 996.231 | 995.943 | 995.645 | 995.339 | 995.024 |
| 温度(℃) | 33 | 34 | 35 | 36 | 37 | 38 | 39 | 40 |
| 水密度(kg/m³) | 994.700 | 994.369 | 994.029 | 993.681 | 993.325 | 992.962 | 992.591 | 992.212 |

## 【思考题】

1. 天平的操作规则中,要求随时将天平止动,是为了什么?
2. 将物体放在水中称衡时有一气泡附着在物体上,将对测量结果产生怎样的影响?
3. 试分析本次实验产生误差的主要原因。
4. 如果天平不等臂,如何消除由此引起的系统误差?

# 实验二　速度和加速度的测量

## 【实验目的】

1. 研究匀加速运动中平均速度和瞬时速度,通过测定速度和加速度加强对这两个概念的认识。
2. 了解气垫原理及气轨的调节,学习使用电脑通用计数器。

## 【实验仪器】

气垫导轨、电脑通用计数器、气源、物理天平。

## 【实验原理】

### 1. 速度测量

在一维变速运动中,物体在某处的瞬时速度为:

$$v = \lim_{\Delta t \to 0} \frac{\Delta x}{\Delta t} = \frac{\mathrm{d}x}{\mathrm{d}t} \tag{2-1}$$

从上式看出 $\Delta x$ 取的越小,$\Delta t$ 也就越小,而 $\frac{\Delta x}{\Delta t}$ 就越接近瞬间速度,实验中只要测 $\Delta x$ 和 $\Delta t$ 这两个量即可。

### 2. 加速度测量

本实验中测匀加速情况下的加速度。为此,在水平的导轨一端下放一垫块,使导轨倾斜,则沿导轨方向有一重力加速度的分量

$$a_{理} = g\sin\theta = g\,\frac{h}{L} \tag{2-2}$$

式中,$h$ 为垫块的高度;$L$ 为导轨底脚螺丝之距。

由匀加速运动公式

$$a = \frac{v_t^2 - v_0^2}{2\Delta s} \tag{2-3}$$

可知,只要测出 $\Delta s$、$v_t$ 和 $v_0$,就可以从上式得到加速度之值,即为加速度的实验值。可将实验值与理论值比较。

## 【仪器简介】

### 1. 气垫导轨

气垫导轨实验装置主要由导轨、滑块和光电转换装置(光电门)等部分组成,如图 2-1 所示。

(1)导轨

导轨由角铝合金材料制成,为防止变形,常把它固定在工字钢上。导轨的一端密封,另一端与气源相连。气轨的两个侧面非常平整,且均匀分布着许多小孔,通入的压缩空气由小孔喷出,在滑块与导块之间形成薄薄的空气层(气垫),滑块就漂浮在气轨上。工字钢底部装有 3 个底脚螺丝,用来调节导轨的水平,或将垫块放在导轨底脚螺丝下,以获得不同斜度的

图 2-1　气垫导轨全貌图

斜面。

（2）滑块

滑块是在导轨上运动的物体，一般用角铝做成，其内表面与导轨上表面经过精密加工，平整光洁，两者严密吻合，这是形成稳定"气垫"的必要条件。由于气垫的存在，滑块可以在气轨上做近乎无摩擦的运动。根据实验要求，滑块上可以安装挡光板、配重块或砝码，滑块两侧可安装缓冲弹簧或尼龙搭扣等。

（3）光电转换装置

光电转换装置又称光电门，可安装在导轨上，并与电脑通用计数器相连。它由聚光灯和光敏管组成，利用光敏管受光照和不受光时电阻的变化，产生脉冲来控制电脑计数器的"计"和"停"进行计时，显然电脑计数器记录的时间 $\Delta t$ 是挡光板两次挡光的时间间隔。设挡光板两个挡光片的前沿相距为 $\Delta x$（由实验室提供数据），如图 2-2 所示，则滑块经过光电门的速度为 $v = \dfrac{\Delta x}{\Delta t}$，$\Delta x$ 越小，$v$ 越接近瞬时速度。

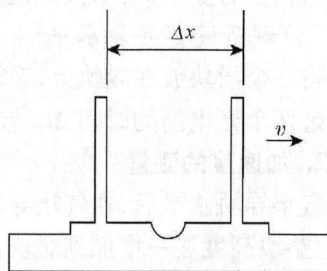

图 2-2　挡光板挡光两次

**2. 电脑通用计数器**

电脑通用计数器是用来记录时间间隔的精密仪器，其使用方法参见附录中电脑通用计数器介绍或仪器说明书。

**3. 气源**

本实验用的是多路气泵，一台气泵可同时供 1~3 台气轨使用，出气压力可用旋钮连续调节。当只配 1~2 台气轨时，务必使用低档输出。

**【实验内容】**

**1. 调节气垫导轨和计时系统**

（1）安装

①把两个光电门分别安装在气垫导轨中部（相距大约 50cm 即可）。

②在质量大约相等的两个滑块上，分别装上挡光板和缓冲弹簧（相碰端）。

③用棉花蘸酒精清洁导轨和滑块内表面，然后，将压缩空气送入导轨，将滑块放在导轨上，使滑块在导轨上自由滑动。

（2）调节和检查光电计时系统

①将两个光电门分别接在电脑通用计数器后面板的光电输入口 $P_1$ 和 $P_2$ 中。

②打开电源,数字显示屏将有数字显示。按相关按键,即可开始做挡光实验。

③将两滑块分别从导轨两端轻轻向中间推动,使滑块1、2分别经过光电门1、2,在两光电门之间碰撞后各向相反方向运动,再次分别通过光电门1、2。则数字显示屏以下列顺序循环显示:

| 显示字符 | 含义 |
|---|---|
| $P_{11}$ | 提示符($P_1$ 光电门第一次计时) |
| ××.×× | 计时值 |
| $P_{12}$ | 提示符($P_1$ 光电门第二次计时) |
| ××.×× | 计时值 |
| $P_{21}$ | 提示符($P_2$ 光电门第一次计时) |
| ××.×× | 计时值 |
| $P_{22}$ | 提示符($P_2$ 光电门第二次计时) |
| ××.×× | 计时值 |

若仪器有显示,表示仪器正常,若无显示则应进行检查。

（3）调节气垫导轨水平

将一个滑块放在导轨上,轻轻推动,使它在导轨上运动,仔细调节导轨下单脚螺丝,使滑块通过两个光电门的时间 $\Delta t_1$ 与 $\Delta t_2$,近乎相等(相差小于2%),即可认为水平。

**2. 加速度的测量**

气垫导轨水平后,在气垫导轨单个底脚螺丝下加垫块,形成斜面,测定滑块的加速度,实验时,垫块高度逐一增加到5块,每一高度重复测量5次。并将实验值与理论值比较。

表 2 - 1　加速度的测量

$\Delta x =$ 　　 mm

| 次数 \ 内容 | $\Delta t_1$ | $v_0$ | $\Delta t_2$ | $v_t$ | $a = \dfrac{v_t^2 - v_0^2}{2\Delta s}$ |
|---|---|---|---|---|---|
| 1 | | | | | |
| 2 | | | | | |
| 3 | | | | | |
| 4 | | | | | |
| 5 | | | | | |

$\Delta s =$ 　　 mm　　　$L =$ 　　 mm　　　$h =$ 　　 mm

测量结果:$a_{实验} = \bar{a} \pm \Delta a =$

$a_{理论} =$

**注:**实验时此表应画5个。

1. 气轨表面和滑块内表面经过精密加工,且两者配合良好,只能配套使用,各组不得串换,并严防敲、碰、划伤等。

2. 气轨未通气时,不得将滑块放在导轨上,以免因直接接触而磨损精密加工面。更换滑块上附件时,必须将滑块取下,待装好后再放气轨上。使用完毕,先将滑块取下再关气源,并在导轨上套上防尘罩。

3. 实验前用纱布或棉花醮少量的酒精清洗导轨表面和滑块内表面。并通气、仔细检查气孔是否通畅(必须保证每个小孔畅通无阻),若发现有的堵塞,可用小于孔径的细丝疏通。

4. 气源电机容易发热,使用时间不宜过长。测量时需做好一切准备工作,一开气源立即迅速将全部时间测完。并随时注意电机升温情况,必要时可关闭气源 10 分钟,待电机降温后再开启。

**选作**

# 简谐振动的研究

**【实验原理】**

在水平气垫导轨上,放一质量为 $m$ 的滑块,滑块的两端分别由倔强系数为 $k_1$ 和 $k_2$ 的两弹簧拉紧,且固定在气垫导轨两端,如图 2 – 3 所示。处于平衡状态时,$m$ 静止在 $O$ 处,将滑块向右移动 $x$,此时,两弹簧对滑块的合力为

$$F = -(k_1 + k_2)x \qquad (2-4)$$

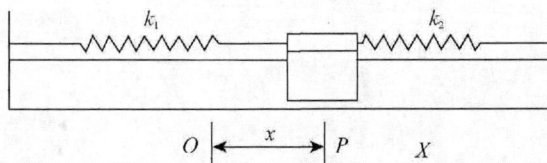

图 2 – 3 弹簧振子

方向指向平衡位置 $O$,因而符合简谐振动的条件。由牛顿第二定律得:

$$m\frac{\mathrm{d}^2x}{\mathrm{d}t^2} = -(k_1 + k_2)x$$

$$\frac{\mathrm{d}^2x}{\mathrm{d}t^2} = -\omega^2 x$$

其中

$$\omega^2 = \frac{k_1 + k_2}{m}$$

方程的解为

$$x = A\cos(\omega t + \varphi_0) \tag{2-5}$$

式中，$A$ 称为简谐振动的振幅，表示滑块的最大位移；$\omega$ 称为圆频率，它只与振动系数特性 $k_1$ 和 $k_2$ 和 $m$ 有关；$\varphi_0$ 称为初位相，其振动周期为

$$T = 2\pi \sqrt{\frac{m}{k_1 + k_2}} \tag{2-6}$$

可见，如果弹簧的倔强系数 $k_1$、$k_2$ 和滑块 $m$ 改变，则周期也会改变，但与振幅的大小变化无关。

上述推导过程中，略去所受阻力（≪弹力），而弹簧质量的影响也没考虑在内。

如果存在阻力，系统在运动中必须克服阻力做功，这样滑块的运动是一种振幅随时间而减小的阻尼振动。但是，实验中滑块的振幅衰减得较慢，在实验操作的时间内，把滑块运动仍视为近似于简谐振动是允许的。

如果考虑弹簧振子质量的影响，则系统的简谐振动周期需修正，且表示为

$$T = 2\pi \sqrt{\frac{m + m_0}{k_1 + k_2}} \tag{2-7}$$

式中，$m_0$ 为振动系统中两弹簧的有效质量。

## 【实验内容】

可测定滑块振动的周期和测定弹簧的倔强系数 $k$，实验方法自定。

# 实验三　碰撞打靶实验研究

## 【实验目的】

1. 通过对碰撞打靶实验的研究，加深度对力学原理的理解。
2. 提高分析和解决实际问题的能力。

## 【实验仪器】

碰撞打靶实验仪。

## 【实验原理】

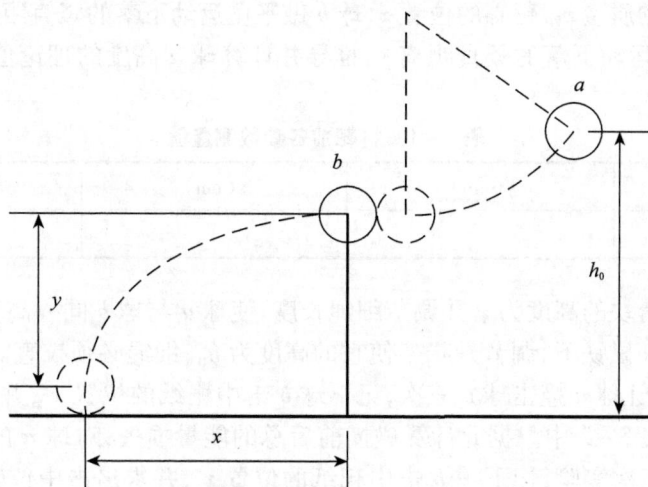

图 3 - 1　碰撞打靶示意图

如图 3 - 1 所示，球 $a$ 从高 $h_0$ 处下摆与球 $b$ 发生碰撞。球 $a$ 下摆至最低点的过程为机械能守恒过程：

$$m_1 g\left(h_0 - y - \frac{d}{2}\right) = \frac{1}{2}m_1 v_1^2 \qquad (3-1)$$

球 $a$ 以速度 $v_1$ 与球 $b$ 发生正碰，碰撞为完全弹性碰撞，其动量守恒、机械能守恒。

$$m_1 = m_2 = m, v_2 = v_1 \qquad (3-2)$$

球 $b$ 以初始速率 $v_2$ 做平抛运动。

$$x = v_2 t, y = \frac{1}{2}g t^2 \qquad (3-3)$$

由此得：

$$h_0 = \frac{x^2}{4y} + y + \frac{d}{2} \qquad (3-4)$$

式中，$x$ 为靶心位置，$y$ 为球 $b$ 的竖直下落的距离，$d$ 为球 $b$ 直径，$h_0$ 为球 $a$ 高度的理论值。

在实际的碰撞过程中有一定的能量损失。当球 $b$ 竖直方向下落的距离为 $y$，球 $a$ 的高度为理

论值 $h_0$ 时，球 $b$ 实际击中靶纸的位置为 $x'$，由此得碰撞系统在整个运动过程的能量损失应为：

$$\Delta E = \frac{1}{2}mv_1^2 - \frac{1}{2}mv_1'^2 = \frac{1}{2}m\left(\frac{x}{\sqrt{\frac{2y}{g}}}\right)^2 - \frac{1}{2}m\left(\frac{x'}{\sqrt{\frac{2y}{g}}}\right)^2 = mg\left(\frac{x^2 - x'^2}{4y}\right) \quad (3-5)$$

由此，若使球 $b$ 击中靶心，球 $a$ 的初始高度应调高至 $h_1$，即得：

$$mgh_1 - mgh_0 = \Delta E = mg\left(\frac{x^2 - x'^2}{4y}\right) \quad (3-6)$$

$$\Delta h = h_1 - h_0 = \frac{x^2 - x'^2}{4y}, h_1 = h_0 + \frac{x^2 - x'^2}{4y} \quad (3-7)$$

## 【实验内容及步骤】

（1）调节实验台上的两只调节螺钉使导轨水平。

（2）测量球 $a$ 的质量 $m$，靶心的位置 $x$，球 $b$ 做平抛运动下落的竖直距离 $y$；根据靶心的位置 $x$ 及球 $b$ 做平抛运动下落的竖直距离 $y$，推导并计算球 $a$ 高度的理论值 $h_0$，将上述测量数据填入表 3-1 中。

**表 3-1　打靶前各参数测量值**

| $m(\mathrm{g})$ | $y(\mathrm{cm})$ | $x(\mathrm{cm})$ | $h_0$ 计算值($\mathrm{cm}$) |
|---|---|---|---|
|  |  |  |  |

（3）调节载球滑块的高度为 $y$ 并调节细绳长度，使球 $a$ 与球 $b$ 同一高度。

（4）把球 $a$ 吸在磁铁下，调节升降架使它的高度为 $h_0$，细绳必须拉直。

（5）按下开关，让球 $a$ 撞击球 $b$ 三次，记下球 $b$ 击中靶纸的位置 $x'$，并求出击中位置的平均值 $\bar{x}'$，数据填入表 3-2 中。据此计算碰撞前后总的能量损失；对球 $a$ 的高度作调整，使其击中靶心，再重复三次实验，记下球 $b$ 击中靶纸的位置 $x''$，并求出击中位置的平均值 $\bar{x}''$，数据填入表 3-2 中。确定出能击中靶心的 $h$ 值，请老师检查球 $b$ 击中靶纸的位置后记下此 $h$ 值。（预习时应自行推导出由 $x'$ 和 $y$，计算高度差 $\Delta h$ 的公式。）

**表 3-2　各次打靶测量数据**

| $h_0(\mathrm{cm})$ | 打靶次数 | 击中位置 $x'(\mathrm{cm})$ | 平均值 $\bar{x}'(\mathrm{cm})$ | 修正值 $\Delta h(\mathrm{cm})$ |
|---|---|---|---|---|
|  | 1 |  |  |  |
|  | 2 |  |  |  |
|  | 3 |  |  |  |
| $h_1(\mathrm{cm})$ | 打靶次数 | 击中位置 $x''(\mathrm{cm})$ | 平均值 $\bar{x}''(\mathrm{cm})$ | 相对误差 |
|  | 4 |  |  |  |
|  | 5 |  |  |  |
|  | 6 |  |  |  |

结论：根据计算实验结果得到能击中靶心的 $h$ 的最佳值为＿＿＿＿＿。本地区重力加速度为 $g = 9.8015\mathrm{m/s}^2$，碰撞过程中的总能量损失为＿＿＿＿＿。

# 实验四  刚体转动惯量的测量

## 【实验目的】

1. 测定刚体绕定轴的转动惯量。
2. 学习使用电脑计数器。
3. 学习用作图法处理实验数据。
4. 学习用回归计算法处理实验数据。

## 【实验仪器】

刚体转动实验装置一套,电脑计数器,游标卡尺等。

## 【实验原理】

刚体转动惯量是刚体在转动中惯性大小的量度,它的重要性类似于平动中物体的质量。刚体的转动惯量与刚体的质量、刚体的质量分布、转轴的位置有关。对于几何形状规则的刚体,可用数学方法计算出它绕过质心轴转动的转动惯量,并根据平行轴定理,计算出刚体绕任一个特定轴转动的转动惯量。但对于形状复杂的刚体,用数学方法求转动惯量则相当困难,一般宜采用实验的方法来测定。因此,学会对刚体转动惯量的测量方法,具有重要的现实意义,如对研究机械转动性能,包括飞轮、炮弹、发动机叶片、电机、电机转子、卫星外形等的设计工作都有重要意义。

物体对某转轴的转动惯量越大,则转动时,角速度越难改变。根据转动定律,绕定轴转动的刚体,其角加速度 $\alpha$ 与其所受的外力矩 $M$ 成正比,与刚体的转动惯量 $J$ 成反比,即

$$M = J\alpha \tag{4-1}$$

由上式可知,要想通过实验求出刚体绕定轴的转动惯量 $J$,就必须测出加在刚体上的外力矩 $M$ 以及在 $M$ 作用下产生的角加速度 $\alpha$。下面结合我们使用的刚体转动实验仪来介绍这两个物理量的测量方法。

实验装置如图 4-1 所示,一个具有 5 个不同半径的塔轮,上边装有两根细杆,杆上各刻有五道细槽,质量为 $m_0$ 的两个圆柱体可以用螺钉固定在任一个槽上以改变实验装置的质量

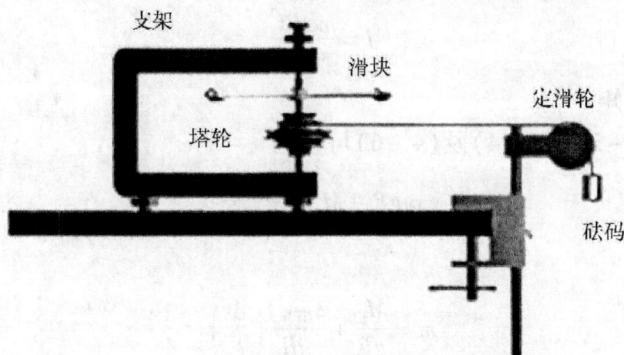

图 4-1  刚体转动测量仪

分布。它们一起组成一个可绕固定轴转动的刚体系。塔轮上绕一根不易伸长的细线,细线的另一端绕过定滑轮与砝码 $m$ 相连,滑轮的质量及摩擦均极小可忽略不计。当砝码下落时可通过细线对刚体系施加外力矩。定滑轮的支架可借助固定螺丝而升降,以保证细线绕在塔轮上不同半径的部位时都可以保持细线与转轴相垂直。底脚螺丝可调节刚体支架的水平。

在这个实验中,刚体系所受的外力矩 $M$ 包括细线所施的拉力矩 $M_T$ 和摩擦力矩 $M_\mu$:

$$M = M_T - M_\mu$$

设细线的张力为 $T$,绕在塔轮的半径为 $R$ 的部位上,且 $T$ 与转轴垂直,则 $M_T = TR$,
所以

$$M = TR - M_\mu \qquad (4-2)$$

下面分两种情况进行讨论:

(1)摩擦力矩可以忽略

如果细线不会伸长,细线和滑轮的质量很小,摩擦力矩 $M_\mu$ 也很小均可忽略,则砝码将以匀加速度下落,这时线的张力为

$$T = m(g - a) \qquad (4-3)$$

式中,$m$ 是砝码的质量,$a$ 是 $m$ 下落的加速度,$g$ 是重力加速度,如果在实验中能保证 $a \ll g$,则 $a$ 可忽略,式(4-3)成为

$$T = mg \qquad (4-4)$$

由此可得

$$M = mgR \qquad (4-5)$$

因此,$M$ 可以很容易地通过所加砝码的质量 $m$,塔轮的绕线半径 $R$ 及重力加速度 $g$ 求出。若刚体由静止开始转动 $n$ 圈所需的时间为 $t$,则刚体转过的角度为

$$\theta = 2\pi n = \frac{1}{2}\alpha t^2$$

所以

$$\alpha = \frac{4\pi n}{t^2} \qquad (4-6)$$

将式(4-5)、(4-6)代入式(4-1)得

$$mgR = \frac{4\pi n J}{t^2} \qquad (4-7)$$

由此可得刚体系的转动惯量为

$$J = \frac{mgRt^2}{4\pi n} \qquad (4-8)$$

(2)考虑摩擦力矩

由式(4-1)、(4-2)、(4-4)及(4-6)可得

$$mgR - M_\mu = \frac{4\pi n J}{t^2}$$

可将上式改写成

$$m = \frac{M_\mu}{gR} + \frac{4\pi n J}{gR}\left(\frac{1}{t^2}\right) \qquad (4-9)$$

或

$$R = \frac{M_\mu}{mg} + \frac{4\pi nJ}{mg}\left(\frac{1}{t^2}\right) \qquad\qquad (4-10)$$

在式(4-9)、(4-10)中,$m$ 为所加砝码的质量,$R$ 为塔轮的绕线半径(塔轮共有 5 个绕线半径),$n$ 为刚体系转动的圈数,$t$ 为转 $n$ 圈所需的时间,$J$ 为刚体系的转动惯量。$M_\mu$ 为刚体系所受的摩擦力矩。在以上这些物理量中,$m$、$R$、$n$ 是可以由实验者控制的,$t$ 可用电脑计数器测出(关于电脑通用计数器的使用请参阅附录四中电脑通用计数器介绍),而 $J$ 和 $M_\mu$ 是未知的待求量。物体的转动惯量 $J$ 是由物体本身的形状、质量、质量分布及转轴的位置所决定的。对于一定的刚体系,它的转动惯量是一定的,亦即 $J$ 是一个常数。而对于某一个实验装置来说,在刚体系转动的速度变化不是很大的情况下,刚体系所受的摩擦力矩也可以认为是不变的,因此摩擦力矩 $M_\mu$ 也是一个常数。由以上的分析可以看出:

① 如果保持 $n$、$R$ 不变,只改变 $m$ 和 $t$,则式(4-9)

$$m = \frac{M_\mu}{gR} + \frac{4\pi nJ}{gR}\left(\frac{1}{t^2}\right)$$

表明 $m$ 和 $\left(\frac{1}{t^2}\right)$ 是线性关系,将它与直线方程 $y = a + bx$ 对比,可知式(4-9)中的 $m$ 与此直线方程中的 $y$ 相当;$\left(\frac{1}{t^2}\right)$ 与 $x$ 相当;而 $\frac{M_\mu}{gR}$ 相当于直线的截距 $a$;$\frac{4\pi nJ}{gR}$ 相当于直线的斜率 $b$。

在实验中,只要保持刚体转动的圈数 $n$ 和绕线半径 $R$ 不变,而取一系列 $m$ 值并测出相应的 $t$,作出的 $m \sim \frac{1}{t^2}$ 关系曲线应为一条直线,求出此直线的截距 $a_1$ 和斜率 $b_1$,并由

$$a_1 = \frac{M_\mu}{gR}$$

$$b_1 = \frac{4\pi nJ}{gR}$$

即可求出刚体系所受的摩擦力矩 $M_\mu$ 及其转动惯量 $J$:

$$M_\mu = a_1 gR \qquad\qquad (4-11)$$

$$J = \frac{b_1 gR}{4\pi n} \qquad\qquad (4-12)$$

② 如果保持 $n$、$m$ 不变,只改变 $R$ 和 $J$,则式(4-10)

$$R = \frac{M_\mu}{mg} + \frac{4\pi nJ}{mg}\left(\frac{1}{t^2}\right)$$

也表明 $R$ 和 $\left(\frac{1}{t^2}\right)$ 是线性关系,其截距为 $\frac{M_\mu}{mg}$,斜率为 $\frac{4\pi nJ}{mg}$。

在实验中保持 $n$ 和所加砝码不变,而将细线绕在塔轮的不同部位上,即 $R$ 取一系列的值,测出相应的 $t$,所作的 $R \sim \frac{1}{t^2}$ 关系曲线也是一条直线,求出此直线的截距 $a_2$ 和斜率 $b_2$,并由

$$a_2 = \frac{M_\mu}{mg}$$

$$b_2 = \frac{4\pi nJ}{mg}$$

亦可求出刚体系的摩擦力矩 $M_\mu$ 及其转动惯量 $J$：

$$M_\mu = a_2 mg \qquad\qquad (4-13)$$

$$J = \frac{b_2 mg}{4\pi n} \qquad\qquad (4-14)$$

## 【实验内容】

### 1. 仪器的安装与调试

（1）仪器安装

安装仪器时必须确保仪器水平,使转轴铅直,刚体系才能灵活地转动。为了避免在实验中重复装卸仪器,应在安装仪器前先用卡尺测量塔轮各绕线部位的直径 $D_i(i=1,2,3,4,5)$,各测 3 次取平均值 $\overline{D_i}$,再求出各绕线半径 $\overline{R_i}$。

表 4-1 测定塔轮的绕线半径 R

| 绕线部位序号 $i$ | 1 | 2 | 3 | 4 | 5 |
|---|---|---|---|---|---|
| 绕线部位直径 $D_i$(mm) | | | | | |
| | | | | | |
| $D_i$ 的平均值 $\overline{D_i}$(mm) | | | | | |
| 绕线半径 $\overline{R_i} = \frac{1}{2}\overline{D_i}$(mm) | | | | | |

（2）调整仪器

调整仪器水平的方法如下：

把由塔轮、细杆和 $m_0$ 组成的刚体系以及轴承 $O$ 取下。将校准铅锤装在原来轴承 $O$ 的位置上,调节底脚螺丝直至铅锤尖正好对准下轴承 $O'$ 的小坑中心为止。调好后注意不要破坏已调好的仪器水平。仔细取下校准铅锤,重新装上轴承及刚体系。转轴与轴承的接触应合适,不要太紧或太松,应使刚体能灵活而且平稳地转动。

在细线一端挂上 $m=25g$ 的砝码,将细线并排绕在 $R \approx 10mm$ 的部位上(绕线不能重叠),令砝码由静止开始下落,检查刚体系是否能灵活而平稳地转动。如不能,可适当调整转轴与轴承的接触情况或检查仪器水平是否符合要求。在检查的同时可练习用电脑计数器测定刚体系转动 $n=3$ 圈的时间。

（3）电脑计数器的使用方法

电脑计数器后面板 $P_1$ 为信号输入端,由专用导线与一光电门相连接。测量前,将刚体系的其中一细杆末端放在即将通过光电门位置处,且呈静止状态(需用手扶住)。然后,将刚体释放。光电门是通过细杆末端对它挡光而与电脑计数器一起来计时的。如果刚体转 $n=3$ 圈,则光电门将被挡光 6 次,最后电脑计数器显示屏显示出刚体转 $n=3$ 圈的时间 $t$ 值。

电脑计数器使用前需做下列准备工作：

① 打开开关；

② 按下 $\frac{\text{Out}}{\text{Gate}}$ 键设定 0.00s 档;

③ 按下 $T_1^6$ 键,确定测转速(屏上出现"10");

④ 按下 Shift 后再按 $T_1^6$ 键(屏上出现"6"),再按 Shift 键复原;

⑤ 每测完一次刚体转 $n=3$ 圈的时间 $t$ 后,需按 $T_1^6$ 键复原(清零)。

**2. 测量**

(1) 在忽略摩擦力矩的情况下测定不同质量分布刚体系的转动惯量

令 $m=25\text{g}$,$R \approx 30\text{mm}$(应记录自己测量的值),$n=3$。北京地区的 $g=9.80\text{m/s}^2$。改变圆柱体在细杆上的位置,即细槽内移一格。刚体由静止释放时,电脑计数器启动,测出转 $n=3$ 圈的时间 $t$,测 3 次取平均值,代入式(4-8)求转动惯量 $J$。本实验不要求计算误差。

表4-2 测定不同质量分布刚体系的转动惯量

$m=25\text{g}$,$R \approx 30\text{mm}$

| 圆柱体在细杆上的位置 | | 1 | 2 | 3 | 4 | 5 |
|---|---|---|---|---|---|---|
| $t(\text{s})$ | 第1次 | | | | | |
| | 第2次 | | | | | |
| | 第3次 | | | | | |
| | $\bar{t}(\text{s})$ | | | | | |
| | $J(\text{kg}\cdot\text{m}^2)$ | | | | | |

(2) 由 $m \sim \dfrac{1}{t^2}$ 关系曲线求摩擦力矩及转动惯量

根据式(4-9),保持 $R$、$n$ 不变($R$、$n$ 的值同实验内容测量1),$m$ 从 20g 开始每次增加 5g 直至 40g 为止,测出相应的 $t$ 值($t$ 应测 3 次取平均值),在坐标纸上作 $m \sim \dfrac{1}{t^2}$ 关系图,它应为一条直线。从图上求出此直线的截距 $a_1$ 和斜率 $b_1$,按式(4-11)、(4-12)计算刚体系的摩擦力矩 $M_\mu$ 和转动惯量 $J$。

表4-3 测定 $m \sim \dfrac{1}{t^2}$ 关系

$R=$　　mm,$n=3$

| $m(\times 10^{-3}\text{kg})$ | | 20.0 | 25.0 | 30.0 | 35.0 | 40.0 |
|---|---|---|---|---|---|---|
| $t(\text{s})$ | 第1次 | | | | | |
| | 第2次 | | | | | |
| | 第3次 | | | | | |
| | $\bar{t}(\text{s})$ | | | | | |
| | $\dfrac{1}{t^2}(\text{s}^{-2})$ | | | | | |

由 $m \sim \dfrac{1}{t^2}$ 直线得：

截距 $a_1 =$        ∴摩擦力矩   $M_\mu = a_1 g R =$

斜率 $b_1 =$        ∴转动惯量   $J = \dfrac{b_1 g R}{4\pi n} =$

（3）由 $R \sim \dfrac{1}{t^2}$ 关系曲线求摩擦力矩及转动惯量

根据式（4－10），令 $m = 25\text{g}, n = 3$，保持 $m$、$n$ 不变，把细线分别绕在塔轮的不同部位上，取不同的绕线半径 $R$，测出相应的 $t$ 值（测 3 次取平均值），在坐标纸上作 $R \sim \dfrac{1}{t^2}$ 关系图，它也应为一条直线。从图上求出此直线的截距 $a_2$ 和斜率 $b_2$，按式（4－13）、（4－14）计算刚体系的摩擦力矩 $M_\mu$ 和转动惯量 $J$。

表 4 － 4   测定 $R \sim \dfrac{1}{t^2}$ 关系

$m = 25\text{g}, n = 3$

| R(mm) | | | | | | | |
|---|---|---|---|---|---|---|---|
| | 第 1 次 | | | | | | |
| $t(\text{s})$ | 第 2 次 | | | | | | |
| | 第 3 次 | | | | | | |
| | $\bar{t}(\text{s})$ | | | | | | |
| | $\dfrac{1}{t^2}(\text{s}^{-2})$ | | | | | | |

由 $R \sim \dfrac{1}{t^2}$ 直线得：

截距   $a_2 =$        ∴摩擦力矩   $M_\mu = a_2 m g =$

斜率   $b_2 =$        ∴转动惯量   $J = \dfrac{b_2 m g}{4\pi n} =$

## 【注意事项】

1. 细线必须整齐地并排绕在塔轮上，不得重叠。

2. 必须调整滑轮的高度使细线与转轴垂直（$R$ 取不同的值时），并使滑轮槽中的细线与塔轮的边缘相切。

3. 必须保证刚体从静止开始转动。

4. 刚体在转动 $n$ 圈之内砝码不能着地。

5. 用电脑计数器计时应及时准确，最好先练几次再做正式测量。

## 【思考题】

1. 在进行测量之前为何要先调好仪器水平，如何调？

2. 实验中有哪些注意事项?
3. 用回归计算法与作图法分别处理实验数据,能够得出何种结论?

# 用恒力矩转动法测定刚体的转动惯量

## 【实验目的】

1. 学习用恒力矩转动法测定刚体转动惯量的原理和方法。
2. 观测刚体的转动惯量随其质量,质量分布及转轴不同而改变的情况,验证平行轴定理。
3. 学会使用智能计时计数器测量时间。

## 【实验仪器】

ZKY－ZS 转动惯量实验仪,智能计时计数器,游标卡尺等。

## 【实验原理】

### 1. 恒力矩转动法测定转动惯量的原理

根据刚体的定轴转动定律:

$$M = J\alpha \tag{4-15}$$

只要测定刚体转动时所受的总合外力矩 $M$ 及该力矩作用下刚体转动的角加速度 $\beta$,则可计算出该刚体的转动惯量 $J$。

设以某初始角速度转动的空实验台转动惯量为 $J_1$,未加砝码时,在摩擦阻力矩 $M_\mu$ 的作用下,实验台将以角加速度 $\alpha_1$ 做匀减速运动,即:

$$-M_\mu = J_1\alpha_1 \tag{4-16}$$

将质量为 $m$ 的砝码用细线绕在半径为 $R$ 的实验台塔轮上,并让砝码下落,系统在恒外力作用下将作匀加速运动。若砝码的加速度为 $a$,则细线所受张力为 $T = m(g-a)$。若此时实验台的角加速度为 $\alpha_2$,则有 $a = R\alpha_2$。细线施加给实验台的力矩为 $TR = m(g-R\alpha)R$,此时有:

$$m(g-R\alpha_2)R - M_\mu = J_1\alpha_2 \tag{4-17}$$

将(4-16)、(4-17)两式联立消去 $M_\mu$ 后,可得空实验台的转动惯量 $J_1$ 为:

$$J_1 = \frac{mR(g-R\alpha_2)}{\alpha_2 - \alpha_1} \tag{4-18}$$

式中,$m$、$R$ 分别为砝码的质量、塔轮半径,$\alpha_1$、$\alpha_2$ 分别为实验台加砝码前匀减速、加砝码。

同理,若在实验台上加上被测物体后系统的转动惯量为 $J_2$,加砝码前后的角加速度分别为 $\alpha_3$ 与 $\alpha_4$,则有:

$$J_2 = \frac{mR(g-R\alpha_4)}{\alpha_4 - \alpha_3} \tag{4-19}$$

由转动惯量的迭加原理可知,被测试件的转动惯量 $J_3$ 为:

$$J_3 = J_2 - J_1 \tag{4-20}$$

测得 $R$、$m$ 及 $\alpha_1$、$\alpha_2$、$\alpha_3$、$\alpha_4$，由式（4-18）、（4-19）、（4-20）即可计算被测试件的转动惯量。

### 2. 角加速度的测量

实验中采用智能计时计数器记录遮挡次数和相应的时间。固定在载物台圆周边缘相差 $\pi$ 角的两遮光细棒，每转动半圈遮挡一次固定在底座上的光电门，即产生一个计数光电脉冲，计数器计下遮挡次数 $k$ 和相应的时间 $t$。若从第一次挡光（$k=0$，$t=0$）开始计次、计时，且初始角速度为 $\omega_0$，则对于匀变速运动中测量得到的任意两组数据 $(k_m, t_m)$、$(k_n, t_n)$，相应的角位移 $\theta_m$、$\theta_n$ 分别为：

$$\theta_m = k_m\pi = \omega_0 t_m + \frac{1}{2}\alpha t_m^2 \tag{4-21}$$

$$\theta_n = k_n\pi = \omega_0 t_n + \frac{1}{2}\alpha t_n^2 \tag{4-22}$$

从（4-21）、（4-22）两式中消去 $\omega_0$，可得：

$$\alpha = \frac{2\pi(k_n t_m - k_m t_n)}{t_n^2 t_m - t_m^2 t_n} \tag{4-23}$$

由式（4-23）即可计算角加速度 $\alpha$。

### 3. 平行轴定理

理论分析表明，质量为 $m$ 的物体围绕通过质心 $O$ 的转轴转动时的转动惯量 $J_0$ 最小。当转轴平行移动距离 $d$ 后，绕新转轴转动的转动惯量为：

$$J = J_0 + md^2 \tag{4-24}$$

## 【实验内容】

### 1. 实验准备

在桌面上放置 ZKY-ZS 转动惯量实验仪，并利用基座上的三颗调平螺钉，将仪器调平。将滑轮支架固定在实验台面边缘，调整滑轮高度及方位，使滑轮槽与选取的绕线塔轮槽等高，且其方位相互垂直，如图 4-2 所示。并且用数据线将智能计时计数器中 $A$ 或 $B$ 通道与转动惯量试验仪其中的一个光电门相连。

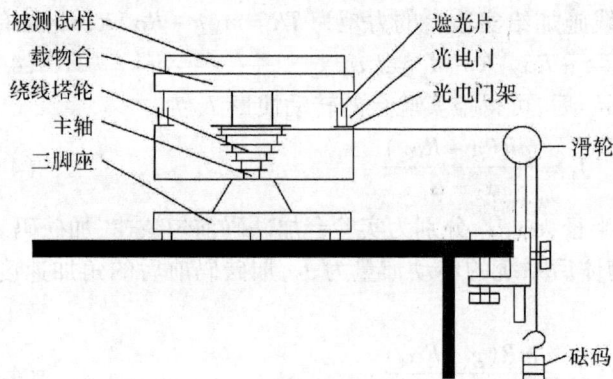

图 4-2　转动惯量实验仪　　　　　　　　图 4-3　载物台俯视图

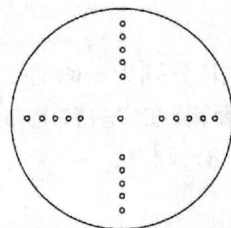

**2. 测量并计算实验台的转动惯量 $J_1$**

（1）测量角加速度 $\alpha_1$

上电开机后 LCD 显示"智能计时计数器　成都世纪中科"欢迎界面延时一段时间后,显示操作界面:

① 选择"计时　1—2 多脉冲"。

② 选择通道。

③ 用手轻轻拨动载物台,使试验台有一初始转速并在摩擦阻力矩作用下做匀减速运动。

④ 按确认键进行测量。

⑤ 载物台转动 15 圈后按确认键停止测量。

⑥ 查阅数据,并将查阅到的数据记录到表 4-5 中;

采用逐差法处理数据,将第 1 组和第 5 组,第 2 组和第 6 组……分别组成 4 组,用(4-23)式计算对应各组的 $\alpha_1$ 值,然后求其平均值作为 $\alpha_1$ 的测量值。

⑦ 按确认键后返回"计时　1—2 多脉冲"界面。

（2）测量角加速度 $\alpha_2$

① 选择塔轮半径 $R$ 及砝码质量,将一端打结的细线沿塔轮上开的细缝塞入,并且不重叠的密绕于所选定半径的轮上,细线另一端通过滑轮扣连接砝码托上的挂钩,用于将载物台稳住;

② 重复(1)中的②③④步;

③ 释放载物台,砝码重力产生的恒力矩使实验台产生匀加速转动;记录 8 组数据后停止测量。查阅、记录数据于表 4-5 中并计算 $\alpha_2$ 的测量值。由(4-18)式即可算出 $J_1$ 的值。

**3. 测量并计算实验台放上试样后的转动惯量**

将待测试样放上载物台并使试样几何中心轴与转轴中心重合,按与测量 $J_1$ 同样的方法可分别测量未加砝码的角加速度 $\alpha_3$ 与加砝码后的角加速度 $\alpha_4$。由(4-19)式可计算 $J_2$,由(4-20)式可计算试样的转惯量 $J_3$。

已知圆盘、圆柱绕几何中心轴转动的转动惯量理论值为

$$J = \frac{1}{2}mR^2 \tag{4-25}$$

圆柱绕几何中心轴的转动惯量理论值为

$$J = \frac{m}{2}(R_{外}^2 + R_{内}^2) \tag{4-26}$$

计算试样的转动惯量理论值并与测量值 $J_3$ 比较,计算测量值的相对误差:

$$E = \frac{J_3 - J}{J} \times 100\% \tag{4-27}$$

**4. 验证平行轴定理**

将两圆柱体对称插入载物台上与中心距离为 $d$ 的圆孔中,测量并计算两圆柱体在此位置的转动惯量。将测量值与由(4-24)、(4-23)式所得的理论计算值比较,若一致即验证了平行轴定理。

# 测量表格及测量结果

## 表 4 – 5  测量实验台的角加速度

| 匀减速 | | | | | 平均 | 匀加速 $R_{塔轮} =$    mm    $m_{砝码} =$    g | | | | | 平均 |
|---|---|---|---|---|---|---|---|---|---|---|---|
| $k_m$ | 1 | 2 | 3 | 4 | | $k_m$ | | | | | |
| $t_m(s)$ | | | | | | $t_m(s)$ | | | | | |
| $k_n$ | 5 | 6 | 7 | 8 | | $k_n$ | | | | | |
| $t_n(s)$ | | | | | | $t_n(s)$ | | | | | |
| $\alpha_1(1/s^2)$ | | | | | | $\alpha_2(1/s^2)$ | | | | | |

将表 4 – 5 的数据代入(4 – 18)式即可计算空实验台的转动惯量 $J_1$。

## 表 4 – 6   测量实验台加圆环试样后的角加速度

$R_{外} = 120mm$, $R_{内} = 105mm$, $m_{圆柱} =$   g

| 匀减速 | | | | | 平均 | 匀加速 $R_{塔轮} =$   mm    $m_{砝码} =$   g | | | | | 平均 |
|---|---|---|---|---|---|---|---|---|---|---|---|
| $k_m$ | 1 | 2 | 3 | 4 | | $k_m$ | | | | | |
| $t_m(s)$ | | | | | | $t_m(s)$ | | | | | |
| $k_n$ | 5 | 6 | 7 | 8 | | $k_n$ | | | | | |
| $t_n(s)$ | | | | | | $t_n(s)$ | | | | | |
| $\alpha_3(1/s^2)$ | | | | | | $\alpha_4(1/s^2)$ | | | | | |

将表 4 – 6 的数据代入(4 – 19)式即可计算实验台放上圆环后的转动惯量 $J_2$；

由(4 – 20)式可计算圆环的转动惯量测量值 $J_3$；

由(4 – 26)式可计算圆环的转动惯量理论值 $J$；

由(4 – 27)式可计算测量的相对误差 $E$。

表 4 -7 测量两圆柱体试样中心与转轴距离 $d = 100\text{mm}$ 时的角加速度

$$R_{圆柱} = 15\text{mm}, m_{圆柱} \times 2 = \quad \text{g}$$

| 匀减速 | | | | | 匀加速 $R_{塔轮} = \quad \text{mm}$ $\quad m_{砝码} = \quad \text{g}$ | | | | | |
|---|---|---|---|---|---|---|---|---|---|---|
| $k_m$ | 1 | 2 | 3 | 4 | 平均 | $k_m$ | | | | 平均 |
| $t_m(\text{s})$ | | | | | | $t_m(\text{s})$ | | | | |
| $k_n$ | 5 | 6 | 7 | 8 | | $k_n$ | | | | |
| $t_n(\text{s})$ | | | | | | $t_n(\text{s})$ | | | | |
| $\alpha_3(1/\text{s}^2)$ | | | | | | $\alpha_4(1/\text{s}^2)$ | | | | |

将表 4 - 7 的数据代入 (4 - 19) 式即可计算实验台放上两圆柱后的转动惯量 $J_3$；

由 (4 - 20) 式可计算两圆柱的转动惯量测量值 $J_3$；

由 (4 - 25) 式、(4 - 24) 式可计算两圆柱的转动惯量理论值 $J_3$；

由 (4 - 27) 式可计算测量的相对误差 $E$ 。

## 【思考题】

1. 验证平行轴定理时, 为什么不用一个圆柱体而采用两个对称放置?
2. 采用本实验测量方法, 对测量试样的转动惯量的大小有什么要求吗?

# 实验五　用拉伸法测定金属丝的杨氏弹性模量

## 【实验目的】

1. 掌握光杠杆原理及使用方法。
2. 学习用拉伸法测量金属丝的杨氏弹性模量。
3. 学习用逐差法处理数据。

## 【实验仪器】

杨氏模量仪,光杠杆,望远镜及标尺,卷尺,直尺,千分尺。

## 【实验原理】

长度为 $L$ 的粗细均匀的钢丝,截面面积为 $S$,将其上端固定,下端挂以重量为 $F$ 的砝码,此时钢丝因受到力 $F$ 而伸长了 $\Delta L$。根据胡克定律,在弹性限度内,弹性体的应力 $\left(\dfrac{F}{S}\right)$ 和产生的应变 $\left(\dfrac{\Delta L}{L}\right)$ 成正比,即

$$\frac{F}{S} = Y\frac{\Delta L}{L}$$

式中,比例系数 $Y$ 叫作杨氏弹性模量,简称杨氏模量:

$$Y = \frac{FL}{S\Delta L} \tag{5-1}$$

从(5-1)式可以看出,长度和截面都相同的两种金属材料,在所受外力相同的情况下,杨氏模量大的一种,材料形变就小,杨氏模量小的形变就大。因此杨氏模量可以表示材料抵抗形变的能力。实验证明:杨氏模量只与物体自身的材料性质有关,与所受外力以及物体的大小、形状等无关,它是表征固体材料性质的一个物理量。

本实验是通过对 $F$、$L$、$S$ 及 $\Delta L$ 的测量,按(5-1)式测定杨氏模量的。其中 $F$、$L$ 和 $S$ 都比较容易测得,唯有 $\Delta L$,数值很小,不易测准。为此,我们借助一种光学放大装置——光杠杆来测量。

实验装置如图5-1所示。金属丝 L 的上端固定于支架的横梁 A 上,下端挂着砝码 $m$,C 为中间有一小孔的圆柱体,金属丝可从其中穿过。实验时应将圆柱体一端用螺旋卡头夹紧,使其能随金属丝的伸缩面移动。G 是一个固定平台,中间开有一孔,圆柱体 C 可在孔中自由移动。光杠杆 M(平面镜)下面的两尖脚放在平台的沟内,后杆尖脚放在圆柱体 C 的上端。借助水平仪,调节支架底部的三个调节螺丝可使支架铅直平台水平。R 是望远镜,S 是标尺。

测量时仪器安排如图5-1所示,望远镜对准平面镜,从望远镜中可以看到竖尺由平面镜反射的像,望远镜中有一细叉丝,用它对准竖尺像的某一刻度进行读数。加砝码后金属丝受力伸长 $\Delta L$,光杠杆后脚随小圆柱下降 $\Delta L$,平面镜转了 $\theta$ 角,由图中可以看出:

$$\tan\theta = \frac{\Delta L}{D} \tag{5-2}$$

由于 $\Delta L \ll D$，$\theta$ 很小，所以

$$\theta \approx \tan\theta = \frac{\Delta L}{D} \qquad (5-3)$$

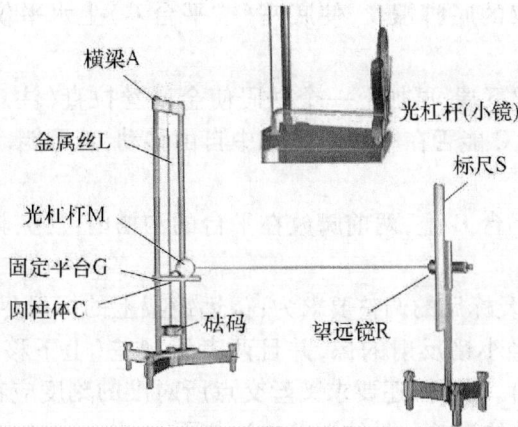

图 5-1 杨氏弹性模量测量装置

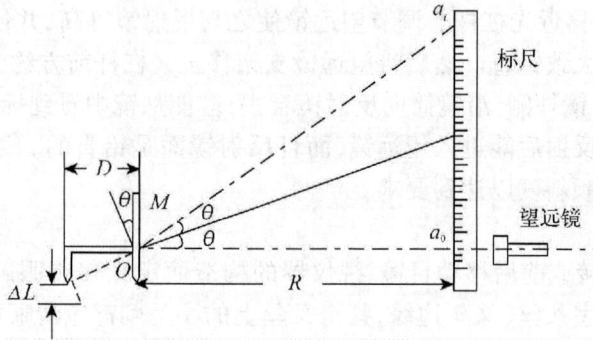

图 5-2 光杠杆测量示意图

若望远镜中叉丝原来对准竖尺的刻度 $a_0$，平面镜转动 $\theta$ 角后，根据反射定律，反射线将转 $2\theta$ 角，设这时叉丝对准的新刻度为 $a_i$，若令 $\Delta n = a_i - a_0$，则当 $\theta$ 很小时（$\Delta n \ll R$）有

$$2\theta = \frac{\Delta n}{R} \qquad (5-4)$$

其中，$R$ 是平面镜的反射面到竖尺的距离。综合（5-3）、（5-4）式可得 $\Delta L$ 的测量公式：

$$\Delta L = \frac{D}{2R}\Delta n \qquad (5-5)$$

通过测量 $\Delta n$、$D$ 及 $R$ 就可以间接地测量微小长度变化量 $\Delta L$。将（5-5）式代入（5-1）式并利用

$$S = \frac{1}{4}\pi d^2$$

可以得到杨氏模量的测量公式：

$$Y = \frac{8FLR}{\pi D d^2} \cdot \frac{1}{\Delta n} \qquad (5-6)$$

式中，$d$ 为钢丝直径。

## 【实验内容】

### 1. 调整仪器

(1) 调节杨氏模量仪的底脚螺丝,使底座(或平台 G)上水平仪气泡在中间,使其支柱铅直。

(2) 把钩码挂在钢丝下端,再加上一个砝码使金属丝拉直(注意:此时的重量不计入作用力 F 之内)。检查圆柱 C 能否在平台 G 的孔中自由移动,若不能,说明支柱铅直未调好,应继续调节。

(3) 将光杠杆放在平台 G 上,两前脚放在平台的沟槽内,后尖脚放在圆柱 C 上,但不能与金属丝接触。

(4) 望远镜、光杠杆及标尺的调整要求为:望远镜架上的标尺尽量靠近望远镜。从望远镜中能看清叉丝及标尺经小镜反射的像,并且两者无视差(上下移动眼睛时两者无相对移动,即两者在同一平面内)。此外,还要求叉丝交点所对准的刻度应在望远镜的高度附近,否则会使测量结果产生较大的误差。具体调节方法如下:

① 粗调

a. 将望远镜支架移近光杠杆。调节望远镜使之与反射镜等高,并使望远镜筒大致水平,光杠杆的镜面和标尺大致铅直。然后将望远镜支架移至光杠杆前方约1m 远处。

b. 用眼睛在望远镜外侧,沿镜筒向反射镜看去,应能从镜中看到标尺的反射像。这表明标尺发出的光经小镜反射后能进入望远镜,而且反射镜面是铅直的。否则,可稍微移动望远镜支架及调节小镜的倾斜度以达到要求。

② 细调

a. 调节目镜(旋转或前后移动目镜,视仪器的构造而定),使得眼睛贴近目镜观察时,能看清楚望远镜内的十字叉丝(叉丝边缘,甚至叉丝上的小毛刺都应清晰可见)。

b. 用望远镜筒侧面的旋钮调节物镜,直到看清标尺刻度并消除刻度像与叉丝的视差。这时刻度像与叉丝在同一平面内。如叉丝交点对准的刻度不在望远镜高度附近,可调小镜的倾斜度达到要求。

### 2. 测量

(1) 记下 $a_0$,然后逐次加砝码(每次 1.00kg)。同时在望远镜中读记对应刻度 $a_i$ 共 5 次,再逐次取下砝码,读记相应标尺刻度 $a_i$。

(2) 用给出的工具对 R、L 做一次测量并估计误差。用螺旋测微计测 d(有关螺旋测微计的使用请参看附录),要在钢丝的各不同部位测 5 次。测 D 的方法是将光杠杆的三个支脚压在一张平纸上,得到三个支脚的压痕,用细笔做后脚压痕到前两脚压痕连线的中垂线即为 D,用钢板尺量出其数值。

L:支架上端圆柱下露出钢丝处至平台上圆柱 C 处的距离;

R:光杠杆镜面至标尺的垂直距离。

## 测量表格及测量结果

表 5-1 $\Delta n$ 的测量

| $i$ | 砝码质量 $M_i$(kg) | 望远镜读数 | | | $\Delta n = \bar{a}_{i+3} - \bar{a}_i$(cm) $i = 0,1,2,\cdots$ |
|---|---|---|---|---|---|
| | | 增重 $a_i$(cm) | 减重 $a_i$(cm) | 平均 $a_i$(cm) | |
| 0 | 0 | | | | |
| 1 | 1.00 | | | | |
| 2 | 2.00 | | | | |
| 3 | 3.00 | | | | |
| 4 | 4.00 | | | | |
| 5 | 5.00 | | | | |

$\Delta n = ($    $\pm$    $)$ cm

表 5-2 钢丝直径的测量

零点误差_____

| $i$ | 1 | 2 | 3 | 4 | 5 |
|---|---|---|---|---|---|
| $d$(mm) | | | | | |

$d = ($    $\pm$    $)$ mm

$L = ($    $\pm$    $)$ cm

$R = ($    $\pm$    $)$ cm

$D = ($    $\pm$    $)$ cm

## 数据处理

**1. 用逐差法处理数据**

由误差理论知,算术平均值为多次测量的最佳估计值,但在本实验中如果简单地取各次测量的平均值,则有:

$$\Delta n = \frac{(a_1 - a_0) + (a_2 - a_1) + (a_3 - a_2) + (a_4 - a_3) + (a_5 - a_4)}{5} = \frac{(a_5 - a_0)}{5}$$

只有 $a_5$ 和 $a_0$ 两个值起作用,这与一次增重 5kg 的单次测量等价,失去了多次测量的意义。

这就需要用逐差法来处理数据,从而避免数据的丢失。

即我们每隔三项相减 $\Delta n = a_{i+3} - a_i$

则
$$\Delta n = \frac{(a_3 - a_0) + (a_4 - a_1) + (a_5 - a_2)}{3}$$

这就等价于每次增重 3.00kg 的三次测量,表 5 – 1 中的 $\Delta n$ 就要求用此法求出。

**2. 计算杨氏模量**

根据式(5 – 6)计算金属丝的杨氏模量 $Y$,并由误差传递计算 $Y$ 的相对误差,再根据相对误差和绝对误差的关系,计算 $Y$ 的绝对误差 $\Delta Y$。结果写出杨氏模量 $Y = \bar{Y} \pm \Delta Y$。

## 【注意事项】

1. 测量过程中,来回走动时,切记不要碰落光杠杆和望远镜。
2. 勿用手、布、一般纸张擦抹各个镜面,若有不洁,提请教师处理。
3. 加、减砝码时必须轻、稳,勿使其上下振动或左右扭摆。
4. 测量 $L$、$R$ 时要搞清楚它们起点和终点的位置,否则可能导致测量错误。

## 【思考题】

1. 光杠杆有什么优点?怎样提高光杠杆测微小长度变化的灵敏度?
2. 为什么要采用逐差法求 $\Delta n$?如果增重减重都是 7 次,那么求 $\Delta n$ 时需相隔几项相减?
3. 本实验中 $F$ 是直接测量量吗?应如何计算 $F$ 的值?

# 实验六  导热系数的测定

## 【实验目的】

1. 掌握稳态法测材料导热系数的方法。
2. 掌握一种用热电转换方式进行温度测量的方法。

## 【实验仪器】

YBF - 3 型导热系数测试仪, 杜瓦瓶, 测试样品(硬铝、橡皮), 游标卡尺等。

## 【实验原理】

早在 1882 年, 法国科学家丁·傅里叶就提出了热传导定律, 目前各种测量导热系数的方法都建立在傅里叶热传导定律基础上。

当物体内部各处温度不均匀时, 就会有热量从温度较高处传向较低处, 这种现象称为热传导。热传导定律指出: 如果热量是沿着 $z$ 方向传导, 那么在 $z$ 轴上任一位置 $z_0$ 处取一个垂直截面积 $\mathrm{d}s$, 以 $\dfrac{\mathrm{d}T}{\mathrm{d}z}$ 表示在 $z$ 处的温度梯度, 以 $\dfrac{\mathrm{d}Q}{\mathrm{d}t}$ 表示该处的传热速率(单位时间内通过截面积 $\mathrm{d}s$ 的热量), 那么热传导定律可表示为:

$$\mathrm{d}Q = -\lambda \left(\frac{\mathrm{d}T}{\mathrm{d}z}\right)_{z_0} \mathrm{d}s \cdot \mathrm{d}t \qquad (6-1)$$

式中的负号表示热量从高温区向低温区传导(即热传导的方向与温度梯度的方向相反), 比例数 $\lambda$ 即为导热系数。

由上式可见导热系数的物理意义: 在温度梯度为一个单位的情况下, 单位时间内垂直通过截面单位面积的热量。利用(6-1)式测量材料的导热系数 $\lambda$, 需解决两个关键的问题: 一个是如何在材料内造成一个温度梯度 $\dfrac{\mathrm{d}T}{\mathrm{d}z}$ 并确定其数值; 另一个是如何测量材料内由高温区向低温区的传热速率 $\dfrac{\mathrm{d}Q}{\mathrm{d}t}$。

## 1. 温度梯度 $\dfrac{\mathrm{d}T}{\mathrm{d}z}$

为了在样品内造成一个温度的梯度分布, 可以把样品加工成平板状, 并把它夹在两块良导体——铜板之间, 如图 6-1, 使两块铜板分别保持在恒定温度 $T_1$ 和 $T_2$, 就可能在垂直于样品表面的方向上形成温度的梯度分布。若样品厚度远小于样品直径($h \ll D$), 由于样品侧面积比平板面积小得多, 由侧面散去的热量可以忽略不计, 可以认为热量是沿垂直于样品平面的方向上传导, 即只在此方向上有温度梯度。由于铜是热的良导体, 在达到平衡时, 可以认为同一铜板各处的温度相同, 样品内同一平行平面上各处的温度也相同。这样只要测出样品的厚度 $h$ 和两块铜板的温度 $T_1$、$T_2$, 就可以确定样品内的温度梯度 $\dfrac{T_1 - T_2}{h}$。当然这需要铜板与样品表面紧密接触无缝隙, 否则中间的空气层将产生热阻, 使得温度梯度测量不准确。

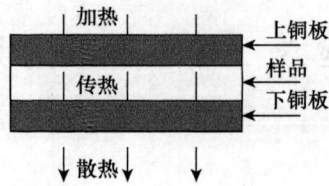

图 6-1　传热示意图

为了保证样品中温度场的分布具有良好的对称性,把样品及两块铜板都加工成等大的圆形。

## 2. 传热速率 $\dfrac{dQ}{dt}$

单位时间内通过某一截面积的热量称为传热速率 $\dfrac{dQ}{dt}$ 是一个无法直接测定的量,但可通过如下的方法进行间接测量。为了维持一个恒定的温度梯度分布,必须不断地给高温侧铜板加热,热量通过样品传到低温侧铜板,低温侧铜板将热量不断地向周围环境散出。当加热速率、传热速率与散热速率相等时,系统就达到一个动态平衡,称之为稳态,此时低温侧铜板的散热速率就是样品内的传热速率。这样,只要测量低温侧铜板在稳态温度 $T_2$ 下散热的速率,也就间接测量出了样品内的传热速率。但是,铜板的散热速率也不易测量,还需要进一步作参量转换。由于铜板的散热速率与冷却速率(温度变化率) $\dfrac{dT}{dt}$ 有关,其表达式为

$$\frac{dQ}{dt}\bigg|_{T_2} = -mC\frac{dT}{dt}\bigg|_{T_2} \qquad (6-2)$$

式中, $m$ 为铜板的质量, $C$ 为铜板的比热容,负号表示热量向低温方向传递。

因为质量容易直接测量, $C$ 为常量,这样对铜板的散热速率的测量又转化为对低温侧铜板冷却速率的测量。铜板的冷却速率可以这样测量:在达到稳态后,移去样品,用加热铜板直接对下铜板加热,使其温度高于稳态温度 $T_2$ (大约高出 10℃),再让其在环境中自然冷却,直到温度低于 $T_2$ ,测出温度在大于 $T_2$ 到小于 $T_2$ 区间中随时间的变化关系,描绘出 $T-t$ 曲线(见图 6-2),曲线在 $T_2$ 处的斜率就是铜板在稳态温度时 $T_2$ 下的冷却速率。

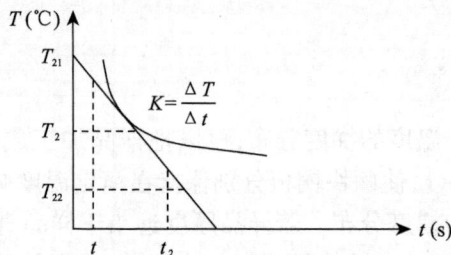

图 6-2　散热盘的冷却曲线图

应该注意的是,这样得出的 $\dfrac{dT}{dt}$ 是铜板全部表面暴露于空气中的冷却速率,其散热面积为 $2\pi R_p^2 + 2\pi R_p h_p$ (其中 $R_p$ 和 $h_p$ 分别是下铜板的半径和厚度),然而,设样品截面半径为 $R$ ,在实

验中稳态传热时,铜板的上表面(面积为 $\pi R_P^2$)是被样品全部($R = R_p$)或部分($R < R_p$)覆盖的,由于物体的散热速率与它们的面积成正比,所以稳态时,铜板散热速率的表达式应修正为:

若 $R = R_P$,则

$$\frac{dQ}{dt} = - mC \frac{dT}{dt} \cdot \frac{\pi R_P^2 + 2\pi R_p h_p}{2\pi R_P^2 + 2\pi R_p h_p} \tag{6-3}$$

若 $R < R_P$,则

$$\frac{dQ}{dt} = - mC \frac{dT}{dt} \cdot \frac{2\pi R_P^2 - \pi R^2 + 2\pi R_p h_p}{2\pi R_P^2 + 2\pi R_p h_p} \tag{6-3'}$$

根据前面的分析,这个量就是样品的传热速率。

将(6-3)式或(6-3′)式代入热传导定律表达式,考虑到 $ds = \pi R^2$,可以得到导热系数:

$$\lambda = mC \frac{2h_p + R_p}{2h_p + 2R_p} \cdot \frac{1}{\pi R^2} \cdot \frac{h}{T_1 - T_2} \cdot \frac{dT}{dt} \bigg|_{T = T_2} \tag{6-4}$$

或

$$\lambda = mC \frac{2R_p^2 - R^2 + 2R_p h_p}{2R_p^2 + 2R_p h_p} \cdot \frac{1}{\pi R^2} \cdot \frac{h}{T_1 - T_2} \cdot \frac{dT}{dt} \bigg|_{T = T_2} \tag{6-4'}$$

式中,$R$ 为样品的半径、$h$ 为样品的高度、$m$ 为下铜板的质量、$C$ 为铜的比热容、$R_p$ 和 $h_p$ 分别是下铜板的半径和厚度。各项均为常量或易直接测量。

本实验选用铜—康铜热电偶测温度,温差为 100℃ 时,其温差电动势约为 4.0mV。由于热电偶冷端浸在冰水中,温度为 0℃,当温度变化范围不大时,热电偶的温差电动势 $\theta(mV)$ 与待测温度 $T(℃)$ 的比值是一个常数。因此,在用(6-4)或(6-4′)式计算时,也可以直接用电动势 $\theta$ 代表温度 $T$。

## 【实验内容】

YBF-3 型导热系数测试仪如图 6-3 所示。

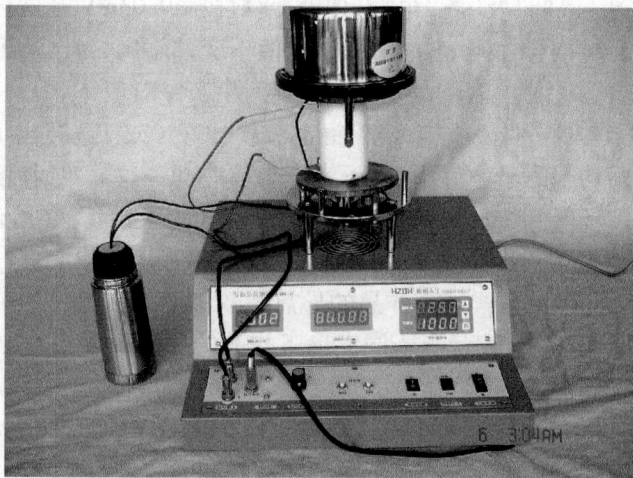

图 6-3 YBF-3 型导热系数测试仪

**1. 手动测量**

(1)用游标卡尺测量样品、下铜盘的几何尺寸,多次测量取平均值。

(2)先放置好待测样品及下铜盘(散热盘),调节下圆盘托架上的三个微调螺丝,使待测样品与上、下铜盘接触良好。安置圆筒、圆盘时须使放置热电偶的洞孔与杜瓦瓶在同一侧。热电偶插入铜盘上的小孔时,要抹些硅脂,并插到洞孔底部,使热电偶测温端与铜盘接触良好,热电偶冷端插在杜瓦瓶中的冰水混合物中。

(3)根据稳态法,必须得到稳定的温度分布,这就要等待较长时间,为了提高效率,可先将电源电压打到"高"档,几分钟后 $\theta_1 = 4.00\text{mV}$ 即可将开关拨到"低"档,通过调节电热板电压"高"、"低"及"断"电档,使 $\theta_1$ 读数在 $\pm 0.03\text{mV}$ 范围内,同时每隔 30 秒读 $\theta_2$ 的数值,如果在 2 分钟内样品下表面温度 $\theta_2$ 示值不变,即可认为已达到稳定状态。记录稳态时与 $\theta_1$、$\theta_2$ 对应的 $T_1$、$T_2$ 值。

需要强调的是,测金属(或陶瓷)的导热系数时,$T_1$、$T_2$ 值为稳态时金属样品上下两个面的温度,此时散热盘 $P$ 的温度为 $T_3$。因此测量 $P$ 盘的冷却速率应为:

$$\left.\frac{\Delta T}{\Delta t}\right|_{T=T_3}$$

测 $T_3$ 值时要在 $T_1$、$T_2$ 达到稳定时,将上面测 $T_1$ 或 $T_2$ 的热电偶移下来进行测量。

(4)移去样品,继续对下铜盘加热,当下铜盘温度比 $T_2$(对金属样品应为 $T_3$)高出 10℃ 左右时,移去圆筒,让下铜盘所有表面均暴露于空气中,使下铜盘自然冷却,每隔 30 秒读一次下铜盘的温度示值并记录,直到温度下降到 $T_2$(或 $T_3$)以下一定值。作铜盘的 $T-t$ 冷却速率曲线,选取邻近 $T_2$(或 $T_3$)的测量数据来求出冷却速率。

(5)根据(6-4)或(6-4′)式计算样品的导热系数 $\lambda$。

**2. 自动测量(选做)**

(1)参数测量与仪器安装,与手动测量中的 1、2 步相同。

(2)将电压选择开关打在(O)位置,设定好上铜盘的加热温度,对上铜盘进行加热。

(3)将信号选通开关打在(I)位置,测量上铜盘的温度,当上铜盘加热到设定温度时,通过调节电热板电压"高"、"低"及"断"电档,使 $\theta_1$ 读数在 $\pm 0.03\text{mV}$ 范围内,同时每隔 30 秒读 $\theta_2$ 的数值,如果在 2 分钟内样品下表面温度 $\theta_2$ 示值不变,即可认为已达到稳定状态。记录稳态时与 $\theta_1$、$\theta_2$ 对应的 $T_1$、$T_2$ 值。若样品为金属,还应测与 $\theta_3$ 对应 $T_3$。

(4)移去样品,继续对下铜盘加热,当下铜盘温度比 $T_2$(或 $T_3$)高出 10℃ 左右时,移去圆筒,让下铜盘所有表面均暴露于空气中,使下铜盘自然冷却。每隔 30 秒读一次下铜盘的温度示值并记录,直至温度下降到 $T_2$(或 $T_3$)以下一定值。作铜盘的 $T-t$ 冷却速率曲线,选取邻近 $T_2$(或 $T_3$)的测量数据来求出冷却速率。

(5)根据(6-4)或(6-4′)式计算样品的导热系数 $\lambda$。

(6)设定不同的加热温度,测量出不同温度下样品的导热系数 $\lambda$。在设定加热温度时,须高出室温 30℃。

## 【注意事项】

1. 使用前将加热盘与散热盘的表面擦干净,样品两端面擦净,可涂上少量硅脂,以保证接触良好。

2. 加热盘侧面和散热盘侧面,都有供安插热电偶的小孔,安放加热盘和散热盘时此两小孔都应与杜瓦瓶在同一侧,以免线路错乱,热电偶插入小孔时,要抹上些硅脂,并插到洞孔底部,以保证接触良好,热电偶冷端浸于冰水混合物中。

3. 实验过程中,若移开加热盘,应先关闭电源,移开热圆筒时,手应拿住固定轴转动,以免烫伤手。

4. 不要使样品两端划伤,以免影响实验的精度。

5. 数字电压表出现不稳定或加热时数值不变化,应先检查热电偶及各个环节的接触是否良好。

## 【思考题】

1. 测导热系数 $\lambda$ 要满足哪些条件? 在实验中如何保证?

2. 测冷却速率时,为什么要在稳态温度 $T_2$(或 $T_3$)附近选值? 如何计算冷却速率?

# 实验七　用稳恒电流场模拟静电场

## 【实验目的】

1. 学习用模拟法研究静电场的方法。
2. 研究二维静电场的场强和电势的分布。
3. 加深对电场强度和电势概念的理解。

## 【实验仪器】

静电场描绘仪。

## 【实验原理】

　　静电场是由静止电荷在其周围空间产生的。静电场的分布与带电体的几何形状、电荷的分布及周围的介质有关。理论上,由已知电荷的分布可以计算出电场的分布。但实际上,由于带电体的形状比较复杂,往往很难用理论公式计算出场强的分布,而只能用实验的方法来研究。

　　用实验的方法直接测绘静电场的分布通常很困难。一方面,由于静电场空间不存在任何电荷的运动,所以不能简单地用磁电式仪表进行直接测量;另一方面,由于把探针伸入电场时,探针在电场的作用下会产生感应电荷,从而使原电场发生变化。所以,实验中采用模拟法来研究复杂的电场分布情况。依据物理上的可比性,建立正确的模型,用稳恒电流场模拟一些实验上难以测量的场分布(如温度场、流体场等),在近代科学技术的研究、工程设计上具有非常广泛的应用。

### 1. 同轴电缆之间的静电场分布

　　如图 7-1(a)所示,无限长圆柱导体 A 和圆柱导体壳 B 分别带等量异号电荷,电荷的线密度为 λ。由静电场的高斯定理可知,其电场线沿径向由 A 向 B 辐射状分布,其等势面为一簇与电场线垂直的同轴圆柱面。因此,只要研究任一横截面 S 上的电场分布即可。于是将三维静电场问题简化为二维问题,如图 7-1(b)所示。距离轴心 O 半径为 r 处的任一点的电场强度为:

$$E = \frac{\lambda}{2\pi\varepsilon r} \tag{7-1}$$

式中,$\varepsilon$ 为同轴电缆间介质的电容率。

　　设小圆半径为 $a$,大圆内径为 $b$,大圆的电势为零,则小圆的电势为:

$$U_0 = \int_a^b E\mathrm{d}r = \int_a^b \frac{\lambda}{2\pi\varepsilon r}\mathrm{d}r = \frac{\lambda}{2\pi\varepsilon}\ln\frac{b}{a} \tag{7-2}$$

即

$$\frac{\lambda}{2\pi\varepsilon} = \frac{U_0}{\ln\frac{b}{a}} \tag{7-3}$$

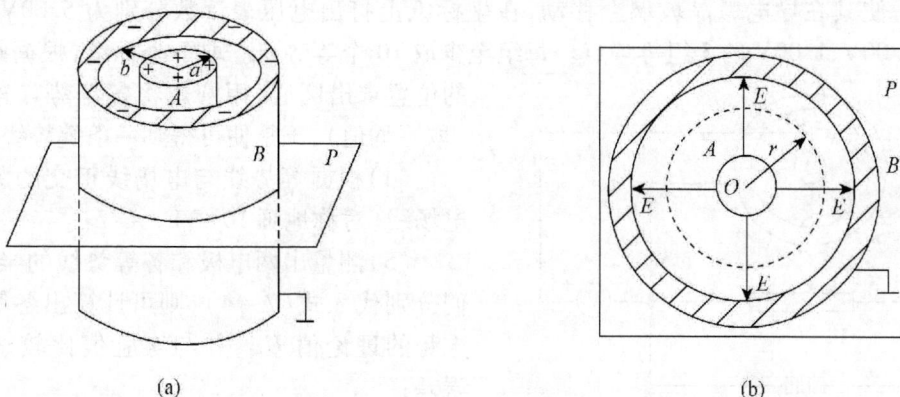

(a)                                           (b)

图 7-1  无限长同轴圆柱的电场及其截面图

同轴电缆之间任一点 $P$(半径为 $r$)的电势 $U$ 的理论值为:

$$U_{理} = \int_r^b E\mathrm{d}r = \int_r^b \frac{\lambda}{2\pi\varepsilon r}\mathrm{d}r = \frac{\lambda}{2\pi\varepsilon}\ln\frac{b}{r} = \frac{U_0}{\ln\frac{b}{a}}\cdot\ln\frac{b}{r} \qquad (7-4)$$

由上式可知,$U_{理}$ 与 $\ln\dfrac{b}{r}$ 是线性关系。

**2. 用稳恒电流场模拟静电场**

用稳恒电流场模拟静电场的理论依据是两者具有一一对应的两组物理量,且这两组物
理量满足相同的数学方程及边值条件。为了
模拟无限长同轴电缆间的电场,构造一个如
图 7-2 所示的稳恒电流场。

其中 $A$ 为中心电极,$B$ 为同轴圆环电极,
$A$、$B$ 下面为导电微晶玻璃板。当 $A$、$B$ 电极之
间加上电压 $U_0$ 后,由于对称性,电流将均匀
地沿径向从中心电极流向圆环电极。显然,
在两电极之间的导电微晶玻璃板上,等势线
是一个一个的同心圆。理论上可以证明,它
和无限长带有等量异号电荷的同轴电缆之间

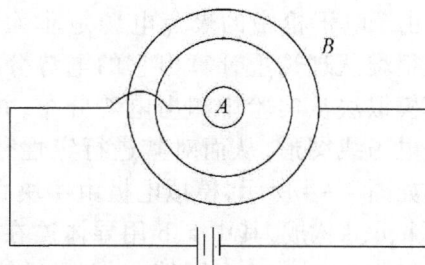

图 7-2  稳恒电流场

的电势分布相一致,它们均满足相同的数学式(7-4)。

## 【实验内容】

**1. 同轴电缆间静电场的模拟**

(1)打开电源。取一张坐标纸固定在另一边微晶玻璃板上。将开关按到"校正",调节
电压旋钮使电压表指示为 6V,将开关按到"测量"。

(2)在测等势线之前,首先应画出两电极的位置。方法是:将探针紧贴电极,在坐标纸上
打出相应的一系列小孔。由于探针的直径为 3.0mm,所以电极的真正位置应扣除探针的半
径 1.5mm。

(3)分别测绘出电势为 5.00V、4.00V、3.00V、2.00V、1.00V 的等势线。具体做法是:平

移探针 e 使其在导电微晶玻璃上移动,在坐标纸上打出电压表读数分别为 5.00V、4.00V、3.00V、2.00V、1.00V 的 5 组等势点。每组至少取 10 个等势点。取下坐标纸,根据圆环电极的位置求出圆心,用圆规将各等势点连接起来(取平均值),于是便可得到一条等势线。

(4)根据等势线与电场线正交的关系画出电场线(对称地画 10 条)。

(5)测量出两电极和各等势线的半径,把它们分别代入式(7-4),则可计算出各等势线的电势的理论值 $U_{理}$,并与实验值比较求出相对误差:

$$E = \frac{|U_{理} - U_{实}|}{U_{实}}$$

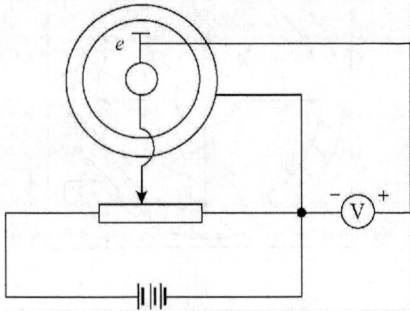
图 7-3  电路图

(6)作出 $U_{实}$ 与其 $\ln\dfrac{b}{r}$ 的关系曲线,验证式(7-4)。

### 2. 聚焦电场的模拟

在示波器中电子枪发射出的电子束是发散的,当电子束到达荧光屏时就形成较大的斑点,为了使斑点缩小又不变暗,要对电子束加以聚焦。聚焦的方法有磁聚焦和静电聚焦。静电聚焦方法非常简单,只要在电子束前进的方向中,设置两个相邻的同轴圆筒,使两筒的电势不等,则两筒之间所形成的非均匀电场就对电子束有聚焦的作用。

由于电子枪中的聚焦电场是非均匀电场,因此很难从理论上计算出它的电势分布,故只能用模拟法从实验中测出电势分布,并大致地画出电场线图形,从而对其进行定性分析和研究。如图 7-4 所示,模拟电极由 4 块直角形金属 a、b、c、d 构成,其中 a、b 用导体连在一起,相当于聚焦电极的一个圆筒,c、d 用导体连在一起,相当于聚焦电极的另一个圆筒,这两个电极分别和电源的正负极相接,并固定在导电微晶玻璃板上。

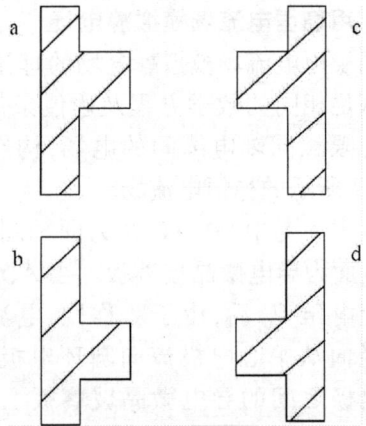
图 7-4  聚焦电极

测绘方法同上。首先画出电极的形状和位置,然后分别测出电压为 5.00V、4.00V、3.00V、2.00V、1.00V 的 5 条等势线,并根据等势线和电场线的关系画出至少 7 条电场线。

### 3. 电偶极子电场的模拟

电偶极子是由一个正电荷和一个负电荷组成的系统,其电场是非均匀电场,从理论上计算出它的电势分布较难,可用模拟法从实验中测出电势分布,并大致地画出电场线图形。

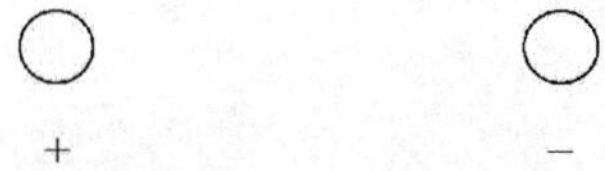

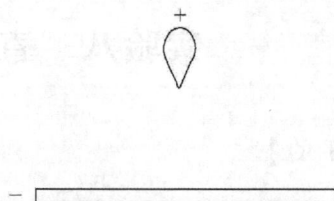

图 7－5　电偶极子

图 7－6　尖端与平板

**4. 尖端与平板间电场的模拟**

水滴状尖端与平板间电场也是非均匀电场，从理论上计算出它的电势分布较难，可用模拟法从实验中测出电势分布，并大致地画出电场线图形。

## 附 1

### 数据表格

**表 7－1　同轴电缆间的静电场模拟**

| | | | | | |
|---|---|---|---|---|---|
| $U_{实}$(V) | | | | | |
| $r$(cm) | | | | | |
| $\ln\frac{b}{r}$ | | | | | |
| $U_{理}$(V) | | | | | |
| $E$(%) | | | | | |

## 【注意事项】

1. 操作时探针应在导电微晶玻璃板一点一点地测，不宜在导电微晶玻璃板上拖动，以免损坏导电微晶玻璃板。

2. 实验中两电极间的电压要始终保持不变。

3. 保持坐标纸平整，测量时不要移动。

4. 等势线的测量点要适当，不应太少，但也不宜太多。同一等势线上的相邻两个等势点的距离保持约 1cm 为宜，曲线转弯处应多取几个点。

5. 电极与导电微晶玻璃板一定要接触良好。

## 【思考题】

1. 本实验采用什么场来模拟静电场？其理论依据是什么？

2. 在同轴电缆间静电场模拟实验中，如何正确确定等势圆的圆心？如何正确描绘等势圆？

3. 如果两电极间的电压增加 1 倍，等势线和电场线的形状是否发生变化？

4. 等势线的疏密说明什么问题？

# 实验八　直流电桥测量电阻

## 【实验目的】

1. 了解惠斯登电桥的原理和特点。
2. 了解四端引线法的意义及双臂电桥的结构。
3. 学习使用双臂电桥测量低值电阻。
4. 学习测量导体的电阻率。

## 【实验仪器】

惠斯登电桥，DH6105 型组装式双臂电桥，检流计，电阻箱，被测电阻，换向开关，通断开关，导线等。

## 【实验原理】

用伏安法测量电阻时，存在着因伏特表和安培表不准而带来的误差和电路本身不可避免的系统误差，电桥电路则可以克服这些缺点。它将待测电阻和标准电阻进行比较，以确定待测电阻是标准电阻的多少倍。由于标准电阻可以做得很准确，因而电桥法测电阻可以测得很准确。

电桥有许多种，它不仅可以测量电阻，不同的电桥还可以测量电容、电感、温度、压力、真空度等许多物理量，也可广泛应用于近代工业生产的自动控制中。

### 1. 惠斯登电桥原理

惠斯登电桥电路如图 8－1 所示，4 个电阻 $R_1$、$R_2$、$R_0$、$R_x$ 连成一个闭合回路，两对角线上分别接上电源 $E$ 和灵敏电流计(又称检流计)$G$。$R_1$、$R_2$、$R_0$、$R_x$ 称为电桥的 4 个臂。电源和检流计好像是搭接在两对顶点 $A$、$C$ 和 $B$、$D$ 之间的"桥"，故俗称电桥。检流计 $G$ 是零点在中央的一种灵敏电流计，它的指针可以向左或向右偏转，依通过的电流方向而定。由于它的灵敏度较高，当它两端的电势稍有差别而有很小的电流通过时，就可以使它的指针发生偏转，因此用它来检查两点的电势是否相等，灵敏度是相当高的。

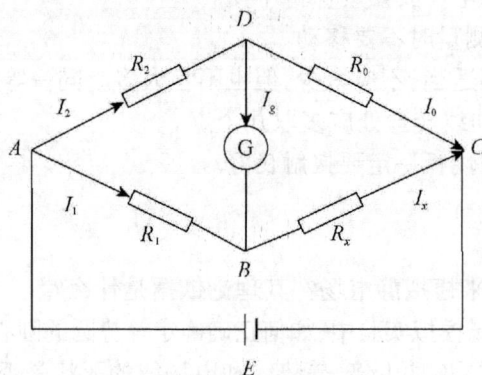

图 8－1　惠斯登电桥原理图

当电桥的 $B$、$D$ 两点电势相等时,检流计中没有电流通过,这种状态称为电桥平衡。电桥平衡时 $A$、$B$ 间的电势差等于 $A$、$D$ 间的电势差;$B$、$C$ 间的电势差等于 $D$、$C$ 间的电势差,即

$$V_{AB} = V_{AD} \quad \text{或} \quad I_1 R_1 = I_2 R_2$$
$$V_{BC} = V_{DC} \quad \text{或} \quad I_x R_x = I_0 R_0$$

又因电桥平衡时 $I_g = 0$,由图 8 - 1 可知:

$$I_1 = I_x, I_2 = I_0$$

于是有

$$\frac{R_1}{R_2} = \frac{R_x}{R_0}$$

即

$$R_x = \frac{R_1}{R_2} \cdot R_0 \qquad\qquad (8-1)$$

若 $R_1$、$R_2$、$R_0$ 均已知或倍率 $\dfrac{R_1}{R_2}$ 和 $R_0$ 已知,则 $R_x$ 可由式(8 - 1)求出。

用惠斯登电桥测量中值电阻时,忽略了导线电阻和接触电阻的影响,但在测量 $1\Omega$ 以下的低电阻时,各引线的电阻和端点的接触电阻相对被测电阻来说不可忽略,一般情况下,附加电阻约为 $10^{-5} \sim 10^{-2}\Omega$。为避免附加电阻的影响,本实验引入了四端引线法,组成了双臂电桥(又称为开尔文电桥),是一种常用的测量低值电阻的方法,已广泛地应用于科技测量中。

**2. 双臂电桥原理**

(1) 四端引线法

测量中等阻值的电阻,伏安法是比较容易的方法,惠斯登电桥法是一种精密的测量方法,但在测量低值电阻时都发生了困难。这是因为引线本身的电阻和引线端点接触电阻的存在。图 8-2 为伏安法测电阻的线路图,待测电阻 $R_x$ 两侧的接触电阻和导线电阻以等效电阻 $r_1$、$r_2$、$r_3$、$r_4$ 表示,通常电压表内阻较大,$r_1$ 和 $r_4$ 对测量的影响不大,而 $r_2$ 和 $r_3$ 与 $R_x$ 串联在一起,被测电阻实际上为 $(r_2 + R_x + r_3)$,若 $r_2$ 和 $r_3$ 数值与 $R_x$ 为同一数量级,或超过 $R_x$,显然不能用此电路来测量 $R_x$。

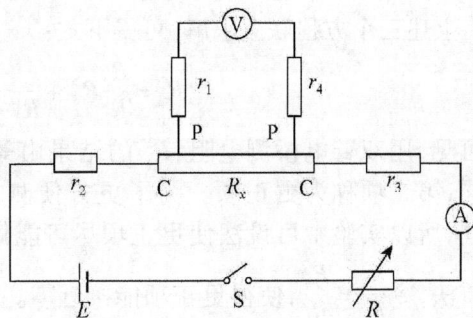

若在测量电路的设计上改为如图 8-3 所示的电路,将待测低值电阻 $R_x$ 两侧的接点分为两个电流接点 C - C 和两个电压接点 P - P,C - C 在 P - P 的外侧。显然电压表测量的是 P - P 之间一段低电阻两端的电压,消除了 $r_2$ 和 $r_3$ 对 $R_x$ 测量的影响。这种测量低值电阻或低值电阻两端电压的方法叫做四端引线法,广泛应用于各种测量领域中。例如为了研究高温超导体在发生正常超导转变时的零电阻现象和迈斯纳效应,必须测定的临界温度 $Tc$,正是用通常的四端引线法,通过测量超导样品电阻 $R$ 随温度 $T$ 的变化而确定的。低值标准电阻正是为了减小接触电阻和接线电阻而设有四个端钮。

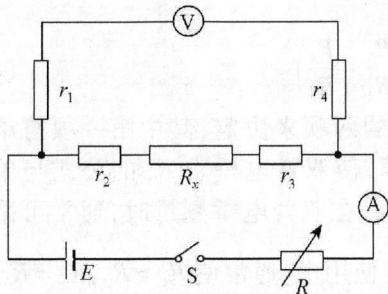

图 8-2  伏安法测电阻          图 8-3  四端引线法测电阻

（2）双臂电桥测量低值电阻

用惠斯登电桥测量电阻,测出的 $R_x$ 值中,实际上含有接线电阻和接触电阻(统称为 $R_j$)的成分(一般为 $10^{-3} \sim 10^{-4}\Omega$ 数量级),通常可以不考虑 $R_j$ 的影响,而当被测电阻达到较小值(如几十欧姆以下)时,$R_j$ 所占的比重就明显了。

因此,需要从测量电路的设计上来考虑。双臂电桥正是把四端引线法和电桥的平衡比较法结合起来精密测量低值电阻的一种电桥。

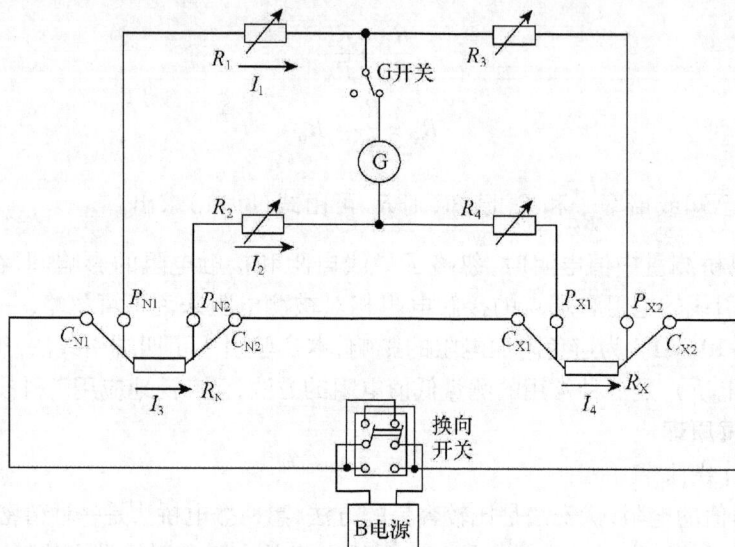

图 8-4 双臂电桥测低值电阻

如图 8-4 中,$R_1$、$R_2$、$R_3$、$R_4$ 为桥臂电阻。$R_N$ 为比较用的已知标准电阻,$R_x$ 为被测电阻。$R_N$ 和 $R_x$ 是采用四端引线的接线法,电流接点为 $C_1$、$C_2$,位于外侧;电位接点是 $P_1$、$P_2$ 位于内侧。

测量时,接上被测电阻 $R_x$,然后调节各桥臂电阻值,使检流计指示逐步为零,则 $I_G = 0$,这时 $I_3 = I_4$ 时,根据基尔霍夫定律可写出以下三个回路方程。

$$I_1 R_1 = I_3 \cdot R_N + I_2 R_2$$
$$I_1 R_3 = I_3 \cdot R_x + I_2 R_4$$
$$(I_3 - I_2)r = I_2(R_2 + R_4)$$

式中,$r$ 为 $C_{N2}$ 和 $C_{x1}$ 之间的接线电阻。

将上述三个方程联立求解,可得下式:

$$R_x = \frac{R_3}{R_1}R_N + \frac{rR_2}{R_3 + R_2 + r}\left(\frac{R_3}{R_1} - \frac{R_4}{R_2}\right) \tag{8-2}$$

由此可见,用双臂电桥测电阻,$R_x$ 的结果由等式右边的两项来决定,其中第一项与单臂电桥相同,第二项称为更正项。为了更方便测量和计算,使双臂电桥求 $R_x$ 的公式与单臂电桥相同,所以实验中可设法使更正项尽可能做到为零。在双臂电桥测量时,通常可采用同步调节法,令 $\dfrac{R_3}{R_1} = \dfrac{R_4}{R_2}$,使得更正项能接近零。在实际的使用中,通常使 $R_1 = R_2$,$R_3 = R_4$,则上式变为

$$R_x = \frac{R_3}{R_1} R_N \qquad (8-3)$$

在这里必须指出,在实际的双臂电桥中,很难做到 $\frac{R_3}{R_1}$ 与 $\frac{R_4}{R_2}$ 完全相等,所以 $R_x$ 和 $R_N$ 电流接点间的导线应使用较粗的、导电性良好的导线,以使 $r$ 值尽可能小,这样,即使 $\frac{R_3}{R_1}$ 与 $\frac{R_4}{R_2}$ 两项不严格相等,但由于 $r$ 值很小,更正项仍能趋近于零。

为了更好地验证这个结论,可以人为地改变 $R_1$、$R_2$、$R_3$ 和 $R_4$ 的值,使 $R_1 \neq R_2$,$R_3 \neq R_4$,并与 $R_1 = R_2$,$R_3 = R_4$ 时的测量结果相比较。

双臂电桥所以能测量低值电阻,总结为以下关键两点:

①单臂电桥测量小电阻之所以误差大,是因为用单臂电桥测出的值,包含有桥臂间的接线电阻和接触电阻,当接触电阻与 $R_x$ 相比不能忽略时,测量结果就会有很大的误差。而双臂电桥电位接点的接线电阻与接触电阻位于 $R_1$、$R_3$ 和 $R_2$、$R_4$ 的支路中,实验中设法令 $R_1$、$R_2$、$R_3$ 和 $R_4$ 都不小于 $100\Omega$,那么接触电阻的影响就可以略去不计。

②双臂电桥电流接点的接线电阻与接触电阻,一端包含在电阻 $r$ 里面,而 $r$ 是存在于更正项中,对电桥平衡不发生影响;另一端则包含在电源电路中,对测量结果也不会产生影响。当满足 $\frac{R_3}{R_1} = \frac{R_4}{R_2}$ 条件时,基本上消除了 $r$ 的影响。

## 【实验内容】

### 1. 用电阻箱搭建惠斯登电桥

根据图 8-1 搭建惠斯登电桥,了解电桥的工作原理,其中 $R_0$,$R_1$,$R_2$ 为电阻箱,$R_x$ 为待测电阻,$G$ 为检流计,$E$ 为工作电源(一般用 $5 \sim 6V$)。

(1)按图接好线路,注意图中电阻箱 $R_1$,$R_2$ 的取值不能为 $0\Omega$,否则会造成电源短路。

(2)根据实验室给出的 $R_x$ 的参考值(标称值),按照 $R_1 : R_2 = 4:6$ 的比率,估算出 $R_0$,然后根据估算值仔细调节 $R_0$,反复跃按检流计开关,观察检流计,直到按下开关后检流计指针指零,

此时
$$R_x = \frac{R_1}{R_2} R_0$$

(3)将同一电阻用复测法再测量一次:将 $R_1$、$R_2$ 互换位置,再重复上述操作。有
$$R_x = \frac{R_1}{R_2} R'_0$$

联立两式,得
$$R_x = \sqrt{R_0 R'_0}$$

### 2. 用箱式惠斯登电桥测量电阻

用箱式惠斯登电桥测量电阻板上 $1 \sim 10$ 号电阻的阻值。每个电阻测一次。计算误差并写出测量结果。(全部数据应列成表,以便查阅)注意选择适当的比率 $K$,要求将 $R_0$ 的四位数全部用上。

表 8 – 1　箱式惠斯登电桥测量电阻数据表

| | 1 | 2 | 3 | 4 | 5 | 6 | 7 | 8 | 9 | 10 |
|---|---|---|---|---|---|---|---|---|---|---|
| $R$ | | | | | | | | | | |
| 标称值($\Omega$) | | | | | | | | | | |
| $K$ | | | | | | | | | | |
| $R_0$ | | | | | | | | | | |
| $R_x$ | | | | | | | | | | |
| $\Delta R_x$ | | | | | | | | | | |

$$\Delta R_x = R_x \times 0.2\%$$

### 3. 测量低值电阻

（1）如图 8 – 4 所示接线。将可调标准电阻、被测电阻,按四端连接法,与 $R_1$、$R_2$、$R_3$、$R_4$ 连接,注意 $C_{N2}$、$C_{X1}$ 之间要用粗短连线。

（2）打开专用电源和检流计的电源开关,加电后,等待 5 分钟,调节指零仪指针指在零位上。在测量未知电阻时,为保护指零仪指针不被打坏,指零仪的灵敏度调节旋钮应放在最低位置,使电桥初步平衡后再增加指零仪灵敏度。在改变指零仪灵敏度或环境等因素变化时,有时会引起指零仪指针偏离零位,在测量之前,随时都应调节指零仪指零。

（3）估计被测电阻值大小,选择适当 $R_1$、$R_2$、$R_3$、$R_4$ 的阻值,注意 $R_1 = R_2$,$R_3 = R_4$ 的条件。先按下"G"开关按钮,再正向接通"电源换向开关"（DHK – 1 开关）,接通电桥的电源 B,调节步进盘和滑线读数盘,使指零仪指针指在零位上,电桥平衡。记录 $R_1$、$R_2$、$R_3$、$R_4$ 和 $R_N$ 的阻值。

$$R_{x1} = \frac{R_3}{R_1} \times R_N (步进盘读数 + 滑线盘读数)$$

注意:测量低值阻时,工作电流较大,由于存在热效应,会引起被测电阻的变化,所以电源开关不应长时间接通,应该间歇使用。

（4）如需要更高的测量精度,保持测量线路不变,再反向接通"电源换向开关"（DHK – 1 开关）,重新微调滑线读数盘,使指零仪指针重新指在零位上,电桥平衡。这样做的目的是消减接触电势和热电势对测量的影响。记录 $R_1$、$R_2$、$R_3$、$R_4$ 和 $R_N$ 的阻值。

$$R_{x2} = \frac{R_3}{R_1} \times R_N (步进盘读数 + 滑线盘读数)$$

被测电阻按下式计算:　　$R_x = \frac{(R_{x1} + R_{x2})}{2}$

（5）保持以上测量线路不变,调节 $R_2$ 或 $R_4$,使 $R_1 \neq R_2$ 或 $R_3 \neq R_4$,测量 $R_X$ 值,并与 $R_1 = R_2$,$R_3 = R_4$ 时的测量结果相比较。

### 4. 测量金属丝的电阻率

（1）测量一段金属丝的电阻 $R_x$

按图 8 - 4 连接好电路。调定 $R_1 = R_2, R_3 = R_4$, 正向接通工作电源 B, 按下 "G" 按钮进行粗调, 调节 $R_N$ 电阻, 使检流计指示为零, 双臂电桥调节平衡, 记录 $R_1$、$R_2$、$R_3$、$R_4$ 和 $R_N$ 的阻值。

反向接通工作电源 B, 使电路中电流反向, 重新调节电桥平衡, 记录 $R_1$、$R_2$、$R_3$、$R_4$ 和 $R_N$ 的阻值。

（2）记录金属丝的长度 $L$。

（3）用螺旋测微计测量金属丝的直径 $d$, 在不同部位测量 5 次, 求平均值。

根据公式 $\rho = \dfrac{\pi d^2 R_x}{4L}$, 计算金属丝的电阻率。

（4）改变金属丝的长度, 重复上述步骤, 并比较两次测量结果。

**附 1**

## 实验仪器的技术参数

1. 桥臂电阻：$R_1$、$R_2$、$R_3$、$R_4$, 阻值 100Ω、1kΩ、10kΩ, 精度：0.02%。

2. 可变标准电阻：$R_N$ 有 $C_1$、$P_1$、$P_2$、$C_2$ 四个引出端, 由 $10 \times 0.01 + 10 \times 0.001Ω$ 组成。其中 $10 \times 0.001Ω$ 是一个 100 分度的滑线盘, 分辨率为 0.0001Ω。

3. 电源：1.5V 输出, 随负载阻抗的变化而不同, 最大电流 1.5A, 由指针式 2A 电流表指示输出电流大小。

4. 电流换向开关：具有正向接通、反向接通、断三档功能。

5. 检流计开关：用于控制检流计的通和断。

6. 检流计：用于指示电桥是否平衡, 灵敏度可调。在测量 0.01 ~ 11Ω 范围内, 在规定的电压下, 当被测量电阻变化允许一个极限误差时, 指零仪的偏转大于等于一个分格, 就能满足测量准确度的要求。灵敏度不要过高, 否则不易平衡, 测量电阻时间过长。

7. 被测电阻：四端接法, 配有不同的金属试材, 并带有长度指示, 可用于测量金属的电阻率。

8. 总有效量程：0.0001 ~ 11Ω, 量程可以自由设置。典型的整数倍的有效量程于下表所示：

| 量程因素 | 有效量程（Ω） | 测量精度（%） |
|---|---|---|
| ×100 | 1 ~ 11 | 0.2 |
| ×10 | 0.1 ~ 1.1 | 0.2 |
| ×1 | 0.01 ~ 0.11 | 0.5 |
| ×0.1 | 0.001 ~ 0.011 | 1 |
| ×0.01 | 0.0001 ~ 0.0011 | 5 |

## 附 2

# 电桥介绍

电桥法是测量电阻的常用方法,利用桥式电路制成的各种电桥是用比较法进行测量的仪器。即电桥法实质上是将被测电阻与标准电阻进行比较来确定被测阻值的。电桥分为直流电桥和交流电桥两大类,其特点、原理、测量范围如下表:

| 分类 | 直流电桥 | | | 交流电桥(平衡) |
|---|---|---|---|---|
| 分类 | 平衡型 | | 非平衡型 | |
| 分类 | 单臂电桥(惠斯登电桥) | 双臂电桥(开尔文电桥) | | |
| 特点 | 1. 桥臂由电阻组成<br>2. 每个桥臂上有一个电阻<br>3. 采用直流稳压电源<br>4. 检测采用直流检流计<br>5. 准确测量未知电阻 | 1. 桥臂由电阻组成<br>2. 把待测电阻的两端分成4个接线端,组成4端电阻<br>3. 采用直流稳压电源<br>4. 检测采用直流检流计 | 1. 桥臂中有一个或几个电阻作为传感元件<br>2. 用于对准确度要求不高但需要连续快捷的测量的物理量<br>3. 待测量可以是温度、压力等 | 1. 桥臂中包括电阻、电容、电感等<br>2. 平衡方程为 $\dfrac{Z_1}{Z_4}=\dfrac{Z_2}{Z_3}$,$Z$ 是复数量,只有实部与虚部分别相等时,电桥平衡<br>3. 采用交流电源<br>4. 检测采用交流检流计、示波器、耳机等 |
| 测量范围 | 中等阻值电阻<br>$(1\sim10^6\,\Omega)$ | 低值电阻<br>$(10^{-6}\sim10\,\Omega)$ | 铁路桥梁的应力检测、产品质量检测、变化的温度等 | 电阻、电容、电感、材料的介电常数、电容器的介质损耗磁性材料的磁导率级液体的电导率等 |

## 【注意事项】

1. 在测量带有电感电路的直流电阻时,应先接通电源 B,再按下"G"按钮,断开时,应先断开"G"按钮,后断开电源 B,以免反冲电势损坏指零电路。

2. 在测量 0.1Ω 以下阻值时,$C_1$、$P_1$、$C_2$、$P_2$ 接线柱到被测量电阻之间的连接导线电阻为 0.005~0.01Ω,测量其他阻值时,连接导线电阻应小于 0.05Ω。

3. 使用完毕后,应断开电源 B,松开"G"按钮。关断交流电。如长期不用,应拔出电源线确保用电安全。

4. 仪器长期搁置不用,在接触处可能产生氧化,造成接触不良,使用前应该来回转动 $R_N$ 开关数次。

## 【思考题】

1. 双臂电桥与惠斯通电桥有哪些异同？
2. 双臂电桥怎样消除附加电阻的影响？
3. 如果待测电阻的两个电压端引线电阻较大，对测量结果有无影响？
4. 如何提高测量金属丝电阻率的准确度？

# 实验九　灵敏电流计的工作原理与使用

## 【实验目的】

1. 通过对灵敏电流计参数的测定,了解灵敏电流计的构造及工作原理。
2. 掌握灵敏电流计的使用。
3. 掌握换向开关的用法。

## 【实验仪器】

直流稳压电源,变阻器,电阻箱,灵敏电流计,数字万用表,换向开关等。

## 【实验原理】

灵敏电流计简称电流计,是一种高灵敏度的仪表,可以用来测量微小电流($10^{-6} \sim 10^{-10}$ A)或微小电压($10^{-3} \sim 10^{-6}$V)。在电桥、电位差计等仪器中用电流计作指零仪器,根据电流计中有无电流通过,判断电流计两端的电位是否相等,所以灵敏电流计又叫检流计。

使用灵敏电流计时必须考虑它的 4 个参数,即内阻、临界外阻、分度值及临界阻尼时间。在电流计的铭牌上都标有这 4 个参数的值,但由于长期使用,这些值往往会有些变化,所以用它作定量测量时必须重新测定其参数。通过本实验不但要掌握测定这些参数的方法,还要进一步掌握电流计的特性和使用方法。

### 1. 灵敏电流计的构造及工作原理

灵敏电流计是磁电式仪表的一种类型,和普通的磁电式仪表一样,都是根据载流线圈在磁场中受力而发生偏转的原理制成的。但为了达到"灵敏"的目的,它在结构上与普通电表有所不同,因而运动特性也有所不同。普通电表的线圈是安装在轴承上,利用游丝的弹力所产生的反抗力矩来维持线圈的平衡,用指针来指示线圈的偏转。由于轴承有摩擦阻力等原因,微安量级以下的电流就不能用普通电表来测量。电流计是用金属悬丝把线圈悬挂在磁场中,如图 9 – 1 所示。悬丝细而长,反抗力矩很小,微小的电流通过线圈就足以使线圈发生显著的偏转,所以电流计比普通电表灵敏,一般可测量 $10^{-6} \sim 10^{-10}$A 的电流。当电流 $I_g$ 通过线圈时,线圈受到磁力 $f$ 所产生的电磁力矩作用而转动。与此同时悬丝被扭转,因而产生一个反抗的扭力矩。悬丝被扭转的角度越大,反抗的扭力矩也越大。一定大小的电流总会在达到某个转角时使两个力矩达到平衡。可以证明,线圈达到平衡位置时的转角 $\theta$ 总是与电流 $I_g$ 成正比。

为了测出转角 $\theta$,电流计也不像普通电表那样用指针来指示,而是利用一套光学读数装置(图 9 – 1 和图 9 – 2)。将一个极其轻薄的小反射镜 M 紧固在悬丝上,它把光源发射来的光

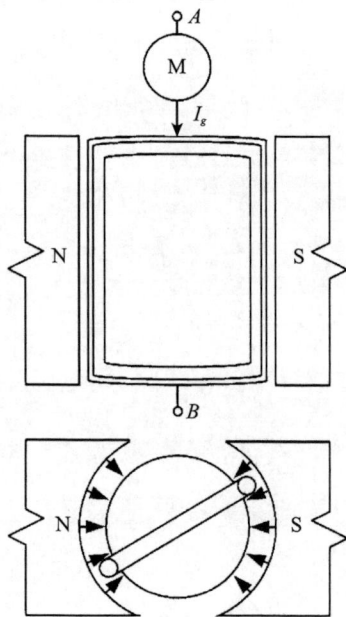

图 9 – 1　灵敏电流计结构图

反射到标尺上形成一个光标。当电流 $I_g$ 通过线圈时，线圈转过 $\theta$ 角，小镜也随悬丝转过 $\theta$ 角，反射光线则转过 $2\theta$ 角。光标在标尺上移动的距离 $d = 2\theta L$，$L$ 为小镜至标尺的距离。由于线圈的偏转角 $\theta$ 与电流 $I_g$ 成正比，所以由光标移动的距离 $d$ 可以测出电流 $I_g$ 的大小。采用光标作"指针"代替普通电表的指针，相当于加长了"指针"在标尺上的移动距离。本实验所用的复射式检流计是利用光学系统使光线经过多次反射后才投射到标尺上，大大加长了 $L$，从而进一步提高了电流计的灵敏度。

**2. 电流计线圈的阻尼运动**

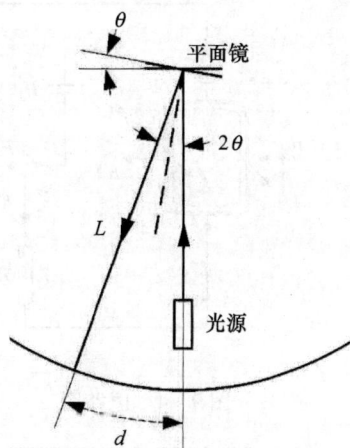

图 9-2　光点反射式读数
装置示意图

当电流 $I_g$ 通过电流计或截断 $I_g$ 使线圈发生转动时，由于线圈具有转动惯量和转动动能，到达平衡位置时，它并不停止，而是绕平衡位置来回转动，直到把能量消耗完毕才静止在平衡位置上，这就给实验工作造成不便。图 9-3(a) 中的曲线①是接通 $I_g$ 时电流计光标的运动情况，它在平衡位置 $a_0$ 附近来回摆动，振幅越来越小，最后静止在平衡位置 $a_0$ 上。图 9-3(b) 中的曲线①表示截断 $I_g$ 时光标回零点的情况。要使线圈很快停在平衡位置，可以利用电磁阻尼，调节电磁阻尼的大小即可控制线圈的运动状态。在图 9-4 的电路中，把电键 $K$ 扳向 $P$ 使线圈在磁场中转动时线圈切割磁力线会产生感应电动势。如果线圈接一闭合回路状会产生感应电流 $i'$，$i'$ 的大小与线圈切割磁力线的速度成正比，与回路的总电阻 $(R_g + R_外)$ 成反比（$R_g$ 表示线圈本身的电阻即电流计的内阻，$R_外$ 表示与电流计串联的外电阻），流过线圈的感应电流 $i'$ 又会使线圈受到磁力 $f$ 的作用而产生另一力矩，根据楞次定律，此力矩总是与线圈的运动方向相反，因此起阻止线圈转动的作用，所以这种现象称为电磁阻尼。电磁阻尼力矩与感应电流 $i'$ 成正比，也就是与回路的总电阻 $(R_g + R_外)$ 成反正。

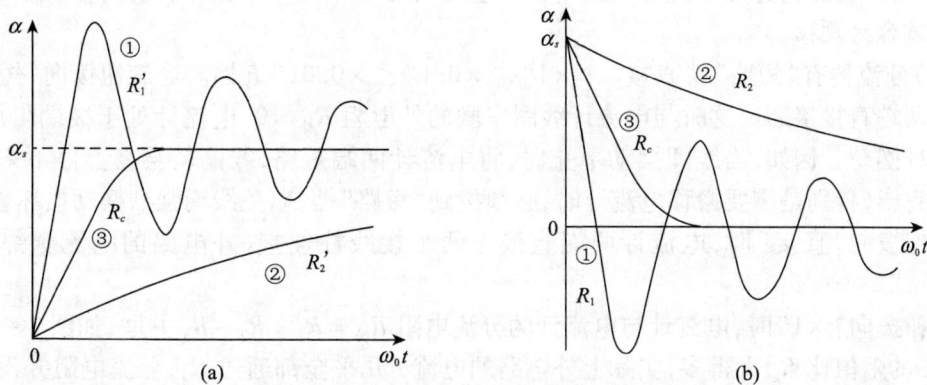

图 9-3　电流计光标运动情况曲线

对于一定的电流计，其内阻 $R_g$ 是一定的，故可通过外电阻 $R_外$ 来改变电磁阻尼力矩的大小。$R_外$ 大时感应电流 $i'$ 小，阻尼也小，线圈到达平衡位置时不能立即停止，需摆动几次才能停下来[图 9-3(a)、(b) 中的曲线①]这种情况叫欠阻尼状态。外电阻小时，线圈受的阻尼

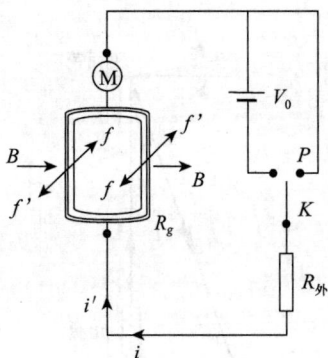

图 9-4　电路图

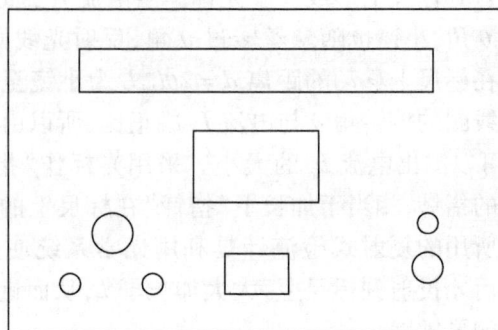

图 9-5　AG15/4 型直流复射式检流计面板图

大,所以转动缓慢,慢慢接近平衡位置,不来回摆动,这种情况叫过阻尼状态[图 9-3(a)、(b)中的曲线②]。总可以找到一个外电阻 $R_c$ 使线圈受到的阻尼正好使它能很快到达平衡位置而又不绕平衡位置来回摆动,这种情况叫临界阻尼状态,$R_c$ 称为临界外阻。在临界阻尼状态下,线圈从开始运动到静止于平衡位置所需的时间称为临界阻尼时间 $t_c$。$t_c$ 小则读取一次数据花的时间少,工作效率就高。一般实验中常使 $R_外$ 略大于 $R_c$,使线圈稍微超过平衡位置再返回,这样便于准确判断平衡位置而又不致影响测量速度。

**3. 灵敏电流计的使用**

本实验使用 AG15/4 型直流复射式检流计,其面板如图 9-5 所示。各部件如下:

(1)本仪器可以使用 220V 或 6V 电源,在仪器背面有两种电源的接口。严禁将 220V 电源接入 6V 接口。本实验使用 220V 电源,这时电源开关扳向"220V"时电源接通,扳向"6V"时电源断开。

(2)零点调节旋钮是粗调电流计机械零点用的。在标尺上装有一个金属小手柄,称为标尺调节器,可以利用它使标尺稍微左、右移动,对零点进行微调。机械零点必须在未接通电源时调好,并在测量过程中经常关断电源检查零点是否有变动,及时予以调整(越灵敏的仪器零点越容易漂移。)

(3)分流器有"短路"、"直接"、"×1"、"×0.1"、"×0.01"五档。当旋钮拨向"短路"时,电流计两端直接接通。这时与电流计线圈串联的外电阻 $R_外=0$,电流计处于极端阻尼状态,线圈很难摆动。例如,当线圈摆动不止时,将电流计两端短路,线圈就会马上停下来。电流计使用完毕,特别是需要搬移电流计时,必须拨到"短路"档,以免线圈强烈摆动损坏悬丝。

旋钮拨向"直接"时,电流计两端直接与两个接线柱连接,外电路的电流全部通过电流计。

旋钮拨向"×1"时,电流计与电流计的分流电阻 $R_分=R_1+R_2+R_3$ 并联,如图 9-6 所示。

$R_分$ 的阻值比 $R_g$ 大得多,实际上外电路的电流 $I$ 几乎全部通过 $R_g$,分流电阻并没有起到多大的分流作用。就通过电流计的电流来看,"×1"档和"直接"档没有很大的区别。它们的主要区别在于各自适用于不同的外电路。当 $R_外$ 与临界电阻 $R_c$ 相当时用"直接"档可以使电流计处于临界阻尼状态;当时 $R_外 \gg R_c$ 时,用"×1"档可以使电流计处于临界阻尼状态。因为这时决定电流计运动状态的不仅仅是 $R_外$,而是 $R_外$ 和 $R_分$ 的并联电阻(如图 9-7 所示)。$R_外$ 和 $R_分$ 的并联值接近 $R_c$ 而使电流计接近临界阻尼状态。

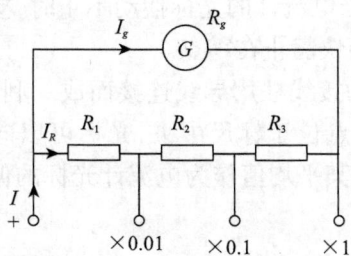

图 9 – 6 分流电阻

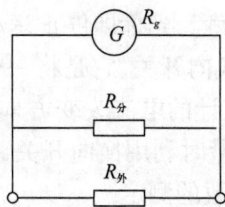

图 9 – 7 "×1"档原理

旋钮拨向"×0.1"档时，$R_3$ 与 $R_g$ 串联后再与 $(R_1 + R_2)$ 并联，这时不但可使电流计接近临界阻尼状态，而且使 $I_g \approx \frac{1}{10}I$ 起到了扩大电流计量程的作用。"×0.01"档的情况类似，请读者自己分析。

**4. 电流计参数的设定**

电流计的主要参数有内阻、临界外阻、分度值、临界阻尼时间。除分度值外其他几个参数前面都已讨论过了，在工作中应根据实际需要来选用电流计，例如，回路电阻大时宜选用临界外阻大的电流计等。"分度值"是指电流计的光标在标尺上偏转 1 个分度时相应于多大的电流通过电流计，单位是"安/分度"。分度值又叫电流计常数。

各电流计的参数是不同的，在电流计的铭牌上都标有这 4 个参数的值。但由于长期使用，有的值可能会发生一些变化，所以用它作定量测量时必须重新测定。下面介绍测定电流计参数的一种方法。

（1）测量电路

图 9 – 8 是测量参数的一种电路。在拟定测量电路时应考虑到灵敏电流计只允许极小的电流（$10^{-6} \sim 10^{-10}$ A）通过。由于整个回路的电阻仅为电流计内阻 $R_g$，和外阻（其值近似等于临界外阻 $R_c$）之和，所以需要的电压是极小的，为此必须采用两次分压来提供所需的电压。由图 9 – 8(a)可知，电源电压经分压器 $R$ 分出的电压再经电阻 $R_0$ 和 $R_1$ 组成的分压器进行第二次分压。

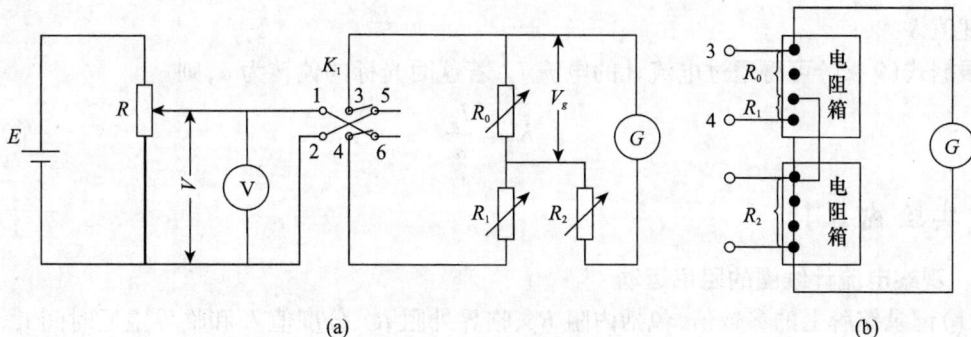

(a)

(b)

图 9 – 8 电路图

在本实验中 $R_0$ 和 $R_1$ 由一个 ZX21 型电阻箱提供。它的 4 个接线柱分别标有"0"、"0.9Ω"、"9.9Ω"、"99999.9Ω"字样。本电路使用其中的三个，图 9 – 8(b)所示。由图可知

$R_0$ 可取 $0.1 \sim 9.9\Omega$ 的值，$R_1$ 可取 $10 \sim 99990\Omega$ 的值。当电流计的光标摆动不止时，接通分流器拨向"短路"，光标即停止运动。利用它可以使光标很快静止在零点。

$K_1$ 是换向开关，它是将一个双刀双掷开关对角上的接线柱用导线连接而成。利用 $K_1$ 可使通过电流计的电流改变方向。因为电流计标尺的零点位于标尺中央，光标可以向左或向右偏转，测量时利用换向开关读取左、右偏转的读数，以其平均值作为电流计光标的偏转值。

（2）参数的测定

测量时分流器应拨向"直接"档。

①临界外阻 $R_c$。

$R_c$ 取一系列值。令电流计有一定偏转，然后断开 $K_1$（$K_1$ 处在中立位置），观察光标返回零点时的运动情况，在临界阻尼状态下 $R_2$ 的值即为临界外阻 $R_c$。

②临界阻尼时间 $t_c$。

电流计处于临界阻尼状态时，从断开 $K_1$ 至光标静止于零点所需的时间即为临界阻尼时间。

③内阻 $R_g$。

测内阻的方法很多，测量时应尽量在接近临界阻尼状态下进行，才能使测量迅速准确。仍用图 9－8 的电路，设 $R_0$、$R_1$、$R_2$，为某一值时通过电流计的电流为 $I_g$（光标的偏转为 $a$），则：

$$I_g = \frac{V_g}{R_g + R_2} = \frac{\dfrac{R_{并} V}{R_1 + R_{并}}}{R_g + R_2} \approx \frac{R_{并} V}{(R_g + R_2) R_1} \qquad (9-1)$$

式中：$R_{并}$ 为 $R_0$ 和 $(R_g + R_2)$ 的并联阻值，$V$ 为电压表读数。保持 $R_1$ 和 $R_0$ 不变，改变 $R_2$ 为 $R'_2$，并调节 $V$ 为 $V'$ 使通过电流计的电流仍为 $I_g$，这时有：

$$I_g = \frac{V'}{R_g + R'_2} \approx \frac{R'_{并} V'}{R_1 (R_g + R'_2)} \qquad (9-2)$$

将式（9－1）、（9－2）联立并注意到 $(R_g + R_2) \gg R_0$，$(R_g + R'_2) \gg R_0$，故 $R_{并} \approx R_0$，$R'_{并} \approx R_0$，可得：

$$R_g = \frac{R'_2 V - R_2 V'}{V' - V} \qquad (9-3)$$

④分度值 $K$

根据式（9－1）可得通过电流计的电流 $I_g$，若这时光标的偏转为 $a$，则

$$K = \frac{I_g}{a} \qquad (9-4)$$

## 【实验内容】

### 1. 观察电流计线圈的阻尼运动

（1）记录铭牌上的参数值，包括内阻 $R_g$、临界外阻 $R_c$、分度值 $K$ 和临界阻尼时间 $t_c$。

（2）按图 9－8 的测量电路接线，电压表用数字万用表，自己选择量程。$R_0$ 取 $2\Omega$，$K_1$ 处于断开的位置。

（3）$R_0$、$R_1$ 的值可根据电流计允许通过的最大电流和已知的参数值进行估算。根据式（9－1）并考虑到 $R_{并} \approx R_0$，可得：

$$I_g \approx \frac{R_0 V}{R_1 (R_g + R_2)} \tag{9-5}$$

$I_g$ 电流计的最大偏转。$\alpha = 60$ 分度及分度值 $K$ 来估算，$R_2$ 取临界外阻值。以 $I_g = K\alpha$，$R_2 = R_c$ 代入上式得：

$$R_1 = \frac{R_0 V}{K\alpha (R_g + R_c)} \tag{9-6}$$

式中，$K$、$R_g$、$R_c$ 取铭牌上标的参数值，$V$ 的值根据所提供的电源电压而定，由实验室给出。

计算 $R_1$ 并将 $R_1$ 拨到计算值上。一切准备就绪，经教师检查同意后方可接通电源进行实验。

(4) 观察线圈(即光标)的阻尼运动。调分压器 $R$ 使电流计的光标偏转约 40 分度，断开 $K_1$ 观察光标回零时的运动情况和阻尼状态。从 $R_2 = 0$ 到 $R_2 = \infty$ 之间改变 $R_2$ 的取值，测定临界外阻 $R_c$ 及临界阻尼时间 $t_c$ (测三次取平均值)，表格自拟。

(注：电流计偏转后断开连接检流计的一根导线，使 $R_2 = \infty$；光标摆动，分流器拨向"短路"，使 $R_2 = 0$。)

**2. 测定电流计的内阻 $R_g$**

电路同上，取 $R_2$ 稍大于 $R_c$，$R_2'$ 稍小 $R_c$。调分压器 $R$ 使电流计仍偏转 40 分度。根据 (9-3)式测出有关的量，计算 $R_g$ 重复上述步骤使光标往相反方向偏转再测一次 $R_g$，取两次 $R_g$ 的平均值作为测量结果。自己拟定数据记录表格。

**3. 测定电流计的分度值 $K$**

电路同上，$R_2$ 取临界外阻 $R_c$。调节分压器 $R$ 使检流计偏转 10 分度，记录电压表的读数 $V$ 和检流计的偏转 $a'$；利用换向开关 $K_1$ 使光标往另一边偏转并记录偏转值 $a''$。取 $a'$ 和 $a''$ 的平均值作为在该电压下的偏转值 $a$，由式(9-1)计算相应的电流 $I_g$。继续改变 $R$，使光标继续偏转 10 个分度，记录 $a'$ 和 $a''$，直至电流计满偏为止。以 $a$ 为横坐标，$I_g$ 为纵坐标作 $I_g \sim a$ 关系曲线。根据曲线的斜率求 $K$。数据表格自拟。

**【思考题】**

1. 搞清图 9-8 所示电路中各元件的作用。

2. 第二次分压为何要用电阻箱 $R_0$ 和 $R_1$，是否可用一个滑线变阻器代替？

# 实验十　电势差计的使用

## 【实验目的】

1. 掌握电势差计的工作原理和线路结构。
2. 掌握电势差计的使用方法,学会用电势差计测量电动势或电势差。
3. 学习用电势差计校准电表的方法。
4. 了解热电偶测温度的原理,学习用电势差计测量热电偶的温差电动势。

## 【实验仪器】

箱式电势差计,标准电池,工作电池,灵敏检流计,直流稳压电源,变阻器,电阻箱,毫安表,热电偶,煤油灯等。

## 【实验原理】

电势差计是根据补偿原理制成的一种高精度、高灵敏度的比较式电学测量仪器。由于电势差计不从被测量对象中获取电流,不改变被测对象原来的状态,因而测量结果稳定可靠。电势差计主要用于测量电动势和电势差,如果配以标准电阻、标准分压器等标准附件,也可用于测量电流、电阻和电功率等,还可用于校准精密电表和直流电桥等直读式仪表,甚至还可以进行非电学量(如温度、压力、位移和速度等)的测量。

### 1. 补偿原理

若用电压表测量电池的电动势,需将电压表并联到电池的两端,如图 10 – 1 所示。由于电压表的内阻不是无限大,因此电池内部将有电流通过,这时电压表测得的不是电池的电动势 $E_x$,而是电池的端电压 $U = E_x - I \cdot r$($r$ 为电池内阻),即有测量误差。

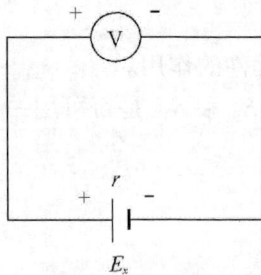

图 10 – 1　用电压表测量电池的端电压

要准确测量电动势可采用图 10 – 2 所示的办法:$E_x$ 是待测电动势的电源,$E_0$ 是可调的已知电动势电源。调节 $E_0$,使灵敏电流计指零,此时,回路中两电源的电动势大小相等、方向相反,即 $E_x = E_0$,这种情况称为待测电动势 $E_x$ 得到已知电动势 $E_0$ 的补偿,这种互相抵消电势差的方法叫补偿法。用补偿法测量电势差的实质是将待测电势差与已知电势差进行比较,从而求出待测电势差的值。

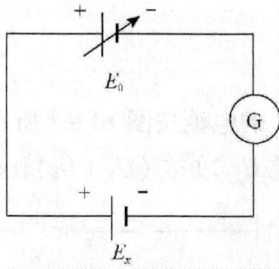

图 10-2　用补偿法测量电池的端电压

## 2. 电势差计的基本原理

电势差计是根据补偿原理制成的一种精密测量仪器,它的基本原理如图 10-3 所示。

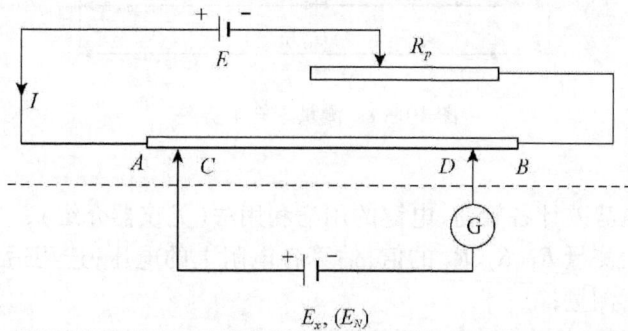

图 10-3　补偿原理图

该电路由两部分组成。虚线上部为工作回路,$R_P$ 为滑线变阻器作为制流器,起控制回路电流 $I$ 的作用。$A$、$B$ 是精密电阻作为分压器,$C$、$D$ 是它的输出端。$C$、$D$ 两个触点不但可以在 $A$、$B$ 上移动,而且在任何位置上,$C$、$D$ 之间的电阻数值 $R_{CD}$ 都可以准确知道。如果把工作回路中的电流调到某一确定的数值 $I_N$,则 $U_{CD}$,$R_{CD}$ 就是已知的了。这样电势差计的工作回路就可以提供一个与图 10-2 中的 $E_0$ 相当的电势差 $U_{CD}$,并且是可知和可调的。虚线下部叫补偿回路,连接待测电动势 $E_x$ 和检流计 G。测量时,只要调节 $C$、$D$ 的位置,使电势差计达到平衡(即检流计指零),这时 $U_{CD}$ 的值就是所求的 $E_x$。

电势差计直接测量量是电势差,测量其他物理量时,必须先把它转换成电势差进行测量,然后再将测得的电势差转换成所求的物理量。

把工作电流调到确定值 $I_N$ 是使用电势差计的一项重要工作,叫做使工作电流标准化。这一步骤可以利用标准电池来完成,标准电池的电动势十分稳定、准确,而且在一定的温度下有确定的数值。下面用一个实例来说明校准工作电流的方法:

设在 20℃ 时标准电池的电动势 $E_N = 1.0186\text{V}$,要求 $I_N = 10.000\text{mA}$。

校准时把 $R_{CD}$ 调到 101.86Ω,将标准电池接入补偿回路,然后调节工作回路中的制流器 $R_P$ 使电势差计达到平衡,这时 $U_{CD} = E_N = 1.0186\text{V}$,所以 $I_N = \dfrac{U_{CD}}{R_{CD}} = \dfrac{1.0186\text{V}}{101.86\Omega} = 10.000\text{mA}$,故从 $R_{CD}$ 可以得出 $U_{CD}$ 的值。

## 【实验内容】

### 1. 测量未知电势差

将三个电阻 $R_1$、$R_2$、$R_3$ 和 1.5V 的电池按图 10 – 4 所示连接。要求测量 $R_1$、$R_2$ 上的电势差 $U_1$、$U_2$ 及 $R_1$ 和 $R_2$ 上的合电势差 $U_{12}$，并与 $(U_1 + U_2)$ 比较（各测一次）。

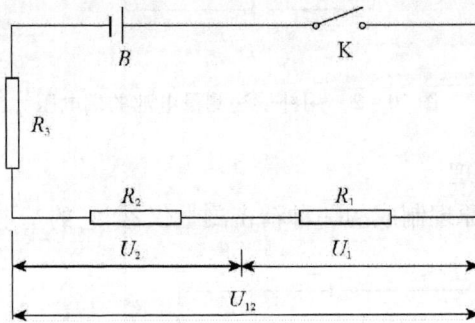

图 10 – 4　测量未知电势差

【注意事项】

（1）应先熟悉电势差计各旋钮、电键的用途和用法（见仪器介绍）；

（2）先用万用表测量 $R_1$、$R_2$、$R_3$ 的值，估算各电阻上的电压，选用适当量程，将 $R_{(I、II、III)}$ 置于估算值上再进行测量；

（3）接线时注意，各接头的正、负不能接错；

（4）根据室温下标准电池的电动势进行校准，并在测量过程中经常进行复查；

（5）电势差计示值误差按仪器说明进行计算。

### 2. 精确测量电阻

按图 10 – 5 连线，$R_N$ 为标准电阻，$R_x$ 为待测电阻，$E$ 为电源，$R_P$ 为滑线变阻器。当合上开关 K 后，流经 $R_N$ 和 $R_x$ 的电流相等。若能测出 $R_x$ 两端的电势差 $U_x$ 和 $R_N$ 两端的电势差 $U_N$，则可由下式求得待测电阻 $R_x$ 为

$$R_x = \frac{U_x}{U_N} \cdot R_N \qquad\qquad (10 – 1)$$

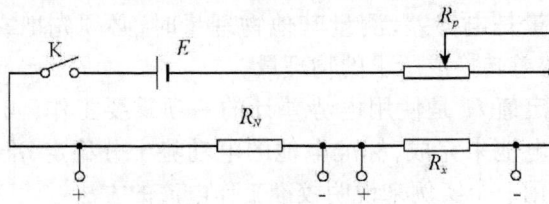

图 10 – 5　精确测量电阻

要求：

（1）给定电源 $E$ 为 1.5V 干电池，$R_N$ 取 0.1 级电阻箱（或 50Ω 标准电阻），自行设计用 UJ – 31 型电势差计测量 $R_x$ 的线路；

（2）写出实验步骤；

（3）改变 $R_P$ 值，测量 3 次，求 $R_x$ 的算术平均值，正确表示测量结果。

### 3. 校准毫安表

本实验要求校准一个量程为 10mA 的 0.5 级毫安表，只校准带数字的刻度。根据所提供的元件和仪器在上课前拟好实验方法和步骤，画出测量电路图。将校准结果列成表，并作校准曲线，最后作出所校电表是否符合原来精度级别的结论。

### 4. 测热电偶的温差电动势

如图 10-6 所示，两种不同的金属或两种不同成分合金的两端接在一起，组成一回路，若两端点温度分别保持为 $t$ 和 $t_0$，则回路中就有温差电动势，其大小为：

$$\varepsilon = C(t - t_0)$$

式中，$C$ 为温差系数，由组成温差电偶的材料决定。

图 10-6　温差电偶

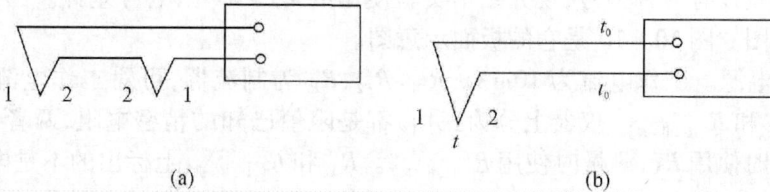

用温差电偶测量温度，通常把冷端放在冰水混合物（$t_0 = 0℃$）中，把热端放在待测温度处，如图 10-7（a）所示。也可以把室温作为冷端 $t_0$，如图 10-7（b）所示。

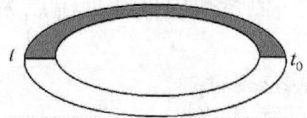

图 10-7　温差电偶电路示意图

在实际测温中，往往要先用实验方法对温差电偶进行定标，确定温差电动势与温度的关系曲线，然后用电势差计测出温差电动势，再从定标曲线上查出对应的温度。

本实验要求根据本学校实验室情况选做下面两个实验。

（1）用图解法计算常数 $C$

① 根据所给装置，按图 10-8 连好线路；

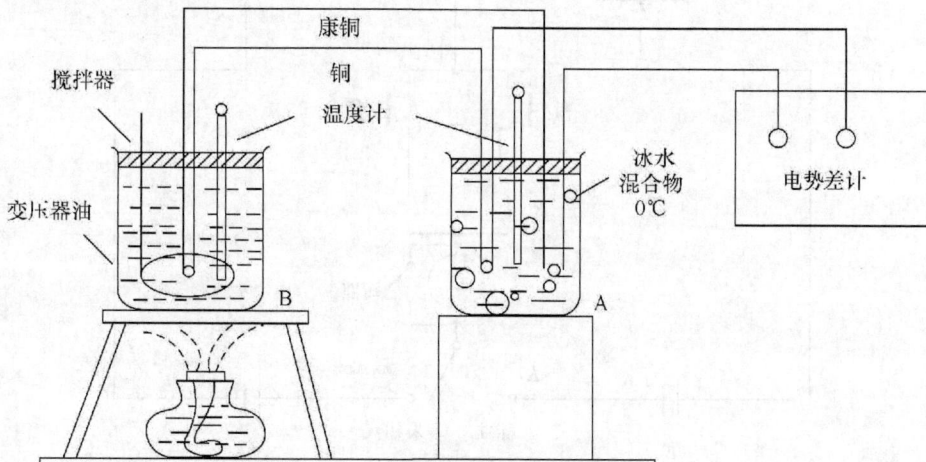

图 10-8　测量温差电动势的实验装置图

② 写出实验步骤；

③ 从实验开始，一边加热，一边搅拌。当油的温度上升到接近100℃时停止加热，让油自然冷却，在冷却过程中进行测量；

④ 温度每下降10℃左右测量一次温差电动势，共测 6~8 组数据。以 $\varepsilon$ 为纵轴，$(t-t_0)$ 为横轴，在坐标纸上画出温差电动势 ~ 温度关系图线，用图解法算出常数 $C$（单位为 $\mu V/℃$）。

（2）测量热电偶的温差电动势

测量热电偶在低温点为室温、高温点为100℃（水的沸点）时的温差电动势。

**附1**

# 仪 器 介 绍

## 1. UJ-31 型箱式电势差计

箱式电势差计有多种型号，现介绍本实验使用的 UJ-31 型电势差计。图 10-9 是它的内部结构示意图。图 10-10 是它的板面示意图。

$E$ 为工作电源。工作电流为 10mA。$R_{P1}$、$R_{P2}$、$R_{P3}$ 为制流器，可对工作电流进行粗调、中调和细调。$R_N$ 和 $R_{(Ⅰ、Ⅱ、Ⅲ)}$（仪器上分为三档）都是阻值已知的精密电阻，两者串联起来作为分压器。校准时使用 $R_N$，测量时使用 $R_{(Ⅰ、Ⅱ、Ⅲ)}$。$R_N$ 和 $R_{(Ⅰ、Ⅱ、Ⅲ)}$ 上标出的不是电阻的数值，而是工作电流为标准值（10mA）时相应的电势差的值。$E_N$ 为标准电池电动势。$E_x$ 为待测电动

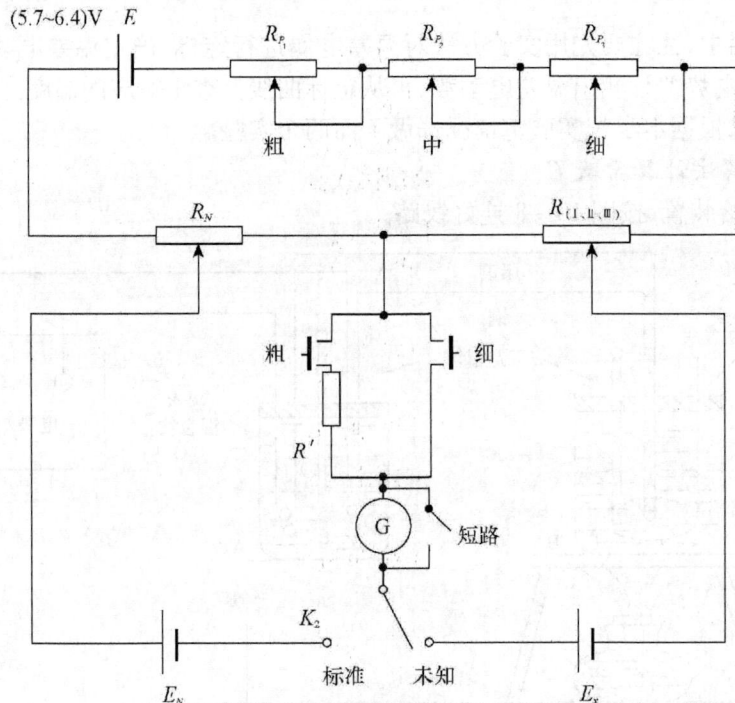

图 10-9　UJ-31 型电势差计的工作原理图

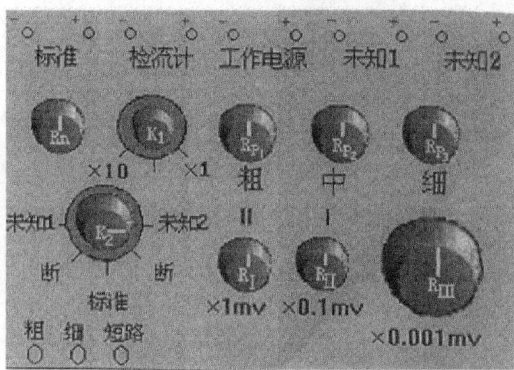

图 10 - 10　UJ - 31 型电势差计面板示意图

势或待测电势差。$K_2$ 为转换开关,可分别把 $E_N$ 或 $E_x$ 接入回路。"粗"、"细"两个按键是接入保护电阻 $R'$ 和把 $R'$ 短路掉的电键。$R'$ 是用来保护标准电池和检流计的。"细"按钮使 $R'$ 短路,以提高灵敏度。"短路"按键能使检流计的两端短路,按下"短路"键可以使摆动不停的检流计迅速停下来。$K_1$ 是量程选择钮,拨向"×1"档时,电势差计的量程为 $1\mu V \sim 17.1 mV$。拨向"×10"档时,电势差计的量程为 $10\mu V \sim 171 mV$。

UJ - 31 型电势差计示值误差公式为:$\Delta U_x = \pm (5 \times 10^{-4} U + 0.5\Delta U)$,其中 $U$ 为测量值,$\Delta U$ 为最小分度值。

**2. 标准电池**

标准电池是一种用来作为电动势标准的原电池,在正常使用下,这种电池稳定性能很好,只略受温度的影响。对于不同温度($0 \sim +40$℃),标准电池的电动势 $E_N(t)$ 可按下面的经验公式计算:

$$E_N(t) = E_N(20) - 40 \times 10^{-6}(t - 20) - 0.93 \times 10^{-6}(t - 20)^2$$

其中:$t$ 为室温,$E_N(20)$ 为 20℃时标准电池的电动势,不同型号的标准电池,电动势值略有差异。本实验使用的饱和式标准电池

$$E_N(20) = 1.01860V$$

**【注意事项】**

1. 标准电池内的玻璃容器中装有化学溶液,要防止振动和摔坏,不能倒置。

2. 正、负极不能接错,通入或取自标准电池的电流不应大于 $10^{-6}$A。在校准时,只能短暂地按下电键,切不可把电键按下锁住,更不允许将两极短路或用电压表测量它的电动势。

3. 应防止阳光和强烈光源直射,并远离热源。

4. 必须在稳定的温度下保存。

**【思考题】**

1. 灵敏检流计在线路中起什么作用?

2. 为什么要使工作电流标准化?

3. 在校准或测量时,如果无论怎样调整电势差计总不能达到平衡,即灵敏检流计总是偏向一边,这可能是哪几种原因造成的?

# 实验十一 示波器的工作原理与使用

## 【实验目的】

1. 了解示波器基本结构,熟悉示波器的调节和使用。
2. 理解示波器扫描和同步原理,并用示波器观测电压波形。
3. 用示波器测量电压。
4. 用示波器观察李萨如图形并测定电信号的频率。

## 【实验仪器】

示波器,信号发生器(两台)。

## 【实验原理】

示波器也称阴极射线示波器,是一种用途广泛的电子测量仪器,用它能直接观察电信号的波形也能测定电压信号的幅度、周期和频率等参数。

示波器有各种型号和规格,其基本结构包括:示波管、控制示波管工作的电路(竖直放大器、水平放大器、扫描发生器、触发同步和直流电源等)。

### 1. 示波管的基本结构

函数示波管的基本构造及各部分的作用如图 11-1 所示。主要包括电子枪、偏转系统和荧光屏三个部分,全被封闭在一个高真空的玻璃泡内。

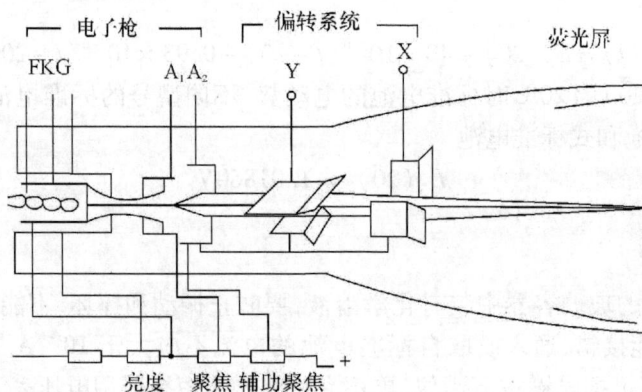

F—灯丝;K—阴极;G—控制栅极;$A_1$—第一阳极;$A_2$—第二阳极;
Y—竖直偏转板;X—水平偏转板

图 11-1 示波管的结构简图

(1)电子枪

电子枪由灯丝、阴极、控制栅极、第一阳极和第二阳极五部分组成。灯丝通电后加热阴极,使阴极发射电子。控制栅极套在阴极外面,它的电位比阴极低,对阴极发射出来的电子起控制作用。示波器面板上的"亮度"调整就是通过调节电位以控制射向荧光屏的电子流密度,从而改变了荧光屏上的光点亮度。第一阳极与第二阳极加有不同的直流高压,形成弯曲电场,使电子束在弯曲电场作用下加速并聚焦,起电子透镜的作用。面板上"聚焦"旋钮就是调节第一阳极电位,改变电子透镜焦距,使电子束在屏上聚成一点。第二阳极电位更高,面板上的"辅助聚焦"旋钮,实际是调节第二阳极电位,从而修正电子透镜,完善聚焦效果。

（2）**偏转系统**

$Y$ 偏转板是水平放置的两块电极。当 $Y$ 偏转板上电压为零时,电子束正好射在荧光屏正中 $P$ 点。如果 $Y$ 偏转板加上电压,则电子束受到电场作用,运动方向发生偏移,如图 11 - 2 所示。如果所加的电压不断地发生变化,$P$ 点的位置也跟着在铅垂线上移动。在屏幕上看到的是一条铅直的亮线。荧光屏上亮点在铅直方向的位移 $Y$ 和加在 $Y$ 偏转板的电压 $U_y$ 成正比。

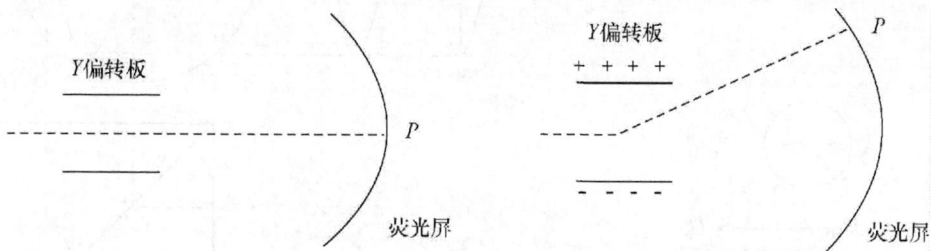

图 11 - 2　偏转原理图

$X$ 偏转板是垂直放置的两块电极。在 $X$ 偏转板上加一个变化的电压,那么,荧光屏上亮点在水平方向的位移 $x$ 也与加在 $X$ 偏转板的电压 $U_x$ 成正比,于是在屏上看到的是一条水平的亮线。

示波器上的"$X$ 轴位置⇌"和"$Y$ 轴位置↕"旋钮,用来调节光迹的左、右和上、下位置。

（3）**荧光屏**

屏上涂有荧光粉,电子打上去它就发光,形成光斑。荧光屏上带刻度的坐标板是供测定光点位置用的。

**2. 扫描原理**

如果只在示波管的 $Y$ 偏转板上加一个交变的正弦电压,则电子束的亮点将随电压的变化在竖直方向来回运动,在屏上看到的只是一条竖直亮线,如图 11 - 3 所示。

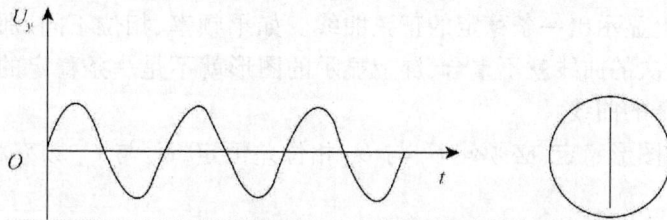

图 11 - 3　只在竖直偏转板上加一个正弦电压的情形

要能显示波形,必须同时在 $X$ 偏转板上加一扫描电压,使电子束的亮点沿水平方向拉开。这种扫描电压的特点是电压随时间成线性关系增加到最大值,然后突然回到最小,此后再重复地变化。这种扫描电压随时间变化的关系曲线形同"锯齿",故称"锯齿波电压",如图

11－4 所示。当只有锯齿波电压加在 $X$ 偏转板上，荧光屏上只显示一条水平亮线。

如果在 $Y$ 偏转板上加正弦电压，同时在 $X$ 偏转板上加锯齿波电压，电子受垂直、水平两个方向的力的作用，电子的运动是两相互垂直的运动的合成。图 11－5 中 $U_x$ 和 $U_y$ 的瞬时值一一对应，当 $U_y$ 为 $a$ 时，$U_x$ 为 $a'$，屏上的光点位置为 $a''$，当 $U_y$ 为 $b$ 时，$U_x$ 为 $b'$，屏上的光点位置为 $b''$…光点由 $a''$ 经 $b''$、$c''$、$d''$ 到 $e''$，描绘出正弦波图形，也就是把 $U_y$ 产生的竖直亮线展开了，展开为正弦波形。这个展开的过程称为"扫描"。

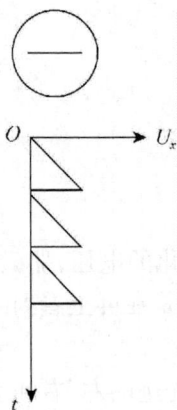

图 11－4　只在水平偏转板上加
　　　　　一锯齿电压的情形

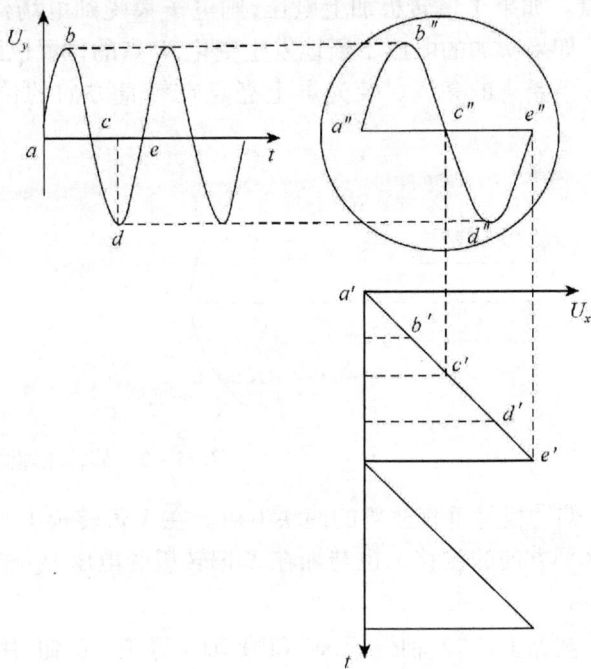

图 11－5　示波器显示正弦波形的原理图

### 3. 整步原理

由图 11－5 可以看出，当正弦波电压 $U_y$ 与锯齿波电压 $U_x$ 的频率，相位相同，亮点扫完整个正弦曲线后锯齿波电压随即复原，于是又扫出一条与前一条完全重合的正弦曲线。如此重复，在荧光屏上显示出一条稳定的正弦曲线。如果频率、相位不同，那么第二次、第三次扫出的曲线与第一次的曲线就不重合，屏上显示的图形就不是一条稳定的曲线，而是一条不断移动的、较为复杂的曲线。

为了使屏上的图形稳定，必须使 $U_y$ 与 $U_x$ 相位差恒定，$U_y$ 与 $U_x$ 频率相等或成整数倍关系，即

$$\frac{f_y}{f_x} = n \quad n = 1,2,3,\cdots \tag{11-1}$$

或

$$\frac{T_x}{T_y} = n \quad n = 1,2,3,\cdots \tag{11-2}$$

上式说明在荧光屏上所显示的图形是 $U_y$ 的 $n$ 个完整的波形。这种使两者频率（或周期）成整数倍的调整过程称为"整步"或"同步"。

### 4. 示波器的使用方法

（1）POWER：按下开关（POWER）键。LED 全部会亮，几分钟以后，一般的操作程序会显示，然后执行上次开机前的设定，LED 显示进行中的状态。

（2）TRACE ROTATION：这个控制钮是使水平轨迹与刻度线成平行的调整钮。

（3）INTEN：这个控制钮用于调节波形轨迹亮度，顺时针方向调整增加亮度，逆时针方向减低亮度。为保护荧光屏，亮度应适中。

（4）FOCUS：这个控制钮是轨迹和光标读出的聚焦控制钮。为更好观测波形应使聚焦最佳。

（5）CH1（CH2）：按下 CH1（CH2）钮，通道 1（通道 2）处于导通状态，偏转系数将以读值方式显示。

（6）POSITION：这个控制钮为位移控制钮，可使波形移动。

（7）GND：按下 GND 钮，可使垂直放大器的输入端接地，接地符号显示在读出装置上。

（8）VOLTS/DIV 和 TIME/DIV：适当调整灵敏度选择控制钮 VOLTS/DIV 和扫描时间控制钮 TIME/DIV 可准确测量波形的电压值和周期。

## 【实验内容】

### 1. 用示波器观察波形

（1）在实验之前，弄清楚各旋钮的作用，接通电源，预热 1~2 分钟

从信号发生器输出的 50Hz、1V 的正弦交流电，输入到示波器的 $Y$ 轴输入端，改变有关的旋钮：

① 将示波器上的垂直输入选择控制钮置于"AC"；

② 灵敏度选择控制钮 VOLTS/DIV 调到 0.5V/div；

③ 扫描时间控制钮 TIME/DIV 调到 5ms/div。

此时在示波器的屏幕上可观察到正弦波形，如果波形不够稳定，可调节 TIME/DIV 钮，使波形稳定下来。

（2）改变电压值

① 调节信号发生器的电压，改变电压数值，使输出电压 $V = 0.5V$，频率保持不变（$f = 50Hz$）。

② 示波器的灵敏度选择 VOLTS/DIV 的位置不变（仍为 0.5V/div），扫描时间 TIME/DIV 的位置也不变（仍为 5ms/div）。

③ 观测波形，要求绘出屏幕上的图形，并记录波形的电压值和频率值。

（3）改变频率值

① 调节信号发生器的频率范围和大小，使频率 $f = 100Hz$，电压值保持不变（$V = 0.5V$）。

② 保持 VOLTS/DIV 的位置不变（仍为 0.5V/div），TIME/DIV 的位置也不变（仍为 5ms/div）。

③ 观测波形变化情况。要求绘出屏幕上的图形，并在三种波形上标注外加信号的电压值和频率值。

## 2. 用比较法测量待测信号的电压值和频率值

由于正弦波的电压可以用交流电压表测量其有效值,频率可以用频率表测出频率值,但对于非正弦波电压,则不能采用交流电压表进行测量,通常是用示波器显示出信号电压的波形,然后再确定电压的大小:常用电压的峰－峰值(即波形的正半周峰值与负半周峰值之和,也就是说从波形的最高点到最低点的幅值)来表示,符号为 $V_{p-p}$。

采用比较法测量待测信号的电压和频率的方法是把待测信号与一个标准信号(电压和频率均为已知)在示波器荧光屏上进行比较,具体做法如下:

(1) 将待测信号显示在荧光屏上,调节示波器的有关控制钮,尽量使波形占坐标的整数格,记录格数(波形的高度和宽度)。

(2) 以 XFD － 6 型低频信号发生器作为标准信号源,将其信号显示在荧光屏上,改变标准信号的电压和频率,使标准信号的正弦波形与待测信号的波形振幅相等(或成整数倍),同时调出的波形个数与待测信号波形个数亦相等,于是标准信号发生器所指示的电压值 $V$ 和频率 $f$,就是待测信号的电压值和频率值。

本实验要求测量功率函数发生器三种信号的电压值和频率值。将测量结果记录如下:

| 波形名称 | 信号发生器指示电压 $V$ (有效值)(V) | $V_{p-p} = 2\sqrt{2}V_{有效}$ (V) | 频率 $f$(Hz) | 未知信号 | |
|---|---|---|---|---|---|
| | | | | 高 | 宽 |
| 正弦波 | | | | | |
| 方波 | | | | | |
| 三角形波 | | | | | |

## 3. 用李萨如图形测试正弦波信号频率

如果示波器的 $X$ 偏转板和 $Y$ 偏转板输入的都是正弦电压,这两个正弦电压的频率相同或成简单的整数比,则电子束的亮点将在 $U_x$ 与 $U_y$ 的共同作用下形成一个特殊形状的封闭轨迹,叫作李萨如图形。例如,当 $U_x$ 的频率 $f_x$ 和 $U_y$ 的频率 $f_y$ 之比为 1:2 时,亮点的轨迹如图 11 － 6 所示。

利用李萨如图形可以比较两个正弦波的频率。如果其中有一个正弦波的频率是已知的,则可应用此方法测定另一个正弦波的频率。图 11 － 7 是频率比值成简单整数比时形成的若干李萨如图形。

(1) 观察李萨如图形

将函数信号发生器中的正弦波作为待测信号,其频率为 $f_y$,信号发生器的正弦波作为标准信号,其频率为 $f_x$。注意:此时按住"$X － Y$"控制钮一段时间。这个模式中,在 CH1 输入端加入 $X$(水平)信号,CH2 输入端加入 $Y$(垂直)信号。适当调节示波器和信号发生器的有关控制钮,可观察到比较稳定的李萨如图形,由此可确定待测信号的频率。

(2) 改变标准信号的频率

改变标准信号的频率 $f_x$,可通过调节低频信号发生器的频率范围及频率调整旋钮来实现。频率范围可使用"×10"或"×100"档级,转动"输出调节"电位器可改变电压表的指示

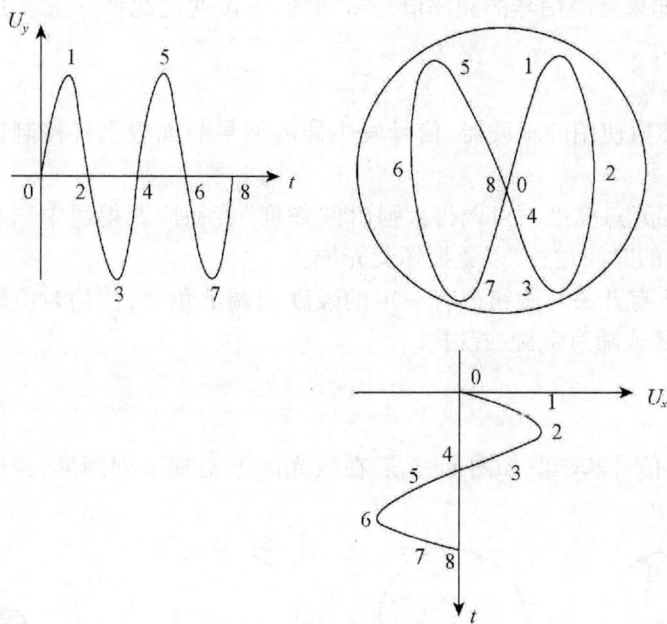

图 11 −6　$f_y:f_x = 2:1$ 的李萨如图形

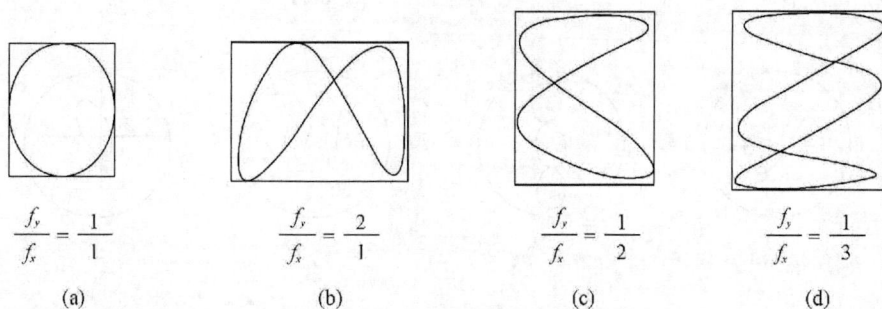

$$\frac{f_y}{f_x} = \frac{1}{1}$$

$$\frac{f_y}{f_x} = \frac{2}{1}$$

$$\frac{f_y}{f_x} = \frac{1}{2}$$

$$\frac{f_y}{f_x} = \frac{1}{3}$$

　　　　(a)　　　　　　　　(b)　　　　　　　　(c)　　　　　　　　(d)

图 11 −7　$f_y:f_x = n_x:n_y$ 的李萨如图形

值,"输出衰减"使用的档级可根据需要进行选择。

　　(3) 测试正弦波信号频率

　　根据标准信号的频率 $f_x$ 及荧光屏上显示的李萨如图形,可以确定待测信号的频率 $f_y$ 的大小。确定方法如下:用一个四边形把李萨如图形框起来,如图 11 −8 所示,四边形各边与图形相切,则李萨如图形与 $X$ 方向切线的切点数 $N_x$ 与 $Y$ 方向切线的切点数 $N_y$ 和信号频率之间有以下关系:

$$\frac{X\,\text{方向的切点数}\,N_x}{Y\,\text{方向的切点数}\,N_y} = \frac{f_y}{f_x}$$

　　因为标准信号的频率 $f_x$ 可从低频信号发生器上读出来,根据上式可求出来待测信号的频率 $f_y$ 的大小。

　　在实验中,实际所用的功率函数信号发生器的频率 $f_y$ 值可以通过调节有关控制钮,从面板显示屏上读出,从而观察频率比值成简单整数比时形成的若干李萨如图形。而上述 1、2、3

步骤是告诉大家,如果待测信号的频率值是未知的,可以通过此种方法求出。

**【注意事项】**

1. 必须弄清你所使用的示波器,信号发生器的型号与面板上各控制钮的作用后再开始实验。

2. 荧光屏上的光点亮度不可调得太强(即"辉度"旋钮应调得适中),且不可将光点固定在荧光屏上某一点的时间过长,以免损坏荧光屏。

3. 示波器上所有开关与旋钮都有一定的强度与调节角度,使用时应轻轻地缓慢旋转或按下,不能用力过猛或随意乱旋或乱按。

**【思考题】**

用示波器观察信号和李萨如图形时,若在荧光屏上出现下列图形,说明调节中存在什么问题?应如何调节?

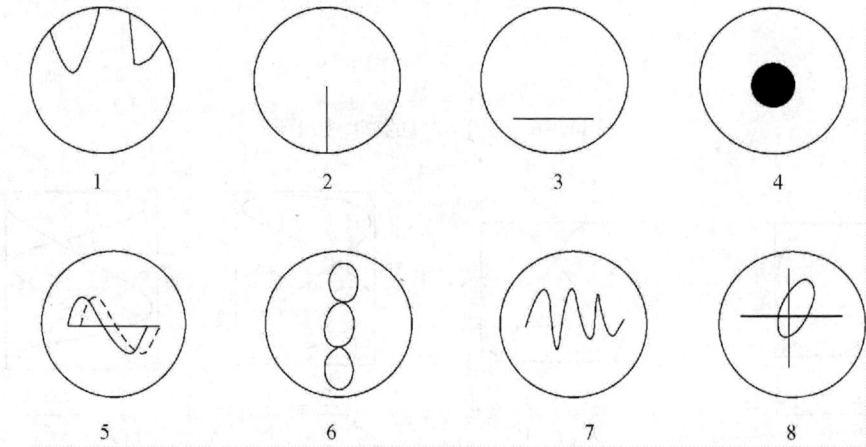

# 实验十二　用电磁感应法测磁场

## 【实验目的】

1. 了解用电磁感应法测交变磁场的原理和方法。
2. 测量载流圆线圈和亥姆霍兹线圈的轴向上的磁场分布。
3. 了解载流圆线圈(或亥姆霍兹线圈)的径向磁场分布情况。
4. 研究探测线圈平面的法线与载流圆线圈(或亥姆霍兹线圈)的轴线成不同夹角时所产生的感应电动势的值的变化规律。

## 【实验仪器】

DH4501 型磁场实验仪,FB－201 型交变磁场实验仪。

## 【实验原理】

在工业、国防、科研中都需要对磁场进行测量,测量磁场的方法不少,如冲击电流计法、霍耳效应法、核磁共振法、天平法、电磁感应法等等。本实验介绍电磁感应法测磁场的方法,它具有测量原理简单、测量方法简便及测试灵敏度较高等优点。

**1. 载流圆线圈与亥姆霍兹线圈的磁场**

(1)载流圆线圈磁场

一半径为 $R$、通以电流 $I$ 的圆线圈,轴线上磁场分布的公式为:

$$B = \frac{\mu_0 N_0 I R^2}{2(R^2 + X^2)^{3/2}} \tag{12-1}$$

式中,$N_0$ 为圆线圈的匝数,$X$ 为轴上某一点到圆心 $O'$ 的距离,$\mu_0 = 4\pi \times 10^{-7}$H/m,它的分布图如图 12-1 所示。

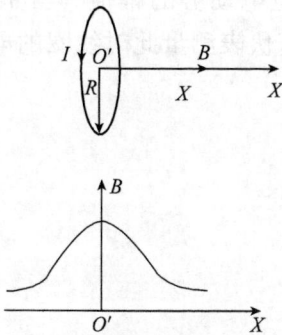

图 12-1　载流圆线圈磁场分布　　　　图 12-2　亥姆霍兹线圈的磁场分布

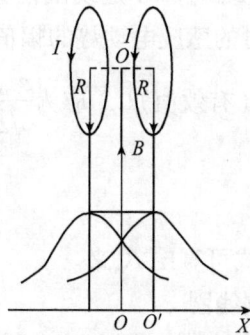

本实验取:$N_0 = 400$ 匝,$I = 0.060$A,$R = 0.105$m,圆心 $O'$ 处 $X = 0$,可算得圆心 $O'$ 处磁感应强度为:$B = 0.1436$mT。

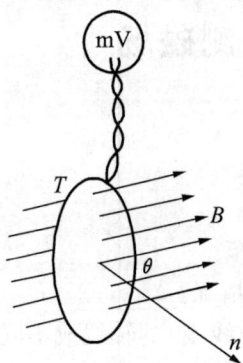

图 12 - 3  磁场中的探测线圈

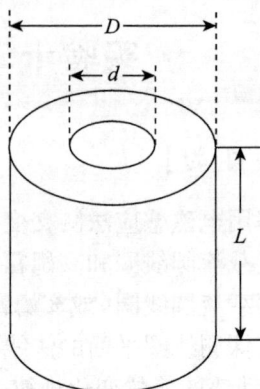

图 12 - 4  探测线圈

（2）亥姆霍兹线圈

两个相同圆线圈彼此平行且共轴,通以同方向电流 $I$,理论计算证明:线圈间距 $a$ 等于线圈半径 $R$ 时,两线圈合磁场在轴上(两线圈圆心连线)附近较大范围内是均匀的,这样的一对线圈称为亥姆霍兹线圈,如图 12 - 2 所示。这种均匀磁场在科学实验中应用十分广泛,例如,显像管中的行偏转、场偏转线圈就是根据实际情况经过适当变形的亥姆霍兹线圈。

**2. 用电磁感应法测磁场的原理**

设均匀交变磁场为(由通有交变电流的线圈产生):

$$B = B_m \sin\omega t$$

磁场中一探测线圈的磁通量为:

$$\Phi = NSB_m \cos\theta \sin\omega t$$

式中,$N$ 为探测线圈的匝数,$S$ 为该线圈的截面积,$\theta$ 为 $\bar{B}$ 与线圈法线夹角,如图 12 - 3 所示。线圈产生的感应电动势为

$$\varepsilon = -\frac{d\Phi}{dt} = -NS\omega B_m \cos\theta \cos\omega t = -\varepsilon_m \cos\omega t$$

式中,$\varepsilon_m = NS\omega B_m \cos\theta$ 是线圈法线和磁场成 $\theta$ 角时,感应电动势的幅值。当 $\theta = 0°$,$\varepsilon_{max} = NS\omega B_m$,这时的感应电动势的幅值最大。如果用数字式毫伏表测量此时线圈的电动势,则毫伏表的示值(有效值)$U_{max}$ 应为 $\frac{\varepsilon_{max}}{\sqrt{2}}$,则

$$B_{max} = \frac{\varepsilon_{max}}{NS\omega} = \frac{\sqrt{2}U_{max}}{NS\omega} \tag{12 - 2}$$

由(12 - 2)式可算出 $B_m$ 来。

**3. 探测线圈**

探测线圈结构如图 12 - 4 所示。实验中由于磁场的不均匀性,探测线圈又不可能做得很小,否则将会影响测量灵敏度。一般设计的探测线圈长度 $L$ 和外径 $D$ 应满足 $L = \frac{2}{3}D$ 的关系,线圈的内径 $d$ 与外径 $D$ 应满足 $d = \frac{D}{3}$ 的关系(本实验室选取 $D = 0.012m$,$N = 1000$ 匝的线圈)。该探测线圈在磁场中的等效面积,经理论计算为

$$S = \frac{13}{108}\pi D^2 \qquad (12-3)$$

这样的探测线圈测得的平均磁感应强度可以近似看成是探测线圈中心点的磁感应强度。

本实验励磁电流由专用的交变磁场测试仪提供,该仪器输出的交变电流的频率 $f$ 可以从 $20 \sim 200\text{Hz}$ 之间连续调节,如选择 $f = 50\text{Hz}$,则,$\omega = 2\pi f = 100\pi \text{s}^{-1}$ 将 $D$、$N$ 及 $\omega$ 值代入(12-2)式得

$$B = \frac{2.926}{f}U_{\max}(T) \qquad (12-4)$$

## 【实验内容】

### 1. 测量圆电流线圈轴线上磁场的分布

接好电路,调节交变磁场实验仪的输出功率,使励磁电流有效值为 $I = 0.060\text{A}$,以圆电流线圈中心为坐标原点,每隔 $10.0\text{mm}$ 测一个 $U_{\max}$ 值,测量过程中注意保持励磁电流值不变,并保证探测线圈法线方向与圆电流线圈轴线 $D$ 的夹角为 $0°$(从理论上可知,如果转动探测线圈,当 $\theta = 0°$ 和 $\theta = 180°$ 时应该得到两个相同的 $U_{\max}$ 值,但实际测量时,这两个值往往不相等,这时就应该分别测出这两个值,然后取其平均值作为对应点的磁场强度)。实验过程中,可以把探测线圈从 $\theta = 0°$ 转到 $180°$,测量一组数据对比一下,如果正、反方向的测量值相差不大于 $2\%$,则只做一个方向的数据即可,否则,应分别按正、反方向测量,再求算平均值作为测量结果。

### 2. 测量亥姆霍兹线圈轴线上磁场的分布

把交变磁场实验仪的两组线圈串联起来(注意极性不要接反),接到交变磁场测试仪的输出端钮。调节交变磁场测试仪的输出功率,使励磁电流有效值仍为 $I = 0.060\text{A}$。以两个圆线圈轴线上的中心点为坐标原点,每隔 $10.0\text{mm}$ 测一个 $U_{\max}$ 值。

### 3. 测量亥姆霍兹线圈沿径向的磁场分布

固定探测线圈法线方向与圆电流轴线 $D$ 的夹角为 $0°$,转动探测线圈径向移动手轮,每移动 $10.0\text{mm}$ 测量一个数据,按正、负方测到边缘为止,记录数据并作出磁场分布曲线图。

### 4. 验证公式

$\varepsilon_m = NS\omega B_m \cos\theta$,当 $NS\omega B_m$ 不变时,$\varepsilon_m$ 与 $\cos\theta$ 成正比。把探测线圈沿轴线固定在某一位置,并使探测线圈法线方向与圆电流线圈轴线 $D$ 的夹角从 $0°$ 旋转到 $90°$,每改变 $10°$ 测一组数据。

### 5. 研究励磁电流频率改变对磁场强度的影响

把探测线圈固定在亥姆霍兹线圈中心点,其法线方向与圆电流轴线 $D$ 的夹角为 $0°$(注:亦可选取其他位置或其他方向),并保持不变。调节磁场测试仪输出电流频率,在 $20 \sim 150\text{Hz}$ 范围内,每次频率递增 $10\text{Hz}$,逐次测量感应电动势的数值并记录。

# 测量参考表格及测量结果

**表12-1 圆电流线圈轴线上磁场分布的测量**

| 轴向距离 $X(10^{-2}\text{m})$ | 0.0 | 1.0 | 2.0 | 3.0 | … | 10.0 |
|---|---|---|---|---|---|---|
| $U_m(\text{mV})$ | | | | | | |
| $B_m = 0.103U_{\max} \times 10^{-3}(\text{T})$ | | | | | | |
| $B = \dfrac{\mu_0 N_0 IR^2}{2(R^2 + X^2)^{3/2}}(\text{T})$ | | | | | | |

**表12-2 亥姆霍兹线圈轴线上的磁场分布的测量**

| 轴向距离 $X(10^{-2}\text{m})$ | 0.0 | 1.0 | 2.0 | 3.0 | … | 12.0 |
|---|---|---|---|---|---|---|
| $U_m(\text{mV})$ | | | | | | |
| $B_m = 0.103U_{\max} \times 10^{-3}(\text{T})$ | | | | | | |

**表12-3 测量亥姆霍兹线圈径向上磁场分布**

| 径向距离 $X(10^{-2}\text{m})$ | 0.0 | 1.0 | 2.0 | 3.0 | 4.0 | 5.0 |
|---|---|---|---|---|---|---|
| $U_m(\text{mV})$ | | | | | | |
| $B_m = 0.103U_{\max} \times 10^{-3}(\text{T})$ | | | | | | |

**表12-4 探测线圈法线与磁场方向不同夹角**

| 探测线圈转角 $\theta$ | 0.0° | 10.0° | 20.0° | 30.0° | … | 90.0° |
|---|---|---|---|---|---|---|
| $U_m(\text{mV})$ | | | | | | |
| $B_m = 0.103U_{\max} \times 10^{-3}(\text{T})$ | | | | | | |

表 12 –5　励磁电流频率变化对磁场的影响

| 励磁电流频率 $f$(Hz) | 20 | 30 | 40 | 50 | ... | 150 |
|---|---|---|---|---|---|---|
| $U_m$(mV) | | | | | | |
| $B_m$( $\times 10^{-3}$T) | | | | | | |

## 【思考题】

1. 圆电流线圈轴线上磁场的分布规律如何？亥姆霍兹线圈是怎样组成的？其基本条件有哪些？它的磁场分布特点又怎样？

2. 探测线圈的设计要解决哪些关键问题？

3. 测量感应电动势的毫伏表应具备哪些特点？感应法测磁场为何不用普通电压表？

4. 探测线圈放入磁场后,不同方向上毫伏表指示值不同,哪个方向最大？如何准确量 $U_{max}$ 的值？毫伏表指示值最小表示什么？

5. 试分析圆电流线圈磁场分布的实验结果与理论值之间的误差产生的原因？

# 实验十三　霍耳效应测磁场

## 【实验目的】

1. 了解霍耳元件的性能,学习用"倒号测量法"消除副效应的影响。
2. 测量霍耳元件的 $U_H - I_H$ 曲线,学习用霍耳元件测磁场的方法。

## 【实验仪器】

霍耳效应实验仪和测试仪。

## 【实验原理】

### 1. 霍耳效应

霍耳效应是霍耳(E. H. Hall)于 1879 年在他的老师罗兰实验中发现的,如图 13 - 1 所示,将一块宽为 $b$、厚为 $d$ 的导体或半导体薄片放在磁感强度为 $\vec{B}$ 的匀强磁场中。若在薄片的横向上通入一定的电流,则在薄片的纵向两端出现一定的电势差。这一现象称为霍耳效应。该电势差称为霍耳电压。

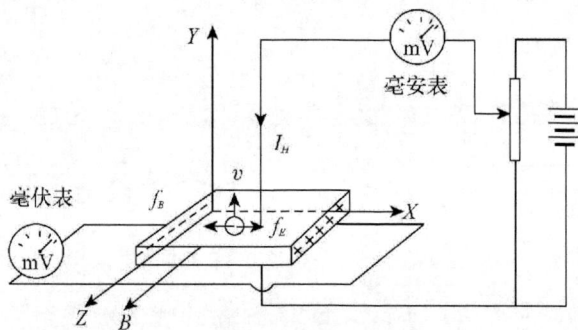

图 13 - 1　霍耳效应原理

霍耳发现该纵向电势差与工作电流 $I_H$ 及磁场的磁感应强度的大小 $B$ 成正比,与霍耳元件的厚度 $d$ 成反比,即

$$U_H = R_H \frac{I_H B}{d} = K_H I_H B \qquad (13-1)$$

这个公式叫霍耳公式,式中 $U_H$ 为霍耳电压,$R_H$ 为霍耳系数,$K_H$ 为霍耳片的灵敏度(其单位为 $mV \cdot mA^{-1} \cdot T^{-1}$)。霍耳系数 $R_H$ 表示该材料产生霍耳效应的本领大小,它与霍耳元件的灵敏度 $K_H$ 的关系如下:

$$K_H = \frac{R_H}{d} \qquad (13-2)$$

由式(13-1)可知,当 $I_H$ 和 $B$ 一定时,灵敏度 $K_H$ 越大,霍耳效应越显著。为此通常的霍耳元件都制成很薄的薄片,尽量减小 $d$(一般约为 0.2mm)以增加霍耳元件的灵敏度 $K_H$。本实验中,因为 $R_H$、$d$ 均为常数,所以霍耳元件的灵敏度 $K_H$ 为常数。

## 2. 霍耳效应的理论解释

霍耳公式(13－1)在当时只是一个实验公式,只有在洛伦兹的电子论提出以后才能对其从理论上加以解释。

假设图 13－1 中导体或半导体中的载流子为电子,当薄片中通以电流 $I_H$ 时,电子运动方向与电流方向相反。令电子的平均速率为 $v$,这些电子在磁场中受到洛伦兹力的作用,其值为

$$f_B = qvB \tag{13-3}$$

方向为 $-\vec{v} \times \vec{B}$。因此电子在洛伦兹力的作用下向左偏移而聚集在左侧表面,同时在右侧表面上出现等量的正电荷。这样,在导体或半导体片里外两侧表面之间产生一纵向电场 $\vec{E}$,使电子受到与洛伦兹力方向相反的电场力的作用。随着电荷的不断积累,电场力逐渐增大。当电场力增大到正好等于洛伦兹力时,就达到了动态平衡。这时,在左右两侧面间形成一稳定的电场,该电场称为霍耳电场。电子受到的电场力大小为

$$f_E = qE \tag{13-4}$$

因为 $f_B = f_E$ 且 $E = \dfrac{U_H}{b}$,所以

$$U_H = bvB \tag{13-5}$$

设导体的载流子浓度为 $n$,垂直于电流方向的横截面积为 $S = bd$,则电流强度为

$$I_H = nqvbd \tag{13-6}$$

由此得霍耳电压为

$$U_H = \frac{I_H B}{nqd} \tag{13-7}$$

此式与式(13－1)比较可得出霍耳系数和霍耳元件的灵敏度分别为:

$$R_H = \frac{1}{nq} \tag{13-8}$$

$$K_H = \frac{1}{nqd} \tag{13-9}$$

霍耳元件的灵敏度是一个非常重要的参数,灵敏度越大,霍耳效应越显著。对于一定的材料,载流子浓度 $n$ 和电量 $q$ 都是一定的,因此对于给定的材料霍耳系数为一常数。由式(13－8)可见,霍耳系数 $R_H$ 与载流子浓度 $n$ 成反比。在金属导体中,由于载流子的浓度很大,因而金属导体的霍耳系数很小,相应的霍耳电压也就很弱。而在半导体中,载流子的浓度比金属的要低得多,因而半导体的霍耳系数比金属导体大得多,所以半导体能产生很强的霍耳效应。

以上讨论的载流子带负电,若载流子带正电,在电流和磁场方向均不变的情况下,所产生的霍耳电压与上述情况正好相反。因此根据霍耳电压的正负便可判断载流子的正负,从而判断半导体是 N 型还是 P 型。

由于一般材料的霍耳系数很小,霍耳效应很不明显,因而自霍耳效应发现后长期未得到实际应用。直到 20 世纪 60 年代,随着半导体工艺和材料的发展,这一效应才在科学实验和生产实际中得到广泛的应用。如可以测量磁感强度,制成传感器等。

## 3. 霍耳元件副效应的影响和消除

上面的讨论是从理想情况出发的,在实际情况中除霍耳效应外还有一些副效应与霍耳

效应混在一起,使霍耳电压的测量产生误差,因此需要根据其机理予以消除。

（1）霍耳元件的副效应

① 厄廷好森(Etinghausen)效应:由于半导体中载流子的速度有大有小并不相同,从而产生温差电动势,记为$U_E$。$U_E$的方向始终与$U_H$的方向相同,所以不能用"倒号测量法"加以消除。

② 能斯特(Nernst)效应:如图13-2所示,电极1、2的接触电阻不可能完全相同,致使两边的温度不相等,电子从热端向冷端扩散形成附加的热电子流,这附加的电流同样受磁场作用产生霍耳电压,记为$U_N$。$U_N$方向与$I_H$的方向无关,仅随磁场$B$的方向改变而改变,因此可以用"倒号测量法"加以消除。

③ 里纪-勒杜克(Right-Leduc)效应:在能斯特(Nernst)效应中的热电子流同样会产生温差电动势,记为$U_{RL}$。它的方向与$I_H$的方向无关,仅随磁场$B$的方向改变而改变。所以也可用"倒号测量法"加以消除。

④ 不等势电势差:如图13-2所示,电极3、4应该做在同一等势面上,但制造时很难做到,如图13-3所示。因此即使未加磁场,当$I_H$流过1、2时,在电极3、4端也具有电势差,记为$U_0$。其方向只随$I_H$方向的改变而改变,与磁场方向无关,故亦可用"倒号测量法"加以消除。

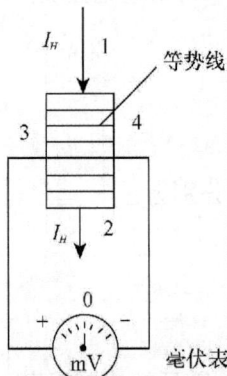
理想情况
图13-2 无不等势电压降

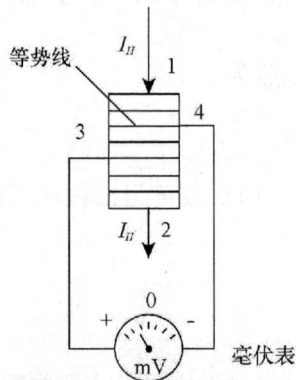
实际情况
图13-3 有不等势电压降

（2）副效应的消除

综上所述,霍耳元件的四种副效应中除厄廷好森(Etinghausen)效应外,其他三种都可以用"倒号测量法"加以消除。而厄廷好森效应影响不大,可以忽略不计。

测量时分别改变$I_H$的方向和$B$的方向,测量四种情况的电压,然后取其绝对值的平均值。

① 取$I_H$、$B$均为正方向,测得的电压为$U_1$:

$$U_1 = U_H + U_E + U_N + U_{RL} + U_0$$

② 取$I_H$为负、$B$仍为正方向,测得的电压为$U_2$:

$$U_2 = -U_H - U_E + U_N + U_{RL} - U_0$$

③ 取$I_H$、$B$均为负方向,测得的电压为$U_3$:

$$U_3 = U_H + U_E - U_N - U_{RL} - U_0$$

④ 取 $I_H$ 为正、$B$ 为负方向，测得的电压为 $U_4$：

$$U_4 = -U_H - U_E - U_N - U_{RL} + U_O$$

然后取其绝对值的平均值，即可消去 $U_N$、$U_{RL}$ 和 $U_O$

$$U_H + U_E = \frac{1}{4}(|U_1| + |U_2| + |U_3| + |U_4|)$$

因为 $U_E \ll U_H$，故有：$\quad U_H = \frac{1}{4}(|U_1| + |U_2| + |U_3| + |U_4|)$ \hfill (13 - 10)

## 【实验内容】

**1. 定性观测电磁铁间隙的磁场分布**

（1）工作电流 $I_H = 2.00\text{mA}$，励磁电流 $I_M = 0.600\text{A}$；

（2）分别测出霍耳元件在 5 个不同位置的霍耳电压 $U_H$，并作出定性结论。

表 13 - 1　电磁铁间隙的磁场分布

| 霍耳元件位置 | 1 | 2 | 3 | 4 | 5 |
|---|---|---|---|---|---|
| $U_H(\text{mV})$ | | | | | |

**2. 已知霍耳元件的灵敏度 $K_H$，测磁感强度 $B$**

（1）测量霍耳元件的 $U_H - I_H$ 曲线

将霍耳元件置于电磁铁间隙的中心处，励磁电流取固定值（如取 $I_M = 0.600\text{A}$），$I_H$ 分别取不同的数值（如 $0.50\text{mA}$，$1.00\text{mA}$，$1.50\text{mA}$，$2.00\text{mA}$，$2.50\text{mA}$，$3.00\text{mA}$，$3.50\text{mA}$，$4.00\text{mA}$），测出相应的霍耳电压 $U_H$，并用倒号测量法（四种组合）消除副效应的影响。在坐标纸上画出 $U_H - I_H$ 曲线。

表 13 - 2　霍耳元件的伏安特性

| 工作电流 $I_H(\text{mA})$ | $U_H(\text{mV})$ $+I_H, +B$ | $U_H(\text{mV})$ $+I_H, -B$ | $U_H(\text{mV})$ $-I_H, -B$ | $U_H(\text{mV})$ $-I_H, +B$ | $U_H = \dfrac{(|U_1| + |U_2| + |U_3| + |U_4|)}{4}(\text{mV})$ |
|---|---|---|---|---|---|
| 0.50 | | | | | |
| 1.00 | | | | | |
| 1.50 | | | | | |
| 2.00 | | | | | |
| 2.50 | | | | | |
| 3.00 | | | | | |
| 3.50 | | | | | |
| 4.00 | | | | | |

（2）用最小二乘法回归曲线计算出曲线的斜率 $\beta$ 值。

（3）根据式(13-1)计算出该点的磁感强度 $B$ 的值：

$$B = \frac{\beta}{K_H} \qquad\qquad (13-11)$$

## 【注意事项】

1. 霍耳元件易损坏，切忌受压、扯断、受热，工作电流不得超过 10mA，否则会被烧毁；工作时间不应超过 5 小时。

2. 电磁铁的励磁电流的最大值为 1A，不要过热，故 $I_M$ 可工作在 0.8A 以下。

## 【思考题】

1. 金属导体薄片是否有霍耳效应？为什么？

2. 通常为什么要将霍耳元件做成非常薄的薄片？

3. 倒号法（或称对称测量法）不能消除以下四种副效应的哪一种？

（A）厄廷好森效应　　　　（B）能斯特效应

（C）里纪—勒杜克效应　　（D）不等势电势差

# 实验十四　磁化曲线与磁滞回线的研究

## 【实验目的】

1. 了解铁磁质在磁场中磁化的原理及其磁化规律。
2. 学习使用双踪示波器测绘基本磁化曲线和磁滞回线。
3. 测定样品的磁滞回线,确定矫顽力,剩磁感应强度,最大磁感应强度等参数。

## 【实验仪器】

双踪示波器,磁滞回线实验仪。

## 【实验原理】

磁性材料应用广泛,从常用的永久磁铁、变压器铁芯到录音、录像、计算机存储的磁盘等都采用磁性材料。磁滞回线和基本磁化曲线反映了磁性材料的主要特征。通过实验不仅能掌握用示波器观察磁滞回线,以及基本磁化曲线的基本测量方法,而且能从理论和实际应用上加深对铁磁材料的认识。

铁磁材料分为硬磁和软磁两大类,其根本区别在于矫顽磁力 $H_C$ 的大小不同。硬磁材料的磁滞回线宽,剩磁和矫顽力大(达到 $120 \sim 20000\text{A/m}$ 以上),因而磁化后,其磁性可长久保持,适宜做永久磁铁。软磁材料的磁滞回线窄,矫顽力 $H_C$ 一般小于 $120\text{A/m}$,但其磁导率和饱和磁感应强度大,容易磁化和去磁,故广泛用于电机、电器和仪表制造等工业部门。磁化曲线和磁滞回线是铁磁材料的重要特性,是设计电磁机构和仪表的重要依据之一。

磁学量的测量一般比较困难,通常利用相应的物理规律,将磁学量转换为易于测量的电学量。这种转换测量法是物理实验中常用的基本测量方法。测绘磁化曲线和磁滞回线常用冲击电流计法和示波器法,是磁测量的基本方法。第一种方法准确度较高,但较复杂;后一种方法虽准确度低,但却具有直观、方便迅速以及能在脉冲磁化下测量的优点。本实验采用示波法。

### 1. 磁化曲线

如果在由电流产生的磁场中放入铁磁物质,则磁场将明显增强,此时铁磁物质中的磁感应强度比没放入铁磁物质时电流产生的磁感应强度增大百倍,甚至在千倍以上。铁磁物质内部的磁场强度 $H$ 与磁感应强度 $B$ 有如下的关系:

$$B = \mu H \tag{14-1}$$

对于铁磁物质而言,磁导率 $\mu$ 并非常数,而是随 $H$ 的变化而变化的物理量,即 $\mu = f(H)$,为非线性函数。所以 $B$ 与 $H$ 也是非线性关系,如图 14-1 所示。

铁磁材料的磁化过程为:其未被磁化时的状态称为去磁状态,这时若在铁磁材料上加一由小到大变化的磁化场,则铁磁材料内部的磁场强度 $H$ 与磁感应强度 $B$ 也随之变大。但当 $H$ 增加到一定值($H_S$)后,$B$ 几乎不再随着 $H$ 的增加而增加,说明磁化达到饱和,如图 14-1 中的 $OS$ 段曲线所示。从未磁化到饱和磁化的这段磁化曲线称为材料的起始磁化曲线,可以

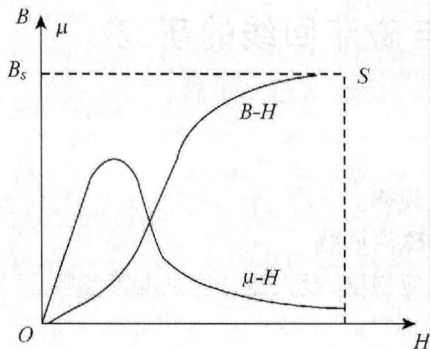

图 14 – 1    磁化曲线和 $\mu – H$ 曲线

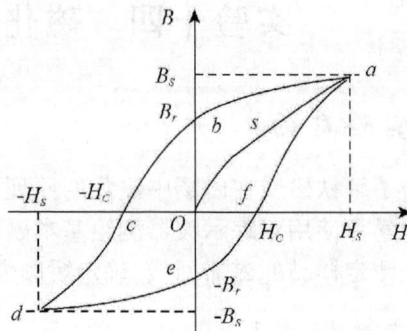

图 14 – 2    起始磁化曲线和磁滞回线

看出,铁磁材料的 $B$ 和 $H$ 不是直线,即铁磁材料的磁导率 $\mu = B/H$ 不是常数。

**2. 磁滞回线**

当铁磁材料的磁化达到饱和之后,如果将磁场减小,则铁磁材料内部的 $B$ 和 $H$ 也随之减小。但其减小的过程并不是沿着磁化时的 $OS$ 段退回。显然,当磁化场撤消,$H = 0$ 时,磁感应强度仍然保持一定数值 $B = B_r$,称为剩磁(剩余磁感应强度)。

若要使被磁化的铁磁材料的磁感应强度 $B$ 减小到 0,必须加上一个反向磁场并逐步增大。当铁磁材料内部反向磁场强度增加到 $H = H_c$ 时(图 14 – 2 上的 $C$ 点),磁感应强度 $B$ 才为 0,达到退磁。图 14 – 2 中的 $bc$ 段曲线为退磁曲线,$H_c$ 为矫顽力。如图 14 – 2 所示,$H$ 按 $O \to H_s \to O \to -H_s \to -H_c \to O \to H_c \to H_s$ 的顺序变化时,$B$ 相应沿 $O \to B_s \to B_r \to O \to -B_s \to -B_r \to O \to B_s$ 的顺序变化。图 14 – 2 中的 $Oa$ 段曲线称起始磁化曲线,所形成的封闭曲线 $abcdefa$ 称为磁滞回线。

由图 14 – 2 可知:

(1) 当 $H = 0$ 时,$B \neq 0$,这说明铁磁材料还残留一定值的磁感应强度 $B_r$,通常称 $B_r$ 为铁磁物质的剩余感应强度(剩磁)。

(2) 若要使铁磁物质完全退磁,即 $B = 0$ 必须加一个反向磁场 $H_c$。这个反向磁场强度 $H_c$ 称为该铁磁材料的矫顽力。

(3) 图中 $bc$ 曲线段称为退磁曲线。

① $B$ 的变化始终落后于 $H$ 的变化,这种现象称为磁滞现象。

② $H$ 的上升与下降到同一数值时,铁磁材料内部的 $B$ 值并不相同,即磁化过程与铁磁材料过去的磁化经历有关。

③ 当从初始状态 $H = 0$,$B = 0$ 开始周期性地改变磁场强度的幅值时,在磁场由弱到强单调增加过程中,可以得到面积由大到小的一簇磁滞回线,如图 14 – 3 所示。其中最大面积的磁滞回线称为极限磁滞回线。

④ 由于铁磁材料磁化过程的不可逆性及具有剩磁的特点,在测定磁化曲线和磁滞回线时,首先须将铁磁材料预先退磁,以保证外加磁场 $H = 0$ 时,$B = 0$;其次,磁化电流在实验过程中只允许单调增加或减少,不能时增时减。在理论上,要消除剩磁 $B_r$,只需改变磁化电流方向,使外加磁场正好等于铁磁材料的矫顽力即可。实际上,矫顽力的大小通常并不知道,因

而无法确定退磁电流的大小。我们从磁滞回线得到启示,如果使铁磁材料磁化达到磁饱和,然后不断改变磁化电流的方向,与此同时逐渐减小磁化电流,直至为零。则该材料的磁化过程就是一连串逐渐缩小而最终趋于原点的环状曲线,如图 14 − 4 所示。

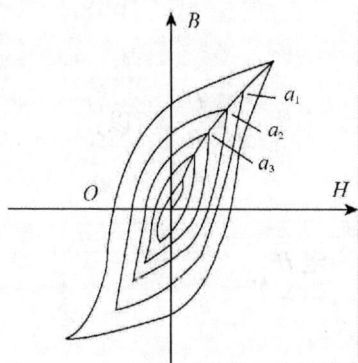

图 14 − 3　极限磁滞回线　　　　　　　　图 14 − 4　消除剩磁

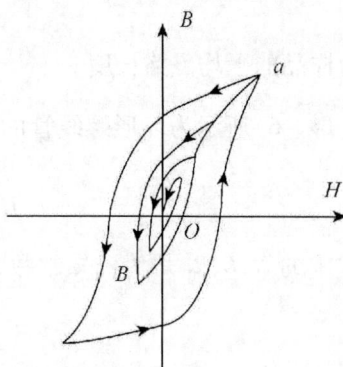

实验表明,经过多次反复磁化后,$B$ − $H$ 的量值关系形成一个稳定的闭合的"磁滞回线"。通常以这条曲线来表示该材料的磁化性质。这种反复磁化的过程称为"磁锻炼"。本实验采用 50 Hz 的交变电流,所以每个状态都是经过充分的"磁锻炼",随时可以获得磁滞回线。

我们把图 14 − 3 中原点 $O$ 和各个磁滞回线的顶点 $a_1, a_2, a_3, \cdots, a_n$ 所连成的曲线,称为铁磁材料的基本磁化曲线。不同的铁磁材料其基本磁化曲线是不同的。为了使样品的磁特性可以重复出现,也就是指所测得的基本磁化曲线都是由原始状态($H = 0, B = 0$)开始,在测量前必须进行退磁,以消除样品中的剩余磁性。

磁化曲线和磁滞回线是铁磁材料分类和选用的主要依据,其中软磁材料的磁滞回线狭长、矫顽力、剩磁和磁滞损耗均较小,是制造变压器、电机和交流磁铁的主要材料。而硬磁材料的磁滞回线较宽,矫顽力大,剩磁强,可用来制造永久磁体。

### 3. 示波器显示 $B$ − $H$ 曲线的原理和线路

示波器测量 $B$ − $H$ 曲线的实验线路如图 14 − 5 所示。

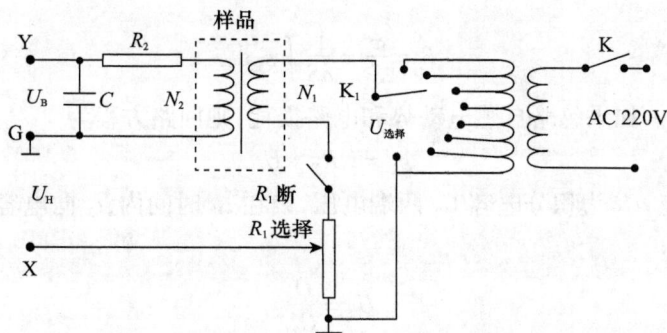

图 14 − 5　示波器测量 $B$ − $H$ 曲线的实验线路

本实验研究的铁磁物质为环形和 EI 形矽钢片, $N$ 为励磁绕组, $n$ 为用来测量磁感应强度 $B$ 而设置的绕组。$R_1$ 为励磁电流取样电阻, 设通过 $N$ 的交流励磁电流为 $i_1$, 根据安培环路定律, 样品的磁化场强为:

$$H = \frac{Ni}{L} \tag{14-2}$$

式中, $L$ 为样品的平均磁路长度。

如图(14-6)所示为环形螺线管的平均磁路长度。因为: $i_1 = \frac{U_1}{R_1}$, 所以:

$$H = \frac{Ni_1}{L} = \frac{N}{LR_1} \times U_1 \tag{14-3}$$

(14-3)式中的 $N$、$L$、$R_1$ 均为已知常数, 所以由 $U_1$ 可确定 $H$。

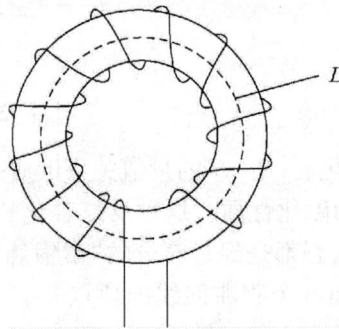

图 14-6   环形螺线管

在交变磁场下, 样品的磁感应强度瞬时值 $B$ 是测量绕组 $n$ 和 $R_2C_2$ 电路给定的, 根据法拉第电磁感应定律, 由于样品中的磁通 $\varphi$ 的变化, 在测量线圈中产生的感生电动势的大小为:

$$\varepsilon_2 = n\frac{d\varphi}{dt}$$

$$\varphi = \frac{1}{n} \int \varepsilon_2 dt$$

$$B = \frac{\varphi}{S} = \frac{1}{nS} \int \varepsilon_2 dt \tag{14-4}$$

$S$ 为样品的截面积。如果忽略自感电动势和电路损耗, 则回路方程为

$$\varepsilon_2 = i_2 R_2 + U_2$$

式中 $i_2$ 为感生电流, $U_2$ 为积分电容 $C_2$ 两端电压, 设在 $\Delta t$ 时间内, $i_2$ 向电容 $C_2$ 的充电电量为 $Q$, 则:

$$U_2 = \frac{Q}{C_2}$$

所以,

$$\varepsilon_2 = i_2 R_2 + \frac{Q}{C_2}$$

如果选取足够大的 $R_2$ 和 $C_2$，使 $i_2R_2 \gg \dfrac{Q}{C_2}$ 则：

$$\varepsilon_2 = i_2 R_2$$

因为

$$i_2 = \frac{\mathrm{d}Q}{\mathrm{d}t} = C_2 \frac{\mathrm{d}U_2}{\mathrm{d}t}$$

所以

$$\varepsilon_2 = C_2 R_2 \frac{\mathrm{d}U_2}{\mathrm{d}t} \qquad\qquad (14-5)$$

由 $(14-4)$、$(14-5)$ 两式可得：

$$B = \frac{C_2 R_2}{nS} U_2 \qquad\qquad (14-6)$$

上式中 $C_2$、$R_2$、$n$ 和 $S$ 均已知常数。所以由 $U_2$ 可确定 $B$。

综上所述，将图 $14-4$ 中的 $U_1(U_H)$ 和 $U_2(U_B)$ 分别加到示波器的"$X$ 输入"和"$Y$ 输入"便可观察样品的动态磁滞回线；接上数字电压表则可以直接测出 $U_1(U_H)$ 和 $U_2(U_B)$ 的值，即可绘制出 $B-H$ 曲线，通过计算可测定样品的饱和磁感应强度 $B_s$、剩磁 $B_r$、矫顽力 $H_C$ 以及磁导率 $\mu$ 等参数。

## 【实验内容与步骤】

**1. 做样品 1 和样品 2 的 $B \sim H$ 基本磁化曲线**

(1)准备工作：打开各个仪器的开关，按仪器上的线路图连线，先连样品 1，慢慢改变样品电压从 $3.5 \sim 0V$（退磁），示波器调到 $X-Y$ 档（参考值 $50 \sim 20mV$），这时示波器应显示是一个光点，调节示波器上 $XY$ 钮，把光点调到坐标的 0 点。

(2)做样品的 $B-H$ 基本磁化曲线：$R_1$ 调到 $2.5\Omega$，按 DH4516B 智能型磁滞回线仪上的复位键，再按功能键，显示实验条件，记录下来，再按[·]键，显示 $B_m$ 和 $H_m$，记录在表 $14-1$上。增加样品电压一档，按复位键，再按[·]键，显示 $B_m$ 和 $H_m$，记录在表上，重复上述步骤，直到样品电压最大档。

**2. 做样品 1 和样品 2 的磁滞回线**

(1)样品电压调到 $2.7V$ 或 $3V$，观察样品的磁滞回线，若图形顶部出现编织状的小环，如图 $14-8$ 所示，这时可降低 $U$ 予以消除。按复位键，再按功能键，显示实验条件，记录下来，当出现采集数 $=1$ 时，可选择按 1 或 2 或 3，意思是：采集数 $=1$ 为显示全部 $H$ 和 $B$ 的数据（大约 340 个数据）；采集数 $=2$ 时显示一半 $H$ 和 $B$ 的数据；采集数 $=3$ 显示三分之一 $H$ 和 $B$ 的数据。按确认键，再按功能键，显示"采集完成"。按确认键出现第一组数据 $n=000,H=\quad$，$B=\quad$，记录下来，再按确认键出现第二组数据……直到数据又重复显示为止。按记录数据绘出样品的磁滞回线（可用计算机绘出）。

(2)继续按功能键，将显示采样总点数和测试信号的频率；

(3)继续按功能键，将显示磁滞回线的矫顽力和剩磁；

(4)继续按功能键，将显示磁滞回线的 $H_m$ 和 $B_m$ 的值；

(5)先关闭仪器电源，将连线换到样品 2，重复上述(1)、(2)、(3)、(4)步骤，得到此样品的数据。

**3. 比较两个样品的曲线并得出结论**

表 14 – 1 $B \sim H$ 基本磁化曲线

| $U(\mathrm{V})$ | 0.0 | 0.5 | …… | | | | | |
|---|---|---|---|---|---|---|---|---|
| $H_m(\mathrm{A/m})$ | | | | | | | | |
| $B_m(\mathrm{T})$ | | | | | | | | |

表 14 – 2 磁滞回线数据 $U =$　　(V);$H_m =$　　(A/m),$B_m =$　　(T)

| $n$ | 0 | 1 | 2 | 3 | 4 | …… | | | |
|---|---|---|---|---|---|---|---|---|---|
| $H(\mathrm{A/m})$ | | | | | | | | | |
| $B(\mathrm{T})$ | | | | | | | | | |

矫顽力 =　　　　　　　剩磁 =

# 实验十五　分光计的调整和三棱镜顶角的测定

## 【实验目的】

1. 了解分光计构造及其基本原理。
2. 学习分光计的调整和使用方法。
3. 测定三棱镜顶角。

## 【实验仪器】

分光计,平面反射镜,三棱镜,照明装置。

## 【分光计构造及其原理】

光学实验中,测角的情况很多,如反射角、折射角、衍射角等。分光计就是用来测量角度的仪器。

要测准入射光和出射光之间的偏离角,必须满足两个条件:

① 入射光和出射光都必须是平行光。

② 待测角所在的平面必须与分光计的刻度盘平面平行,即入射光和出射光以及反射面(折射面)的法线都应与刻度盘平面平行,即与主轴垂直。

分光计的结构与调整都要满足这两个条件。分光计具有 4 个主要部件:平行光管、望远镜、载物台和读数装置(刻度盘和游标)。图 15 – 1 是分光计的结构图。

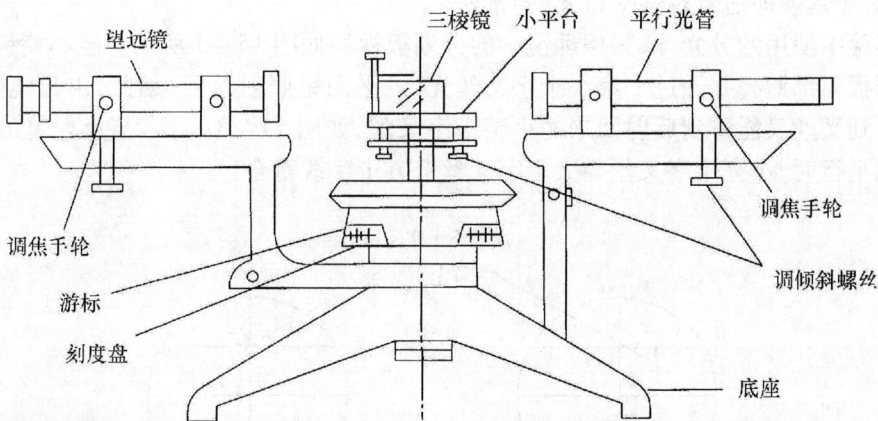

图 15 – 1　分光计结构示意图

下部为一三角底座,其中心有竖轴。轴上装有可绕轴转动的望远镜和载物台。在一个底脚的立柱上装有平行光管。它们都装有调节倾斜度的螺钉。为了读出望远镜转过的角度,还配有与望远镜连在一起的刻度盘。

下面分别介绍它们的构造和作用。

### 1. 望远镜

分光计的望远镜需要调节到适合观察平行光,所以一般都采用带有自准目镜的望远镜。其构造如图 15-2。

它是由物镜、目镜和分划板(上有叉丝)组成。它们分别装在三个套筒中,彼此可以相对移动,以便调节它们之间的距离。在目镜镜筒的下面开一小孔,小孔旁装有小灯,正对小孔装了一块全反射小棱镜,自小灯发出的光经小棱镜反射后,能照亮分划板下部,并且透光部分射出一束小十字叉丝的光,这样分划板上的叉丝可以用来确定物体经物镜所成的像的位置,而发光小十字可以作为一个发光体。

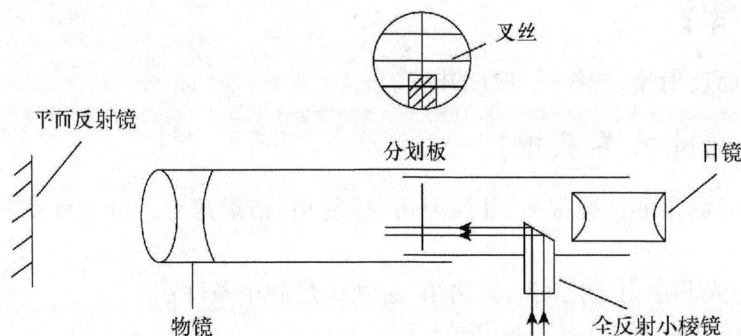

图 15-2 自准望远镜的结构

当叉丝位于物镜焦平面上时,发光小十字发出的光经过物镜后将成为平行光。若用一平面镜将此平行光反射回去,使之进入物镜,则在物镜的焦平面上将形成该发光小十字的实像,于是从目镜中可以同时观察到分划板上的叉丝和发光小十字的反射像。若两者之间无视差,此时望远镜即适合观察平行光(自准法)。

本实验中使用的分光计,其望远镜中的分划板视场如图 15-3 所示。经小棱镜反射的光线将分划板下部照亮并透过一束小十字叉丝光,经平面镜照射返回,因此,由目镜望去,视场中既能看到叉丝又能看到反射回来的小亮十字叉丝,如图 15-3(a)。当反射镜的法线与望远镜光轴平行时,小亮十字叉丝与大十字叉丝上方十字线重合。

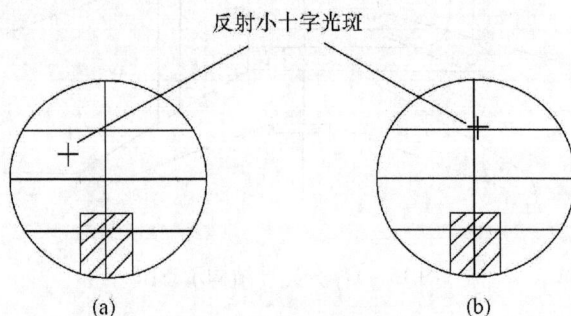

(a)　　　　　　　　　　　　(b)

图 15-3 自准法示意图

## 2. 平行光管

平行光管的构造如图 15-4 所示。圆筒的一端装有凸透镜(物镜);另一端装有一可伸缩的套筒,套筒末端有一精密狭缝。只要伸缩套筒把狭缝调到透镜的焦平面上,从狭缝发出的光经过透镜后就成为平行光了。狭缝的宽度可通过螺丝来调节,一般情况下不要随便拧动。调节时要特别小心,一定要在看清楚狭缝像(边缘非常清晰)的情况下,才允许调节缝宽(约 2mm 即可),否则可能使狭缝闭拢而使其严重损坏。

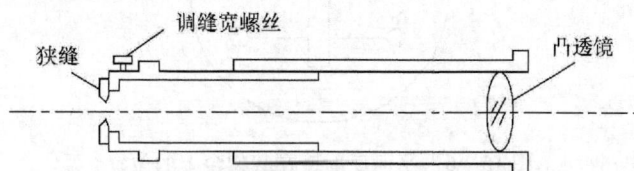

图 15-4  平行光管的结构

## 3. 载物台

载物台是用来放置待测件的小圆平台,台上有可夹持测件的簧片。平台下方有 3 个螺钉,可以调节台面的高度和倾斜度。载物台可绕主轴旋转和升降,根据需要也可与主轴固定在一起。

## 4. 读数装置

由刻度圆盘和游标组成。刻度圆盘分为 360°,最小刻度为半度(30′),小于半度则需用游标读数。游标上的 30 格与刻度盘上 29 格长度相等,故最小读数可达 1 分。读数方法按照游标原理。先读出刻度盘上的读数,再读游标读数。例如在图 15-5 所示的情况下,游标的 0 点是在 10°多一点的位置上,而游标上的第 1 分度恰好与刻度盘上某一刻度对齐,因此该读数为 10°1′。为了消除刻度盘的偏心差,在刻度盘同一直径的两端各装有一个游标。测量时,要用两个游标读数,再分别求出游标所示物的转角 $\varphi_I$、$\varphi_{II}$,它们的平均值 $\varphi = \dfrac{1}{2}(\varphi_I + \varphi_{II})$ 就是要测的转角了。

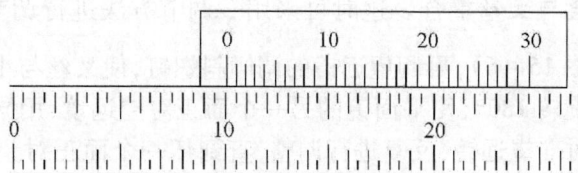

图 15-5  读数装置示意图

## 【实验内容】

### 1. 调整分光计

(1)熟悉结构

对照图 15-1 熟悉分光计各部分的具体结构,了解调节螺钉的作用。

(2)粗调

为了使调整工作能顺利进行,必须先用肉眼观察判断,进行粗调。

① 调节望远镜和平行光管的调倾斜螺钉,使其光轴大致与刻度盘平行(与主轴垂直)。

② 把平面反射镜放在载物台上,放置的位置如图 15 – 6 所示。调节螺钉 $S_1$ 或 $S_2$,使反射镜的法线大致与刻度盘平行。

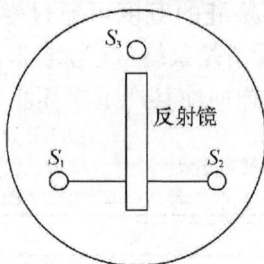

图 15 – 6　平面反射镜在载物台上的位置

（3）调节望远镜

① 使望远镜适合于观察平行光

a. 点亮照明小灯,伸缩目镜,改变目镜与叉丝间距离,直到看清叉丝。

b. 慢慢转动载物台,使反射镜面与望远镜大致垂直,从望远镜侧面观察,找到反射镜中从望远镜射来的反射小十字光斑像。且使此光斑大致与望远镜在同一高度。

c. 用望远镜目镜观察,微微转动载物台,若看到有一小十字光斑随之移动,则说明光线已返回望远镜中。

d. 伸缩目镜,调节物镜与叉丝之间的距离,使从目镜中能看清小十字光斑。并消除小十字光斑与叉丝的视差。此时,叉丝已位于物镜的焦平面上,即望远镜适合于观察平行光了。然后将目镜锁紧螺钉旋紧。

② 调节望远镜光轴与分光计主轴垂直

调整望远镜光轴上下位置调节螺钉,使反射回来的小十字光斑精确地成像在大十字叉丝上方十字线上。转动载物台使反射镜正、反两个表面分别正对望远镜,从目镜中观察由两个反射面反射回来的小十字光斑。由于此时望远镜光轴与分光计主轴尚未严格垂直,故两个小十字光斑一般不会与叉丝重合。这时可采用 $\frac{1}{2}$ 调节方法进行调节,即先调载物台下调倾斜螺钉 $S_1$ 或 $S_2$（见图 15 – 6）,再调望远镜的调倾斜螺钉,使叉丝与小十字光斑的间距缩小一半;之后,将载物台旋转 180°,使平面镜的另一个面正对望远镜,用同样的方法调节。如此利用平面镜的两个面对准望远镜,反复进行调整,直到任一个面正对望远镜时小十字光斑都与叉丝重合为止。

（4）调整平行光管

用前面已调好的望远镜作为标准来调节平行光管。

① 使平行光管发射平行光

a. 打开光源,照亮平行光管一端的狭缝,缝宽约 1～2mm,与纵叉丝平行。

b. 取下平面镜,使望远镜对准平行光管,观察狭缝像,同时调节狭缝与透镜之间距离,使从望远镜中看到的狭缝像的边缘清晰,并且与叉丝无视差。此时平行光管已发出平行光。

② 使平行光管光轴与分光计主轴垂直

调节平行光管的调倾斜螺钉,使狭缝的中点与望远镜的叉丝的中点重合。

**2. 测定三棱镜顶角**

（1）使三棱镜的两个光学面法线与分光计主轴垂直

为了测准三棱镜顶角，必须使三棱镜两个光学面（又叫折射面）的法线与分光计主轴垂直。为此，可用已调好的望远镜作为标准来进行调整（注意此时望远镜不能再调）。

① 将三棱镜按图 15 - 7 所示 3 种放置方法中的一种安放在载物台上。

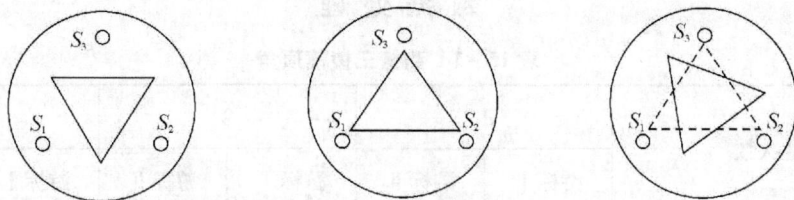

图 15 - 7　三棱镜在载物台上的放置方法

② 转动载物台，反复使三棱镜两个光学面对准望远镜，调节载物台下螺钉，直至由两个面分别反射回来的小十字光斑都与叉丝重合（注意：此时不能调望远镜下的调倾斜螺丝）。

（2）测量三棱镜顶角

本实验用反射法测三棱镜顶角，其光路图如图 15 - 8 所示。从平行光管出发的一束平行光，被三棱镜的两个光学面反射后形成两束光。只要测出这束反射光的夹角 $\varphi$，就可求出顶角 $A$。因为从几何关系可知，$A = \dfrac{1}{2}\varphi$。

注意：测量时应锁紧小平台和游标盘，用纵叉丝对准入射光的一侧，读数填入表 15 - 1。

**【注意事项】**

1. 注意三棱镜的位置要如图 15 - 8 所示，即应使三棱镜顶点靠近载物台中心，否则如图 15 - 9 所示，则反射光不能进入望远镜中。

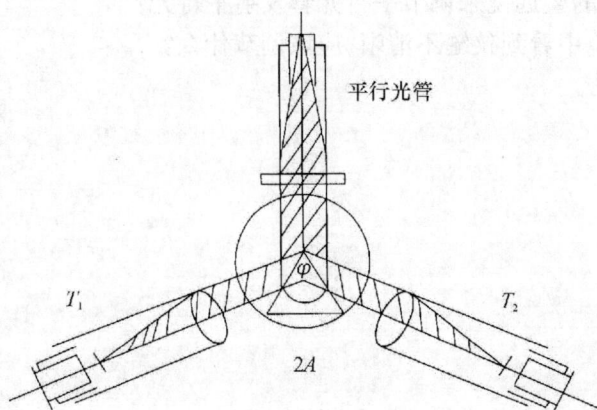

图 15 - 8　用反射法测三棱镜的顶角

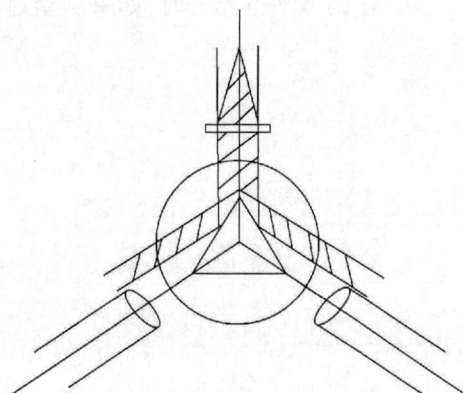

图 15 - 9　三棱镜位置安放不合适

2. 若望远镜从 $T_1$ 到 $T_2$ 经过刻度盘零点,则

$$\varphi = 360° - |T_1 - T_2|$$

附

# 数 据 处 理

表 15-1　测量三棱镜顶角

| 测量次数 | 1 | | 2 | | 3 | |
|---|---|---|---|---|---|---|
| | 游标 I | 游标 II | 游标 I | 游标 II | 游标 I | 游标 II |
| 第一位置 $T_1$ | | | | | | |
| 第二位置 $T_2$ | | | | | | |
| $\varphi = |T_1 - T_2|$ | | | | | | |
| $\varphi = \frac{1}{2}(\varphi_{\mathrm{I}} + \varphi_{\mathrm{II}})$ | | | | | | |

$$\varphi = \frac{1}{3}(\varphi_1 + \varphi_2 + \varphi_3)$$

顶角为:
$$A = \frac{1}{2}\varphi$$

【思考题】

1. 自准望远镜在结构上有什么特点? 怎样调节使它适合于观察平行光?
2. 为什么可利用适合于观察平行光的望远镜来调节平行光管发射平行光?
3. 在调节平行光管时,如果从望远镜中看到狭缝不清晰,应该调节什么?

# 实验十六　等厚干涉实验－牛顿环和劈尖

## 【实验目的】

1. 观察薄膜干涉现象——牛顿环,并掌握用牛顿环测透镜曲率半径的原理和方法。
2. 观察薄膜干涉现象——劈尖,并掌握用劈尖测薄膜厚度的原理和方法。
3. 学习测量显微镜及钠光灯的使用及维护方法。

## 【实验仪器】

牛顿环装置,劈尖,钠光灯,读数显微镜等。

## 【实验原理】

### 1. 牛顿环

产生牛顿环的装置是一个曲率半径很大的平凸透镜 $A$ 和一块平板玻璃 $B$ 组成的,如图 16－1 所示。由于 $A$ 玻璃凸面曲率半径很大,所以 $A$、$B$ 玻璃之间的空隙很薄,形成一个厚度随半径增大的空气层。当光线垂直照射时,从空气层上下二界面的反射光相遇后将发生干涉现象。在以接触点 $O$ 为中心的同一圆周上,空气层的厚度相等。根据等厚干涉原理,产生的干涉条纹是以接触点 $O$ 为中心的许多同心圆环,称为牛顿环,干涉环定域在凸表面上。

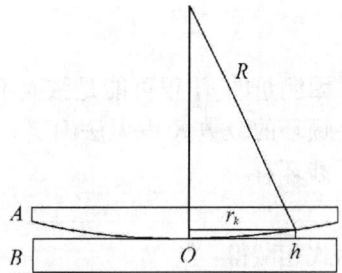

图 16－1　牛顿环装置

设形成牛顿环某处的空气层厚度为 $h$(图 16－1),因为球面曲率半径很大,所以两相干光的光程差为:

$$\delta = 2h + \frac{\lambda}{2} \tag{16-1}$$

即光程差只与厚度 $h$ 有关。式中 $\frac{\lambda}{2}$ 是光线由光疏介质进入光密介质在界面反射时,有半波损失而引起的附加光程差。

当 $\delta = 2h + \frac{\lambda}{2} = k\lambda$ 　($k = 1,2,3,\cdots$)时,为明环

$$h = \left(k - \frac{1}{2}\right)\frac{\lambda}{2} \tag{16-2a}$$

当 $\delta = 2h + \frac{\lambda}{2} = (2k+1)\frac{\lambda}{2}$ 　($k = 0,1,2,\cdots$)时,为暗环

$$h = k\frac{\lambda}{2} \tag{16-2b}$$

因此,空气层厚度不同,就产生不同级次的干涉条纹。若凸表面与平板玻璃接触,则接触处是暗斑。由图 16－1 可知:

$$r_k^2 = R^2 - (R - h)^2 = 2Rh - h^2$$

式中：$R$ 为平凸透镜的凸面曲率半径，$r_k$ 为第 $k$ 级牛顿环的半径；$h$ 是与第 $k$ 级牛顿环对应处的空气层厚度。因 $R \gg h$，故 $h^2$ 可忽略，于是

$$h = \frac{r_k^2}{2R}$$

将上式代入式(16-2b)的暗环公式中，有

$$r_k^2 = kR\lambda \quad (k = 0, 1, 2, \cdots) \tag{16-3}$$

故

$$R = \frac{r_k^2}{k\lambda}$$

由上式可知，如果入射的单色光源波长 $\lambda$ 已知，测出 $k$ 级暗环的半径 $r_k$，就可以算平凸透镜曲率半径 $R$；反之，如果已知 $R$，测出 $r_k$ 后，便可以算出单色光源的波长 $\lambda$。

由于球面与平面相接触处不是理想的点，所以牛顿环的圆心难以确定，因此牛顿环的半径也难以测准，通常是测定牛顿环的直径 $d_k$，因为 $d_k = 2r_k$，所以式(16-3)可改写为：

$$d_k^2 = 4kR\lambda$$

$$R = \frac{d_k^2}{4k\lambda} \tag{16-4}$$

又因测量的 $d_k$ 很可能是弦而不是直径，故用式(16-4)进行数据处理会产生一定误差，而且牛顿环的级数 $K$ 也无法确定。为了解决这些困难，再将式(16-4)作如下变换：对 $m$、$n$ 级的干涉环有

$$d_m^2 = 4mR\lambda \quad 和 \quad d_n^2 = 4nR\lambda$$

两式相减得：

$$d_m^2 - d_n^2 = 4(m-n)R\lambda$$

$$R = \frac{d_m^2 - d_n^2}{4(m-n)\lambda} \tag{16-5}$$

由式(16-5)可知，只需要确定所测各环的级数差 $m-n$，而不必知道各环的级数。此外，由图

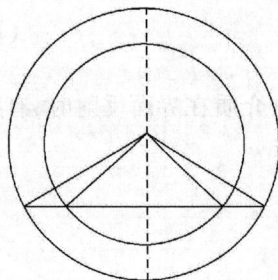

图 16-2　两同心圆环直径平方差
等于弦长的平方差

16-2 可知，两同心圆环的直径平方差等于弦的平方差，因此即使测出的是弦长而不是直径，对结果也没有影响，因而可以不必确定圆环的中心。这样就避免了在实验过程中所遇到的级次与圆环中心无法确定的两个困难。

又由式(16-5)可知，对于同一个牛顿环装置（$R$ 一定）、单色光源（$\lambda$ 一定），如果级数差也相同，则 $d_m^2 - d_n^2 =$ 常数，所以可依次测出各暗环的直径（或弦），计算出它们的平方后再用逐差法进行数据处理。这样既简化了测量步骤，又可以提高测量精度。

实际产生的牛顿环又细又密，只能在显微镜下才能进行观察和测量。读数显微镜（又称移测显微镜或测量显微镜）就是一种既能将待测物放大了进行观察又能对它进行测量的仪器（图 16-3）。它的放大作用与普通显微镜相似，不再赘述。它的测量作用是通过一个测微螺旋（又叫测微鼓轮）带动附有叉丝的显微镜平移来完成的。测量时，转动测微鼓轮，当目镜中的叉丝分别对准待测长度的两端点时，从读数标尺和鼓轮上读出相应的位置读数，两次读

数之差即为该物的长度。读数显微镜的读数方法与千分尺相同。为了使光线能从牛顿环装置的上方入射,如图 16 - 4 所示,在显微镜的物镜下方装了一块透光反射镜 $P$,通过它把从侧面来的光线反射到牛顿环装置,产生干涉之后的光线再透过 $P$ 而进入显微镜中。

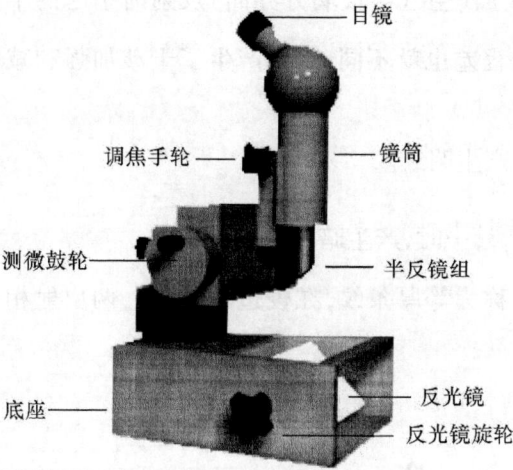

图 16 - 3　读数显微镜

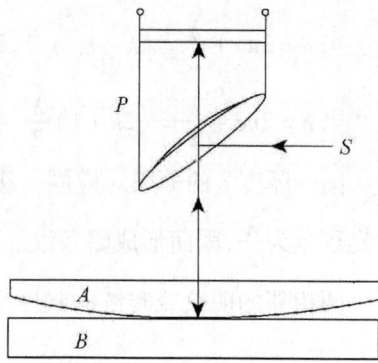

图 16 - 4　牛顿环光路图

## 2. 劈尖

在两块平面玻璃片的一端夹一薄片或细丝,另一端叠合,这时在两玻璃片之间形成的空气薄膜称为空气劈尖。当单色平行光垂直($i = 0$)入射于这个装置时,在空气劈尖($n_2 = 1$)的上下两表面所引起的反射光线将形成相干光,如图 16 - 5 所示。

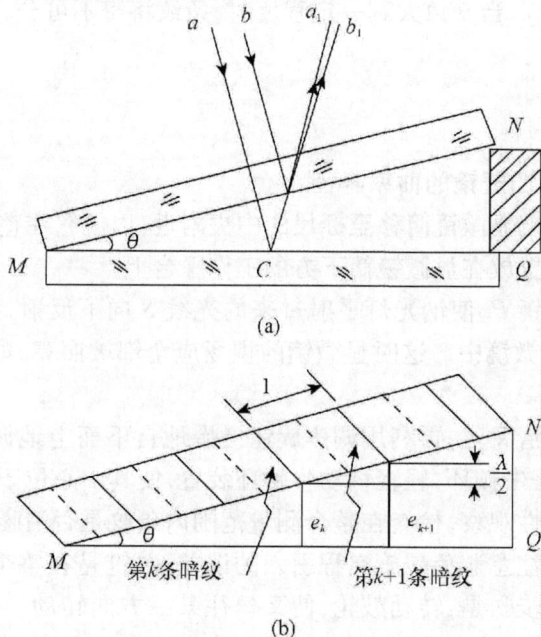

(a)

(b)

图 16 - 5　劈尖的干涉图

设在入射点处空气薄膜厚度为 $e$ ,则两束相干光在相遇点的光程差为

$$\delta = 2ne + \frac{\lambda}{2} \qquad (16-6)$$

式中, $n$ 为空气的折射率, $\frac{\lambda}{2}$ 是由于光波在下表面(空气与玻璃分界面)反射时引起的半波损失。由于劈尖薄膜各处的厚度 $e$ 不同,所以光程差也就不同,因此产生了干涉加强和减弱的现象。

当 $\delta = 2ne + \frac{\lambda}{2} = k\lambda \quad k = 1,2,3,\cdots$ 时,产生明纹。

当 $\delta = 2ne + \frac{\lambda}{2} = (2k+1)\frac{\lambda}{2} \quad k = 0,1,2,3,\cdots$ 时,产生暗纹。

同一厚度 $e$ 的薄膜对应同一级干涉条纹,称为等厚条纹,在棱边处 $e = 0$ ,两反射相干光的光程差为 $\frac{\lambda}{2}$ ,因而形成暗条纹。

两相邻的明纹或暗纹的膜厚差为:

$$\Delta e = e_{k+1} - e_k = \frac{\lambda}{2n} \qquad (16-7)$$

相邻两条明纹或暗纹之间的距离为:

$$l = \frac{\Delta e}{\sin\theta} = \frac{\lambda}{2n\sin\theta} \qquad (16-8)$$

由于 $\theta$ 很小,故 $\sin\theta \approx \theta$ ,所以上式可改写为: $l = \frac{\lambda}{2n\theta}$ 。

从上式表明,劈尖薄膜干涉条纹是等间距的,条纹间距 $l$ 与劈尖顶角 $\theta$ 有关 , $\theta$ 越大, $l$ 越小,也就是条纹越密 。当 $\theta$ 角大到一定程度时,条纹将密不可分,所以劈尖干涉条纹只能在 $\theta$ 很小时才能观察到 。

## 【实验内容】

### 1. 用牛顿环测量平凸透镜的曲率半径

(1)转动测微鼓轮把显微镜筒移至标尺的中央附近,以便它在整个测量过程中能自如地左右移动。把牛顿环装置放在显微镜筒下方的工作平台上。

(2)调节透光反射镜 $P$ ,使钠光灯平射过来的光线 $S$ 向下反射,投向牛顿环装置向上反射后再透过 $P$ 而进入显微镜中。这时显微镜的视场应全部被照亮,如果视场亮度不均匀,再调节 $P$ 使之亮度均匀。

(3)调节目镜到看清叉丝,再利用调焦旋钮慢慢地自下而上地调节显微镜筒,直到看清黄黑相间的条纹,这就是牛顿环,轻轻移动牛顿环装置,使其中心位于视场中部。

(4)旋转鼓轮作定性观察,检查在整个测量范围内条纹是否清晰,能否进行测量。

(5)正式测量时应注意避免螺旋空程引入的误差,关键是在整个测量过程中,鼓轮只许往一个方向转动。实测步骤是:转动鼓轮,使叉丝往某一方向转动。例如从干涉圆环中心往右移动,同时数出移过去的暗环数 $M$ ,中央暗斑可称作 $M = 0$ 。旁边的暗环依次是 $M = 1,2,3$ ,4, $\cdots$ 。当移至 $M = 55$ 时停止前进并反方向转动鼓轮(注意:这时空程产生,但测量是从第50

环开始,而空程却发生在50环以上,所以不会影响测量结果)。当叉丝交点压在第50暗环的中间时,记下标尺和鼓轮的读数(估读到千分之一毫米)。继续缓缓旋转鼓轮,依次测出 $M = 49,48,47,\cdots,41$ 及 $25,24,23,\cdots,16$ 各级暗环中心的位置。过中央暗斑而到另一边的第16环的中心时,又开始记录数据,即依次记下 $M = 16,17,18,\cdots,25$ 及 $41,42,43,\cdots,50$ 各暗环中心的位置。全部测量完毕。

**2. 用劈尖测量薄膜厚度**

(1) 调整方法与牛顿环类似。

(2) 测出任意30条暗纹的距离5次,求出平均值。

(3) 测出劈尖的棱边与薄膜的距离。

(4) 利用公式(16-7)和式(16-8)及相似三角形的关系,计算薄膜的厚度。

附

## 用牛顿环测量平凸透镜的曲率半径数据表格及处理

本实验中,要对 $d^2$ 进行逐差法处理。求出 $d_{i+25}^2 - d_i^2$ 的平均值,$R$ 透镜的曲率半径,并计算误差,写出实验结果。

**数据记录表格** （单位:mm）

| 环的级数 $m$ | | 50 | 49 | 48 | 47 | 46 | 45 | 44 | 43 | 42 | 41 |
|---|---|---|---|---|---|---|---|---|---|---|---|
| 环的位置 | 左 | | | | | | | | | | |
| | 右 | | | | | | | | | | |
| $d_m = \lvert 左 - 右 \rvert$（直径） | | | | | | | | | | | |
| 环的级数 $n$ | | 25 | 24 | 23 | 22 | 21 | 20 | 19 | 18 | 17 | 16 |
| 环的位置 | 左 | | | | | | | | | | |
| | 右 | | | | | | | | | | |
| $d_n = \lvert 左 - 右 \rvert$（直径） | | | | | | | | | | | |
| $d_m^2 - d_n^2$ | | | | | | | | | | | |
| $\lvert \Delta(d_m^2 - d_n^2) \rvert$ | | | | | | | | | | | |
| $\overline{R} =$ | | | $\Delta \overline{R} =$ | | | | $R = \overline{R} \pm \Delta \overline{R} =$ | | | | |

测量 $d_m$ 和 $d_n$ 时,由于仪器误差远小于测量误差,故在误差计算中不必考虑仪器误差。$\Delta(m-n)$ 为叉丝对准干涉条纹中心产生的对准误差,一般取 $\Delta m = \Delta n = 0.1$ 故 $\Delta(m-n) = 0.2$。$\Delta \lambda$ 为入射光波长的误差,实际上钠光包含 $\lambda_1 = 589.0$nm 和 $\lambda_2 = 589.6$nm 两个波长,我

们取平均波长 $\lambda = 589.3\text{nm}$ 进行计算,故 $\Delta\lambda = 0.3\text{nm}$。

## 【注意事项】

1. 使用读数显微镜测量时,为了避免螺旋空程引入的误差,整个测量过程中,只能一个方向转动鼓轮不可反转。因为在刚一反向时空程产生了,等转几圈后标尺的读数才变化。

2. 桌面要严格平稳,不能振动,显微镜不能摇晃,更不可数错圈数,否则要重数。

3. 由于暗纹比明纹容易找准,所以在实验中应测量暗纹。

4. 实验完毕,应将牛顿环装置上的 3 个螺钉松开,以免牛顿环变形。

## 【思考题】

1. 透光反射镜 $P$ 的作用如何?如何判断它是否已调好?

2. 使用测微螺旋进行测量时,怎样才能避免引入空程误差?

3. 透射光的牛顿环是如何形成的?如何观察?它与反射光的牛顿环在明暗上有何关系?为什么?

# 实验十七　光速的测量

## 【实验目的】

1. 测定光在空气中的传播速度。
2. 了解光的调制和差频的一般原理及基本技术。

## 【实验仪器】

光速测量仪一台,双踪示波器一台,连接导线若干。

## 【实验原理】

　　光速是一个重要而基本的物理常数,无论在经典物理还是现代物理中,许多物理量都与它有着直接或间接的关系:例如光谱学中的里德堡常数,电磁学中的真空电容率与真空磁导率的关系等都与光速相关。它的精确测定可以说在光学甚至于对整个物理学发展史都具有非比寻常的意义。由于光波的传播速度太快,频率高达 $10^{14}$Hz,本实验巧妙地采用差频检相法测量光速。通过实验可加深对光的传播速度的感性认识,同时了解调制和差频技术。

**1. 相位法测定调制波波长**

　　一单色光受频率为 $f_t$ 的正弦波调制,其在传播方向的强度表达式为:

$$I = I_0 \left[ 1 + m \cdot \cos 2\pi f_t \left( t - \frac{x}{c} \right) \right] \tag{17-1}$$

式中,$m$ 为调制度,$\cos 2\pi f_t \left( t - \dfrac{x}{c} \right)$ 表示光在传播的过程中,其强度的变化犹如一个频率为 $f_t$ 的正弦波以光速 $c$ 沿 $x$ 方向传播,我们称这个波为调制波。

　　从(17-1)式可以看出,调制波在传播过程中其相位是以 $2\pi$ 为周期变化的。设沿调制波传播方向上两点 $A$ 和 $B$ 的位置坐标分别为 $x_1$ 和 $x_2$,则两点间的调制波位相差满足:

$$\varphi_1 - \varphi_2 = \frac{2\pi}{\lambda_t}(x_2 - x_1) \tag{17-2}$$

因此,我们只要测量 $A$ 和 $B$ 两点之间的距离$(x_2 - x_1)$及相应的位相差$(\varphi_1 - \varphi_2)$,就可根据上式求得调制波的波长 $\lambda_t$:

$$\lambda_t = \frac{2\pi}{\varphi_1 - \varphi_2}(x_2 - x_1) \tag{17-3}$$

从而在已知调制波频率 $f_t$ 的前提下,可得光速:

$$C = f_t \cdot \lambda_t \tag{17-4}$$

本实验采用的调制波频率为 $100$MHz($10^8$Hz),要远小于可见光频率(约 $10^{14}$Hz 数量级),所以调制波波长 $\lambda_t$($10^0$m 数量级)比可见光波长大得多。因此,测量调制波波长要比直接测量可见光波长容易得多,且具有较高的实验精度。

**2. 差频法测位相**

　　从以上讨论可知,我们只要通过测量调制波位相差,即可测得光速。但本实验所用的调制波频率为 100MHz，对于目前大多数测相仪器来说。这个信号频率还是太高了。例如，通常使用的 BX21 型数字式位相计中的检相电路的开关时间约 40ns，而 100MHz 的被测信号周期只有 $T = 1/f = 10\text{ns}$，比测相电路的开关时间短，仪器根本无法响应。此外，在实际位相测量中，被测信号频率较高时，测相系统的稳定性、工作速度以及高频寄生效应造成的附加相移等因素都会直接影响测相精度。因此，为了测量高频被测信号的相位差，首先需设法降低其频率。差频法是一种将高频信号降为中、低频信号的有效方法，它简单易行，且差频前后，信号具有相同的位相差。下面简单证明这一点：

我们知道，将两频率不同的正弦波信号同时输入一个非线性元件（如二极管、三极管等）时，其输出端包含有这两个信号的差频成分。非线性元件对输入信号 $x$ 的响应可表示为：

$$y(x) = A_0 + A_1 x + A_2 x^2 + \cdots \tag{17-5}$$

忽略上式中的高次项（大于等于三次项），可得二次项的混频效应。设有两个相同频率，不同位相的高频信号

$$u_1 = U_{10}\cos(2\pi f \cdot t + \varphi_0) \tag{17-6}$$

和

$$u_2 = U_{20}\cos(2\pi f \cdot t + \varphi_0 + \varphi) \tag{17-7}$$

它们的位相差为 $\varphi$。现在引入一个本振高频信号

$$u' = U'_0\cos(2\pi f' \cdot t + \varphi_0') \tag{17-8}$$

使它分别与信号 $u_1$ 和 $u_2$ 叠加后输入非线性元件，得到输出量：

$$\begin{aligned}
y(u_1 + u') &\approx A_0 + A_1(u_1 + u') + A_2(u_1 + u')^2 \\
&= A_0 + A_1 u_1 + A_1 u' + A_2 u_1^2 + A_2 u'^2 + 2A_2 u_1 u'
\end{aligned} \tag{17-9}$$

将 (17-6)、(17-8) 式代入 (17-9) 式中的交叉项，可得：

$$\begin{aligned}
2A_2 u_1 u' &= 2U_{10}U'\cos(2\pi f \cdot t + \varphi_0)\cos(2\pi f' \cdot t + \varphi_0') \\
&= 2U_{10}U'\left\{\cos[2\pi(f+f') + (\varphi_0 + \varphi_0')] + \cos[2\pi(f-f') + (\varphi_0 - \varphi_0')]\right\}
\end{aligned} \tag{17-10}$$

同理，将 (17-7)、(17-8) 式代入 (17-9) 式中的交叉项，可得：

$$\begin{aligned}
2A_2 u_2 u' &= 2U_{20}U'\cos(2\pi f \cdot t + \varphi_0 + \varphi)\cos(2\pi f' \cdot t + \varphi_0') \\
&= 2U_{20}U'\left\{\cos[2\pi(f+f') + (\varphi_0 + \varphi_0') + \varphi] + \cos[2\pi(f-f') + (\varphi_0 - \varphi_0') + \varphi]\right\}
\end{aligned} \tag{17-11}$$

由上面的推导结果可以看出，当两个不同频率的正弦波信号叠加后作用于非线性元件，在输出信号成分中除了原来的两个基波和二次谐波外，还含有差频及和频信号。电子技术很容易将此差频信号从非线性元件的输出信号中分离出来，即

$$y_1 = 2U_{10}U'\cos[2\pi(f-f') + (\varphi_0 - \varphi_0')] \tag{17-12}$$

$$y_2 = 2U_{20}U'\cos[2\pi(f-f') + (\varphi_0 - \varphi_0') + \varphi] \tag{17-13}$$

由以上讨论可知，两个相同频率，且位相差为 $\varphi$ 的信号 $u_1$、$u_2$，分别与一本振信号 $u'$ 混频后，可得两个差频信号 (17-12)、(17-13) 式。比较 (17-12)、(17-13) 式可知，两差频信号的相位差仍然为 $\varphi$。问题得证。

实验工作原理如图 17-1 所示，由主控振荡器产生的 100MHz 调制信号经高频放大器放大后，一路用以驱动光源调制器，使光学发射系统发射经调制的光波信号。另一路与本机振

荡器产生的 99.545MHz 本振信号经混频器 1 混频,得到频率为 455kHz 的差频基准信号 $y_1$。调制光波信号在其传播方向上经反射器(该反射器可在刻有标尺的导轨上移动)反射,被光学接收系统接收。经光电转换和放大后,与本振信号经混频器 2 混频,同样得到频率为 455kHz 的差频被测信号 $y_2$。将基准信号 $y_1$ 和被测信号 $y_2$ 输入相位差仪。当反射器移动 $\Delta x$,则被测信号的光程改变 $2\Delta x$,基准信号和被测信号的位相差改变:

$$\Delta\varphi = \frac{2\pi}{\lambda_t} \cdot 2\Delta x \qquad (17-14)$$

本实验用数字式示波器作为相位差仪,当反射器移动 $\Delta x$ 时,在示波器可观察到被测信号波形移动。

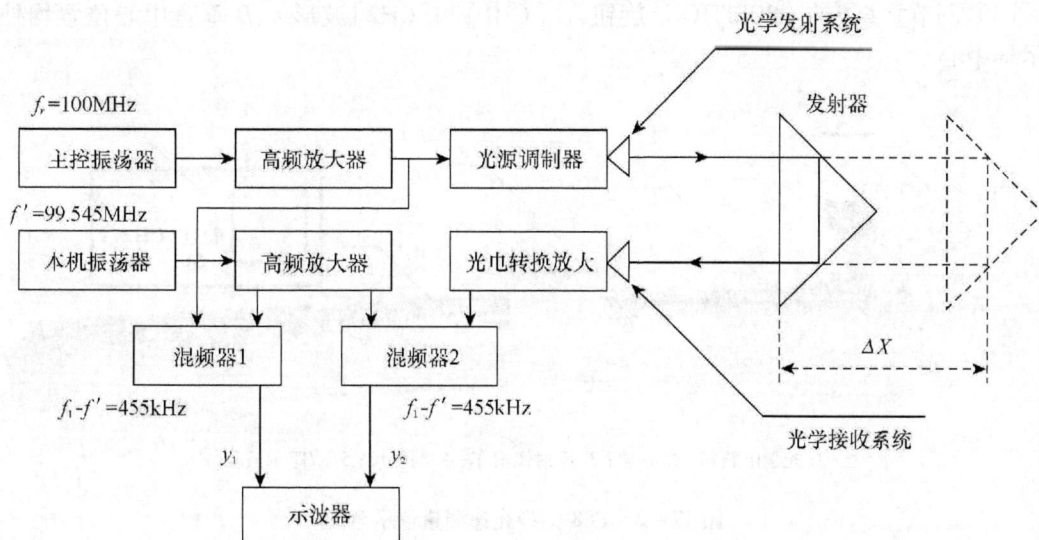

图 17-1 实验工作原理图

读出移动的距离 $\Delta t$,就可求得反射器移动 $\Delta x$ 引起的基准信号和被测信号的位相改变:

$$\Delta\varphi = 2\pi \frac{\Delta t}{T} \qquad (17-15)$$

其中 $T$ 为被测信号周期($1/455$kHz),也可在示波器上读得。因此联立(17-14)、(17-15)两式,可得调制波波长为:

$$\lambda_t = 2\Delta x \frac{T}{\Delta t} \qquad (17-16)$$

再代入(17-14)式即可求得光速。

## 【实验内容】

### 1. 连接仪器

如图 17-2 为 FB801 型光速测量仪示意图。本实验选用双踪示波器作为相位计,用以测量基准信号与被测信号之间的位相差。实验前,按图 17-3 所示,将光速测量仪的"基准信号"输出端 4 用 Q9 同轴线接到双踪示波器的 Y1(CH1)输入端,把"测相信号"输出端 7 用 Q9 同轴线接到双踪示波器的 Y2(CH2)输入端。

## 2. 准备实验

打开光速测定仪与双踪示波器的电源开关,让仪器预热 15~30 分钟。把示波器的亮度及聚焦调节到合适程度。并按以下步骤操作:

(1) 用示波器本身附带的标准信号($1kHz$,$0.5V_{p-p}$)对示波器进行校准,使示波器显示屏上显示的波形的电压值和周期与实际数值相对应。

(2) 按下垂直控制板(VERTICAL)中的[CH1]和[CH2]按键,示波器显示屏上会显示出"基准信号"和"测相信号"方波波形。

(3) 把[CH1]和[CH2]通道灵敏度调到 $2.00V/div$,扫描周期调节调节到 $0.5\mu s/div$,使显示屏上可以观察到大约两个周期的完整波形。

(4) 调节垂直控制(POSITION)旋钮,使[CH1]和[CH2]波形 $A$、$B$ 垂直中心位置均处于显示屏中心。

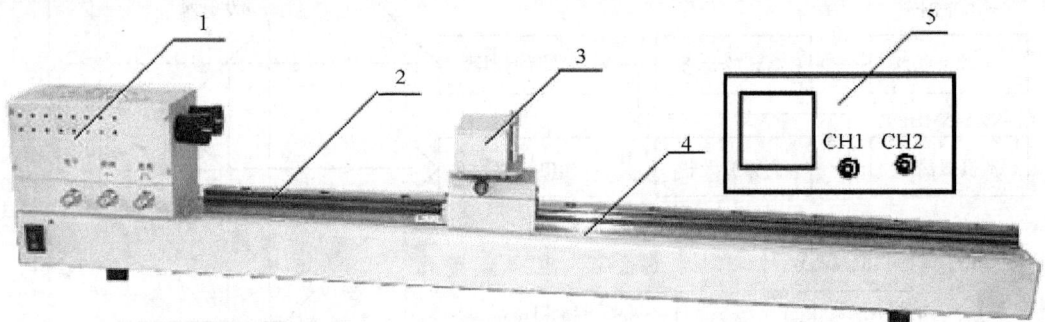

1. 光学电路箱;2. 导轨;3. 反射镜滑车;4. 刻度尺;5. 双踪示波器

图 17-2　FB801 型光速测量仪示意图

(5) 将光速测定仪的反射器放置在导轨上某一固定位置,光速测定仪对准反射器并利用棱镜小车上的水平及竖直微调旋钮使示波器上"波形 $A$"与"波形 $B$"清晰。

(6) 观察示波器上的波形是否稳定,即检验光速仪是否处于良好的工作状态。

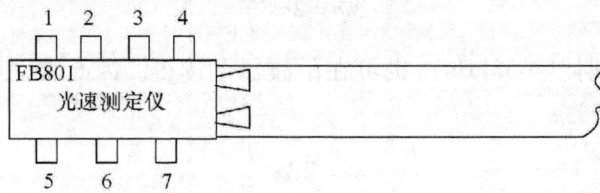

1. 测频率;2. 调制;3. 基准(正弦波);4. 基准(方波);5. 电平;6. 测相(正弦波);7. 测相(方波)

图 17-3　光速测量仪接线示意图

## 3. 测量数据

(1) 按照实验步骤,使示波器设置在上述状态,在示波器上观察波形 $A$(基准信号)和波形 $B$(被测信号),波形 $B$ 可随反射器移动而移动,容易与波形 $A$ 区分。

(2) 把基准波形 $A$ 的某一上升沿的中点对准示波器的标尺的某根垂直线,且与 $X$ 轴重合,波形 $A$ 的相邻上升沿的中点对准另一位置,读取该时间,就是信号波形的周期 $T = t_B - t_A$

（约为 $2.2\mu s$ ）。

（3）由于"基准信号"和"测相信号"波形、周期完全相同，为了方便，我们可以只测量波形 $B$：把反射器的位置放在 $x_0 = 5cm$ 处，移动波形 $B$，使其一上升沿的中点对准示波器的标尺某根垂直线，这一位置作为波形 $B$ 的起始点。

（4）再把反射器分别移至 25cm、30cm、35cm、40cm、45cm、50cm 处，分别读取示波器上波形 $B$ 的对应位置移动的时间值，逐个读取对应的 $\Delta t_i$ 值，记录在预先制作的表格内。

**附**

## 测量表格及测量结果

### 表 17－1　光速的测量

| | 1 | 2 | 3 | 4 | 5 | 6 | 7 |
|---|---|---|---|---|---|---|---|
| $x_i(10^{-2}m)$ | 5.00 | 25.00 | 30.00 | 35.00 | 40.00 | 45.00 | 50.00 |
| $\Delta x_i(10^{-2}m)$ | | | | | | | |
| $\Delta t_i(ns)$ | | | | | | | |
| $\lambda_i(m)$ | | | | | | | |

$$\lambda_i = 2\Delta X_i \frac{T}{\Delta t_i} =$$

$$\bar{\lambda} = \frac{1}{n}\sum_{i=1}^{n}\lambda_i =$$

$$c = f_t \cdot \bar{\lambda} =$$

相对误差：$E = \dfrac{|C - C_0|}{C_0} \times 100\% =$

**注**：本实验实际测得的是大气中光的传播速度 $C$，由于它与真空中的光速 $C_0$ 的差值远小于实验误差，故在计算相对误差时，近似用真空中的光速公认值代替大气中光速的真值。（ $C_0 = 2.998 \times 10^8 m/s$ ）

## 【注意事项】

1. 如果用数字式双踪示波器，由于其功能比较多，本实验只用其小部分功能，要掌握详细使用方法，需认真阅读仪器使用说明书。

2. 光速测定仪属于精密仪器，操作时用力要均匀，不可用力过猛。

3. 反射器表面有灰尘，可用擦镜纸轻轻擦去，不可用手摸光学面。

## 【思考题】

1. 通过实验观察，你认为波长测量的主要误差来源是什么？为提高测量精度需做哪些改进？

2. 本实验所测定的是频率 100MHz 的调制光波，能否把实验装置改成直接发射频率为 100MHz 的无线电波并对它的波长进行绝对测量？为什么？

# 实验十八　声速的测量

## 【实验目的】

1. 了解超声换能器的工作原理和功能。
2. 学习不同方法测定声速的原理和技术。
3. 熟悉测量仪和示波器的调节使用。
4. 测定声波在空气及水中的传播速度。

## 【实验仪器】

型声速测定实验仪，双踪示波器。

## 【实验原理】

声波是一种在弹性媒质中传播的机械波。声波在媒质中传播时，声速、声衰减等诸多参量都和媒质的特性与状态有关，通过测量这些声学量可以探知媒质的特性及状态变化。例如，通过测量声速可求出固体的弹性模量；气体、液体的比重、成分等参量。

在同一媒质中，声速基本与频率无关，例如在空气中，频率从 20Hz 变化到 80000Hz，声速变化不到万分之二。由于超声波具有波长短，易于定向发射，不会造成听觉污染等优点，我们通过测量超声波的速度来确定声速。超声波在医学诊断、无损检测、测距等方面都有广泛应用。

声速的测量方法可分为两类：

第一类方法是直接根据关系式 $v = \dfrac{S}{t}$，测出传播距离 $S$ 和所需时间 $t$ 后即可算出声速，称为"时差法"，这是工程应用中常用的方法。

第二类方法是利用波长频率关系式 $v = f \cdot \lambda$，测量出频率 $f$ 和波长 $\lambda$ 来计算出声速，测量波长时又可用"共振干涉法"或"相位比较法"，本实验用三种方法测量气体和液体中的声速。

### 1. 压电陶瓷换能器

压电材料受到与极化方向一致的应力 $F$ 时，在极化方向上会产生一定的电场，而它们之间有线性关系 $E = g \cdot F$。反之，当在压电材料的极化方向上加电压 $E$ 时，材料的伸缩形变 $S$ 与电压 $E$ 也有线性关系 $S = a \cdot E$，比例系数 $g$、$a$ 称为压电常数，它与材料性质有关。本实验采用压电陶瓷超声换能器将实验仪输出的正弦振荡电信号转换成超声振动。压电陶瓷片是换能器的工作物质，它是用多晶体结构的压电材料（如钛酸钡，锆钛酸铅等）在一定的温度下经极化处理制成的。在压电陶瓷片的前后表面粘贴上两块金属组成的夹心型振子，就构成了换能器。由于振子是以纵向长度的伸缩，直接带动头部金属作同样纵向长度伸缩，这样所发射的声波，方向性强，平面性好。每一只换能器都有其固有的谐振频率，换能器只有在其谐振频率，才能有效地发射（或接收）。实验时用一个换能器作为发射器，另一个作为接收器，两个换能器的表面互相平行，且谐振频率匹配。

### 2. 共振干涉（驻波）法测声速

到达接收器的声波，一部分被接收并在接收器电极上有电压输出，一部分被向发射器方向反射。由波的干涉理论可知,两列反向传播的同频率波干涉将形成驻波,驻波中振幅最大的点称为波腹,振幅最小的点称为波节,任何两个相邻波腹(或两个相邻波节)之间的距离都等于半个波长。改变两只换能器间的距离,同时用示波器监测接收器上的输出电压幅度变化,可观察到电压幅度随距离周期性的变化。记录下相邻两次出现最大电压数值时游标尺的读数。两读数之差的绝对值应等于声波波长的 $\frac{1}{2}$。已知声波频率并测出波长,即可计算声速。实际测量中为提高测量精度,可连续多次测量并用逐差法处理数据。

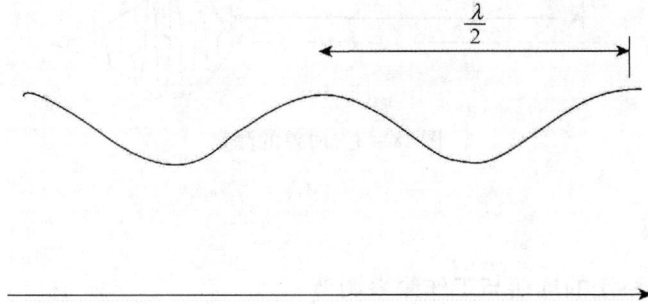

图 18-1  接收到的波形

### 3. 相位比较(行波)法测声速

当发射器与接收器之间距离为 $L$ 时,在发射器驱动正弦信号与接收器接收到的正弦信号之间将有相位差 $\Phi = \dfrac{2\pi L}{\lambda} = 2\pi n + \Delta\Phi$。

若将发射器驱动正弦信号与接收器接收到的正弦信号分别接到示波器的 $X$ 及 $Y$ 输入端,则相互垂直的同频率正弦波干涉,其合成轨迹称为李萨如图,如图 18-2 所示。

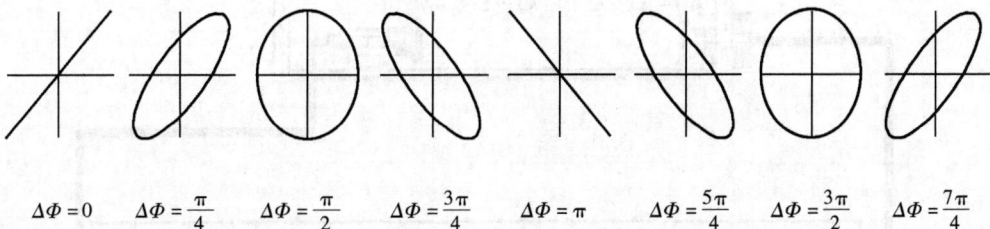

$\Delta\Phi = 0$ $\qquad$ $\Delta\Phi = \dfrac{\pi}{4}$ $\qquad$ $\Delta\Phi = \dfrac{\pi}{2}$ $\qquad$ $\Delta\Phi = \dfrac{3\pi}{4}$ $\qquad$ $\Delta\Phi = \pi$ $\qquad$ $\Delta\Phi = \dfrac{5\pi}{4}$ $\qquad$ $\Delta\Phi = \dfrac{3\pi}{2}$ $\qquad$ $\Delta\Phi = \dfrac{7\pi}{4}$

图 18-2  相位差不同时的李萨如图

当接收器和发射器的距离变化等于一个波长时,则发射与接收信号之间的相位差也正好变化一个周期(即 $\Delta\Phi = 2\pi$),相同的图形就会出现。反之,当准确观测相位差变化一个周期时接收器移动的距离,即可得出其对应声波的波长 $\lambda$,再根据声波的频率,即可求出声波的传播速度。

### 4. 时差法测量声速

若以脉冲调制正弦信号输入到发射器,使其发出脉冲声波,经时间 $t$ 后到达距离 $L$ 处的接收器。接收器接收到脉冲信号后,能量逐渐积累,振幅逐渐加大,脉冲信号过后,接收器作衰减振荡,如图 18-3 所示。$t$ 可由测量仪自动测量也可从示波器上读出。实验者测出 $L$ 后,

即可由 $V = \dfrac{L}{t}$ 计算声速。

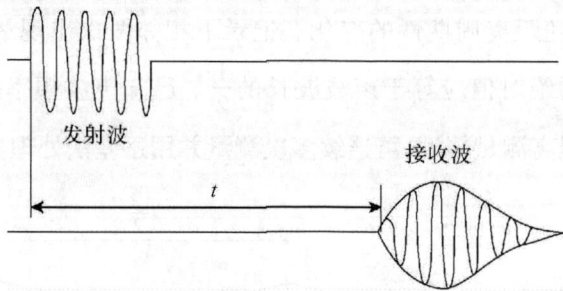

图 18 - 3  时差的测量

## 【实验内容】

### 1. 声速测定仪系统的连接与工作频率调节

（1）连接装配（如图 18 - 4 所示）。超声实验装置和声速测定仪信号源及双踪示波器之间的连接如下：

① 测试架上的换能器与声速测定信号源之间的连接：

信号源面板上的发射驱动端口（TR），用于输出一定频率的功率信号，请接至测试架左边的发射换能器（定子）；仪器面板上的接收换能器信号输入端口（RE），请连接到测试架右边的接收换能器（动子）。

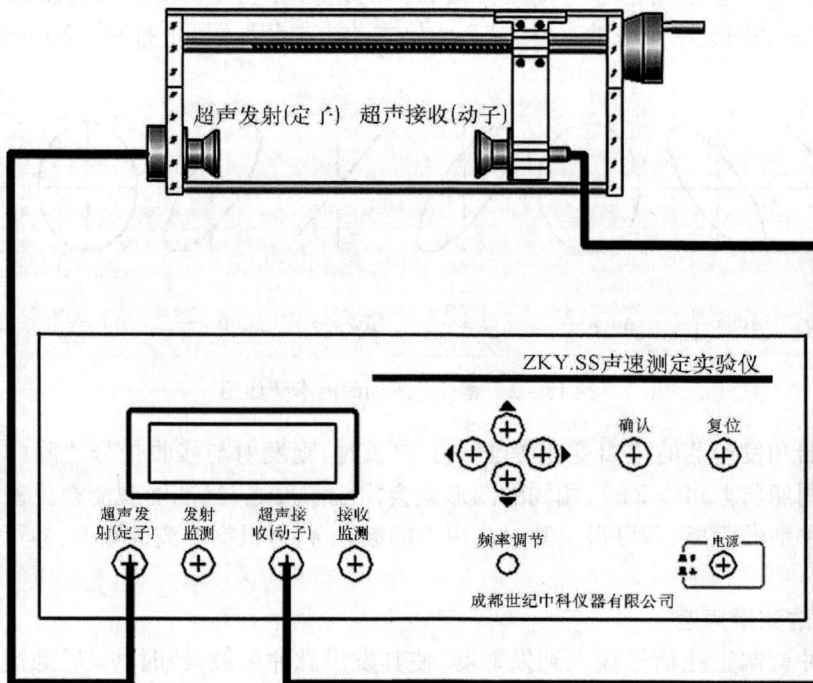

图 18 - 4  声速测定仪系统

② 示波器与声速测定信号源之间的连接：

信号源面板上的超声发射监测信号输出端口（MT）输出发射波形，请接至双踪示波器的 CH1（Y 通道），用于观察发射波形；仪器面板上的超声接收监测信号输出端口输出接收的波形，请接至双踪示波器的 CH2（X 通道），用于观察接收波形。

（2）在接通电源开机后，显示欢迎界面后，自动进入按键说明界面。按确认键后进入工作模式选择界面，可选择驱动信号为连续正弦波工作模式（共振干涉法与相位比较法）或脉冲波工作模式（时差法）；在工作模式选择界面中选择驱动信号为连续正弦波工作模式，在连续正弦波工作模式中是信号源工作预热 15 分钟。

（3）调节驱动信号频率到压电陶瓷换能器系统的最佳工作点。只有当发射换能器的发射面与接收换能器的接收面保持平行时才有较好的系统工作效果。为了得到较清晰的接收波形，还须将外加的驱动信号频率调节到发射换能器的谐振频率点处时，才能较好地进行声能与电能的相互转换，以得到较好的实验效果。

按照调节到压电陶瓷换能器谐振点处的信号频率估计一下示波器的扫描时基并进行调节，使在示波器上获得稳定波形。以目前使用的换能器的标称工作频率而言，时基选择在 $5 \sim 20 \mu s/div$ 会有较好的显示效果。

超声换能器工作状态的调节方法如下：在仪器预热 15 分钟并正常工作以后，首先自行约定超声换能器之间的距离变化范围，再变化范围内随意设定超声换能器之间的距离，然后调节声速测定仪信号源输出电压（$10 \sim 15 V_{pp}$ 之间），调整信号频率（在 $30 \sim 45 kHz$），观察频率调整时接收波形的电压幅度变化，在某一频率点处（$34 \sim 38 kHz$ 之间）电压幅度最大，这时稳定信号频率，再改变超声换能器之间的距离，改变距离的同时观察接收波形的电压幅度变化，记录接收波形电压幅度的最大值和频率值；再次改变超声换能器间的距离到适当选择位置，重复上述频率测定工作，共测多次，在多次测试数据中取接收波形电压幅度最大的信号频率作为压电陶瓷换能器系统的最佳工作频率点。

**2. 用共振干涉法测量空气中的声速**

按第一条的要求完成系统连接与调谐，并保持在实验过程中不改变调谐频率。将示波器设定在扫描工作状态，扫描速度约为 $10 \mu s/$格，信号输入通道输入调节旋钮约为 1V/格（根据实际情况有所不同），并将发射监测输出信号输入端设为触发信号端。

信号源选择连续波（Sine-Wave）模式，建议设定发射增益为 2 档、接收增益为 2 档。

摇动超声实验装置丝杆摇柄，在发射器与接收器距离为 5 厘米附近处，找到共振位置（振幅最大），作为第 1 个测量点。按数字游标尺的归零（ZERO）键，使该点位置为零（对于机械游标尺而言，以此时的标尺示值作始点）。摇动摇柄使接收器远离发射器，每到共振位置均记录位置读数，共记录 10 组数据于表 18 - 1 中。

接收器移动过程中若接收信号振幅变动较大影响测量，可调节示波器的通道增益旋钮，使波形显示大小合理。

**3. 用相位比较法测量空气中的声速**

按第一条的要求完成系统连接与调谐，并保持在实验过程中不改变调谐频率。信号源选择连续波（Sine-Wave）模式，建议设定发射增益为 2 档、接收增益为 2 档。

将示波器在设定 X - Y 工作状态。将信号源的发射监测输出信号接到示波器的 X 输入端，并设为触发信号，接收监测输出信号接到示波器的 Y 输入端，信号输入通道输入调节旋钮约为 1V/格(根据实际情况有所不同)。

在发射器与接收器距离为 5 厘米附近处,找到 $\Delta\Phi = 0$ 的点,作为第 1 个测量点。按数字游标尺的归零(ZERO)键,使该点位置为零(对于机械游标尺而言,以此时的标尺示值作始点)。摇动摇柄使接收器远离发射器,每到 $\Delta\Phi = 0$ 时均记录位置读数,共记录 10 组数据于表 18 - 2 中。

接收器移动过程中若接收信号振幅变动较大影响测量,可调节示波器 Y 通道增益旋钮,使波形显示大小合理。

### 4. 用相位比较法测量水中的声速

测量水中的声速时,将实验装置整体放入水槽中,槽中的水高于换能器顶 1 ~ 2 厘米。按第一条的要求完成系统连接与调谐,并保持在实验过程中不改变调谐频率。

信号源选择连续波(Sine-Wave)模式,设定发射增益为 0,接收增益调节为 0 档。将示波器在设定 X - Y 工作状态。将信号源的发射监测输出信号接到示波器的 X 输入端,并设为触发信号,接收监测输出信号接到示波器的 Y 输入端,信号输入通道输入调节旋钮约为 1V/格(根据实际情况有所不同)。

在发射器与接收器距离为 3 厘米附近处,找到 $\Delta\Phi = 0$(或 $\pi$)的点,作为第 1 个测量点。按数字游标尺的归零( ZERO )键,使该点位置为零(对于机械游标尺而言,以此时的标尺示值作始点)。摇动摇柄使接收器远离发射器,接收器移动过程中若接收信号振幅变动较大影响测量,可调节示波器 Y 衰减旋钮。由于水中声波长约为空气中的 5 倍,为缩短行程,可在 $\Delta\Phi = 0;\pi$ 处均进行测量,共记录 10 组数据于表 18 - 3 中。

### 5. 用时差法测量水中的声速

按第一条的要求完成系统连接与调谐,并保持在实验过程中不改变调谐率。

信号源选择脉冲波工作模式,设定发射增益为 2,接收增益调节为 2 档。将发射器与接收器距离为 3 厘米附近处,作为第 1 个测量点。按数字游标尺的归零(ZERO)键,使该点位置为零(对于机械游标尺而言,以此时的标尺示值作始点),并记录时差。摇动摇柄使接收器远离发射器,每隔 20 毫米记录位置与时差读数,共记录 10 点于表 18 - 4 中。

也可以用示波器观察输出与输入波形的相对关系。将示波器在设定扫描工作状态,扫描速度约为 0.2ms/格,发射信号输入通道调节为 1V/格,并设为触发信号,接收信号输入通道调节为 0.1V/格(根据实际情况有所不同)。

# 测量表格及测量结果

### 表 18-1 共振干涉法测量空气中的声速

谐振频率 $f_0 =$ kHz；温度 $T =$

| 测量次数 $i$ | 1 | 2 | 3 | 4 | 5 | |
|---|---|---|---|---|---|---|
| 位置 $L_i$(mm) | | | | | | |
| 测量次数 $i$ | 6 | 7 | 8 | 9 | 10 | $\lambda$（平均） |
| 位置 $L_i$(mm) | | | | | | |
| 波长 $\lambda_i$(mm) | | | | | | |

实验结论：$v_{实验} =$    $v_{理论} =$    误差 $E =$    %

### 表 18-2 相位比较法测量空气中的声速

谐振频率 $f_0 =$ kHz；温度 $T =$

| 测量次数 $i$ | 1 | 2 | 3 | 4 | 5 | |
|---|---|---|---|---|---|---|
| 位置 $L_i$(mm) | | | | | | |
| 测量次数 $i$ | 6 | 7 | 8 | 9 | 10 | $\lambda$（平均） |
| 位置 $L_i$(mm) | | | | | | |
| 波长 $\lambda_i$(mm) | | | | | | |

实验结论：$v_{实验} =$    $v_{理论} =$

相对误差：$E =$    %

### 表 18-3 共振干涉法测量水中的声速

谐振频率 $f_0 =$ kHz；温度 $T =$

| 测量次数 $i$ | 1 | 2 | 3 | 4 | 5 | |
|---|---|---|---|---|---|---|
| 位置 $L_i$(mm) | | | | | | |
| 测量次数 $i$ | 6 | 7 | 8 | 9 | 10 | $\lambda$（平均） |
| 位置 $L_i$(mm) | | | | | | |
| 波长 $\lambda_i$(mm) | | | | | | |

实验结论：$v_{实验} =$

**表 18－4　时差法测量水中的声速**

谐振频率 $f_0 =$　kHz;温度 $T =$

| 测量次数 $i$ | 1 | 2 | 3 | 4 | 5 | |
|---|---|---|---|---|---|---|
| 位置 $Li$(mm) | | | | | | |
| 测量次数 $i$ | 6 | 7 | 8 | 9 | 10 | $U_{平均}$ |
| 位置 $Li$(mm) | | | | | | |
| 波长 $\lambda_i$(mm) | | | | | | |
| 时刻 $t_i$(μs) | | | | | | |
| 速度 $v_i$(m/s) | | | | | | |

实验结论: $v_{实验} =$

# 第三章　综合性实验

综合性实验是指在同一个实验中涉及力学、热学、电磁学、光学、近代物理等多个知识领域，综合应用多种方法和技术的实验。为了巩固学生在基础性实验阶段的学习成果，开阔学生的眼界和思路，提高学生对实验方法和实验技术的综合运用能力。

## 实验十九　弯曲法测定杨氏模量及霍耳位置传感器的应用

### 【实验目的】

1. 学习用弯曲法测量杨氏模量。
2. 学习霍耳位置传感器原理以及传感器定标的方法。
3. 用定标后的霍耳位置传感器测量杨氏模量。
4. 用逐差法和线性回归法处理数据。

### 【实验仪器】

杨氏模量测量仪（含读数测量显微镜、带刀口的可调支座、带刀口的金属框、砝码、水平仪、待测金属等），霍耳位置传感器（霍耳位置传感器、磁铁），直流数字电压表。

### 【实验原理】

固体材料在外力作用下会发生弹性形变，材料抗形变的能力是用杨氏模量来表征的，用公式表示为

$$\frac{F}{S} = Y\frac{\Delta l}{l} \tag{19-1}$$

其中，比例系数 $Y$ 为杨氏模量；$F$ 为施加的外力；$S$ 为材料的横截面；$l$ 为材料的长度；$\Delta l$ 为形变量。

测量微小形变有多种方法，在本实验中综合使用了两种实验手段。

**1. 用弯曲法测量杨氏模量**

设梁是一根长为 $L$，厚度为 $h$，宽度为 $a$ 的矩形梁，两端自由地放在一对平行的刀口上，在梁的中央（两刀刃的中点处）挂上质量为 $m$ 的砝码。在梁的弹性限度内，如不计梁本身的重量，设梁上挂码处下降了 $\Delta z$（称为弛重量），在 $\Delta z \ll L$ 时。如图 19-1 所示，该梁材的杨氏模量 $Y$ 为

$$Y = \frac{L^3 mg}{4h^3 a\Delta z} \tag{19-2}$$

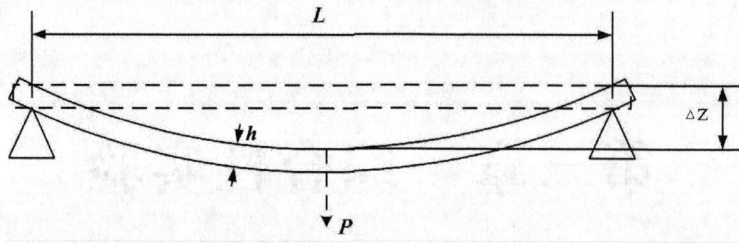

图 19 – 1 弯曲示意图

用测微目镜及目镜中的标尺直接读出弯曲位移量 $\Delta z$，即可测出杨氏模量。

## 2. 用霍耳位置传感器测量杨氏模量

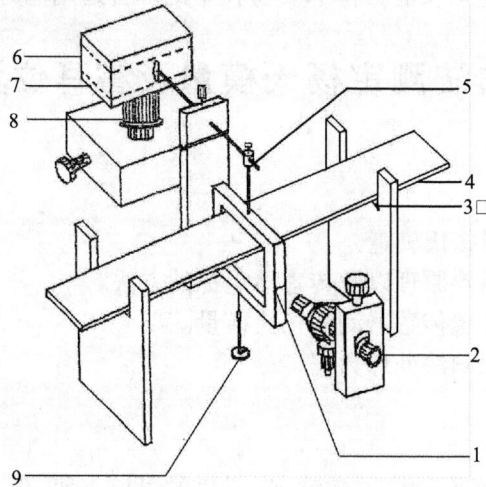

1. 金属框上的基线 2. 读数显微镜 3. 刀口 4. 横梁 5. 铜杠杆(顶端装有 95A 型集成霍耳传感器)
6. 磁铁盒 7. 磁铁(N 极相对放置) 8. 三维调节架 9. 砝码

图 19 – 2 用霍耳位置传感器测量杨氏模量测量仪

根据霍耳效应的基本公式

$$U_H = KIB \tag{19 – 3}$$

霍耳电压 $U_H$ 与磁感应强度 $B$ 成正比、与霍耳电流 $I$ 成正比。

在本实验中是由两个同极($N$)相对的磁铁形成的磁场，这不是一个匀强磁场，在磁场中心区域磁感应强度为零。越靠近磁极磁场越强，所以霍耳电压随着传感器位置的移动而变化

$$\Delta U_H = KI \frac{\mathrm{d}B}{\mathrm{d}z} \Delta z \tag{19 – 4}$$

在靠近零区域的范围是一个均匀梯度场，因为梯度场是均匀的，因而可以将 $\frac{\mathrm{d}B}{\mathrm{d}z}$ 看成常数，由

公式可知 $\Delta U_H$ 与 $\Delta z$ 呈线性关系。设 $C = KI \frac{\mathrm{d}B}{\mathrm{d}z}$，则

$$\Delta U_H = C \Delta z \tag{19 – 5}$$

常数 $c$ 称作霍耳位置传感器的灵敏度。如果知道了灵敏度 $C$，就可以通过霍耳位置传感器实

现微小位移和电压的转换。由(19-2)式,杨氏模量的表达式可以写成

$$Y = \frac{L^3 mg}{4h^3 a \Delta U} C \qquad (19-6)$$

$\Delta U$ 为所挂砝码为 $m$ 时霍耳电压的变化。

## 【实验内容】

### 一、用弯曲法测量杨氏模量

1. 用米尺测量铜质横梁两刀口间的长度 $L$,卡尺测量横梁宽度 $a$,千分尺测量横梁厚度 $h$。

2. 将待测横梁放在两支座上端的刀口上,套上金属框并使刀刃刚好在仪器两刀口的中间。

3. 将水准泡放在梁上,用支座下底可调底脚调节,直至梁处于水平位置。

4. 调节读数测量显微镜的上下和左右位置,使镜筒轴线正对金属框上的横线。调节显微镜目镜,使之看清楚镜筒内的十字线。前后移动显微镜,直到从镜中看清晰横线的边缘,再进行微调,使显微镜的十字线与横线的某一边缘重合无视差。这时,从显微镜上读出其位置。

5. 在砝码盘上依次加砝码,共加 8 次,每次加砝码重为 10g。

6. 按相反的次序,依次减去砝码,并读出梁边缘的位移量,数据记录入表 19-3。

7. 将所测量出的数据带入式(19-1),即可求出该待测横梁的杨氏模量 $Y$。为减小测量误差,除多次测量取平均值外,可用逐差法处理数据。还可以 $mg$ 为横坐标,以 $z$ 为纵坐标作图。由曲线的斜率 $K$ 求出杨氏模量 $Y(K = \frac{L^3}{4Yah^3})$。

钢卷尺测量两刀口间距: $L = \quad \pm \quad$ cm

**表 19-1　用卡尺测量横梁宽度(黄铜)**

卡尺最小刻度:

| $a_i$ | | | | | | $\bar{a} =$ |
|---|---|---|---|---|---|---|
| $\Delta a_i$ | | | | | | $\overline{\Delta a} =$ |

结果: $a = \quad \pm \quad$ (mm)

**表 19-2　用千分尺测量横梁厚度(黄铜)**

千分尺最小刻度:0.01mm;零点误差:_____ mm

| $h_i$ | | | | | | $\bar{h} =$ |
|---|---|---|---|---|---|---|
| $\Delta h_i$ | | | | | | $\overline{\Delta h} =$ |

结果: $h = \quad \pm \quad$ mm

**表 19 - 3  用弯曲法测量杨氏模量**

| $i$ | | 0 | 1 | 2 | 3 | 4 | 5 | 6 | 7 | 8 |
|---|---|---|---|---|---|---|---|---|---|---|
| 砝码质量 $m_i$ ( g) | | 0 | 10 | 20 | 30 | 40 | 50 | 60 | 70 | 80 |
| $z_i$ ( mm) | 加砝码 | | | | | | | | | |
| | 减砝码 | | | | | | | | | |
| $z_i$ 平均 | | | | | | | | | | |
| $z_i - z_0$ ( mm) | | | | | | | | | | |

注:黄铜杨氏模量公认值   $Y_{铜} = 1.003 \times 10^{11} \text{N/m}^2$

## 二、用霍耳位置传感器测量杨氏模量

**1. 仪器调整**

(1)用水准器观察是否在水平位置,若偏离时可用底座螺丝调节到水平位置。

(2)霍耳元件的调整:按照仪器图连线,开机预热 10 分钟。调整磁铁的高度,使得霍耳元件处在最小磁场位置,用调零电位器作细微调节,使电压表指示为零。

(3)读数显微镜的调整:调目镜焦距使得十字叉丝、标尺清晰;然后移动读数显微镜前后距离,使能清晰看到金属框上的基线。转动读数显微镜的鼓轮,使金属框上的基线与读数显微镜内十字刻度线吻合,记下初始读数值。

**2. 霍耳位置传感器的定标**

每次加 10g 砝码,用目镜标尺读出横弯曲位移量 $Z_i$,同时记录霍耳电压的值 $U_i$。

**表 19 - 4  霍耳位置传感器的定标**

| 砝码质量 $m_i$ ( g) | 0 | 10 | 20 | 30 | 40 | 50 | 60 | 70 | 80 |
|---|---|---|---|---|---|---|---|---|---|
| $U_i$ ( mV) | | | | | | | | | |
| $z_i$ ( mm) | | | | | | | | | |
| $\Delta z_i = z_i - z_0$ | | | | | | | | | |

对 $U_i$ 和 $\Delta z_i$ 进行最小二乘法得:直线的截距 $A =$      ;斜率 $K =$      ;相关系数 $r =$      。由公式(19 -5)霍耳传感器的灵敏度 $C =$      。

**3. 用定标后的霍耳位置传感器测量可锻铸铁的杨氏模量**

(1)逐次增加砝码 $m_i$ ( g),相应读出数字电压表读数值。

**表 19 - 5  霍耳位置传感器的霍耳电压( 铸铁)**

| $m_i$ ( g) | 10 | 20 | 30 | 40 | 50 | 60 | 70 | 80 |
|---|---|---|---|---|---|---|---|---|
| $U_i$ ( mV) | | | | | | | | |

(2)将上述定标数据作逐差法得：

表 19 - 6　逐差法(铸铁)

| $\Delta m = m_{i+4} - m_i(\mathrm{g})$ | 40 | 40 | 40 | 40 | 40 | $\Delta m = 40(\mathrm{g})$ |
|---|---|---|---|---|---|---|
| $\Delta U_i = U_{i+4} - U_i(\mathrm{mV})$ | | | | | | $\overline{\Delta U} = \quad (\mathrm{mV})$ |

（3）米尺测量铁质横梁两刀口间的长度，卡尺测量横梁宽度，千分尺测量横梁厚度，钢卷尺测量两刀口间距。

（4）根据杨氏模量公式

$$Y = \frac{L^3 \Delta m g}{4h^3 a \Delta U} C \qquad\qquad (19 - 7)$$

计算铸铁的杨氏模量及不确定度。

注：铸铁杨氏模量公认值　$Y = 1.518 \times 10^{11} \mathrm{N/m^2}$

## 【注意事项】

1. 用千分尺测量待测样品厚度必须不同位置多点测量取平均值。测量黄铜样品时，因黄铜比钢软，旋紧千分尺时，用力要适度，不宜过猛。

2. 用读数显微镜测量砝码的金属框上的基线位置时，金属框不能晃动。

## 【思考题】

1. 弯曲法测杨氏模量实验，主要测量误差有哪些？

2. 用霍耳位置传感器法测位移有什么优点？

### 附

## 弯曲形变中的杨氏模量公式的推导

下面推导式(19 - 2)，图 19 - 3 为梁的纵断面的一部分，在相距 $\mathrm{d}x$ 的 $AB$ 两点上的横断面，弯曲后成一小角度 $\mathrm{d}\theta$，显然梁的上半部分为压缩状态，下半部为拉伸状态。而中间层尽管弯曲但长度不变。

设距中间层为 $y$、厚度为 $\mathrm{d}y$，形变前长度为 $\mathrm{d}x$ 的一段，弯曲后伸长量为 $y\mathrm{d}\theta$，它所受拉力为 $\mathrm{d}F$。根据胡克定律有

$$\frac{\mathrm{d}F}{\mathrm{d}s} = Y \frac{y\mathrm{d}\theta}{\mathrm{d}x}$$

式中，$\mathrm{d}s$ 表示形变层的横截面积，即 $\mathrm{d}s = a\mathrm{d}y$，于是

$$\mathrm{d}F = Ya \frac{\mathrm{d}\theta}{\mathrm{d}x} y\mathrm{d}y$$

此力对中间层的转矩为 $\mathrm{d}M = y\mathrm{d}F$，即

$$\mathrm{d}M = Ya \frac{\mathrm{d}\theta}{\mathrm{d}x} y^2\mathrm{d}y$$

而整个横断面的转矩 $M$ 为

$$M = \int_0^{\frac{h}{2}} \mathrm{d}M = 2\frac{\mathrm{d}\theta}{\mathrm{d}x}\int_0^{\frac{h}{2}} y^2 \mathrm{d}y = \frac{1}{12}Yh^3a\frac{\mathrm{d}\theta}{\mathrm{d}x} \qquad (19-8)$$

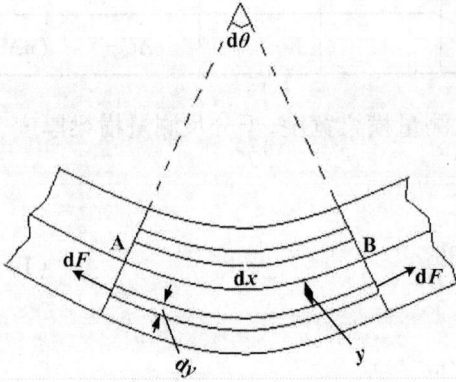

图 19-3 金属压缩拉伸示意图

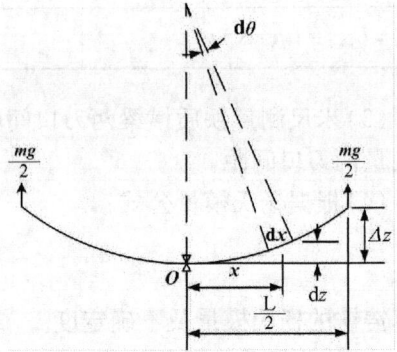

图 19-4 弯曲梁受力分析图

若将梁的中点 $O$ 固定,在 $O$ 点两侧各为 $L/2$ 处,分别施以向上的力(图 19-4),则梁的弯曲程度应当同图 19-3 所示的完全一致。

梁上距中点 $O$ 为 $x$,长为 $\mathrm{d}x$ 的一段,由弯曲而下降的 $\mathrm{d}z$ 等于

$$\mathrm{d}z = \left(\frac{L}{2}-x\right)\mathrm{d}\theta \qquad (19-9)$$

当梁平衡时,外力 $mg/2$ 在 $\mathrm{d}x$ 处产生的力矩应当等于由式(19-8)求出的 $M$,即

$$\frac{1}{2}mg\left(\frac{L}{2}-x\right) = \frac{1}{12}Yh^3a\frac{\mathrm{d}\theta}{\mathrm{d}x}$$

由此式求出 $\mathrm{d}\theta$ 代入式(19-9)中并积分,求出弛重量,即

$$\Delta z = \frac{6mg}{Yah^3}\int_0^{\frac{L}{2}}\left(\frac{L}{2}-x\right)^2\mathrm{d}x = \frac{mgL^3}{4Yah^3} \qquad (19-10)$$

即

$$Y = \frac{mgL^3}{4ah^3\Delta z}$$

# 实验二十　迈克尔孙干涉仪的工作原理及使用

## 【实验目的】

1. 学会迈克尔孙干涉仪的调节与使用。
2. 利用非定域干涉条纹测波长。

## 【实验仪器】

迈克尔孙干涉仪,He – Ne 激光器,磨砂玻璃片,光阑,短焦距透镜。

## 【实验原理】

迈克尔孙是美国历史上第一位获诺贝尔物理学奖的自然科学家。他在一生的研究中,巧妙地应用干涉仪取得了多项丰硕的成果。迈克尔孙干涉仪,就是迈克尔孙与其合作者莫雷在 1883 年为研究和检验"以太漂移"的理论,在原有的基础上根据需要而创新设计的精密光学仪器。利用迈克尔孙干涉仪的原理,人们制造了各种专用干涉仪,这些仪器广泛应用在近代物理和计量技术等领域。

### 1. 迈克尔孙干涉仪的构造和原理

迈克尔孙干涉仪是利用半透膜分光板的反射和透射,将来自同一光源的光线分成两束相干光以实现干涉的仪器,其整体结构如图 20 – 1。图 20 – 2 为迈克尔孙干涉仪光路图。

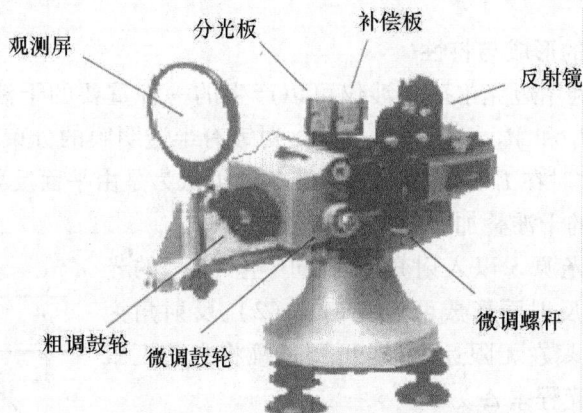

图 20 – 1　迈克尔孙干涉仪结构图

在图 20 – 2 中,$G_1$ 为一背面有半反射膜(半透膜)的平行平面玻璃板,它与仪器导轨成 45°角。来自光源 $S$ 的光线照射在 $G_1$ 上,入射光就被分成为振幅近于相等的 1、2 两束光。因此,$G_1$ 称为分光板。透射光束 1 垂直地照射到平面反射镜 $M_1$ 上,反射后沿原路回到分光板 $G_1$,其中部分光线被 $G_1$ 反射到观测系统 $E$;反射光束 2 垂直照射于 $M_2$ 再反射回分光板,其中一部分光线穿过分光板后也射到 $E$ 上。由于这两束光为相干光,所以当观测系统对干涉场调焦时,即可看到干涉条纹。若以 $M'_1$(图 20 – 2)表示 $M_1$ 在分光板中的像,则我们看到的干

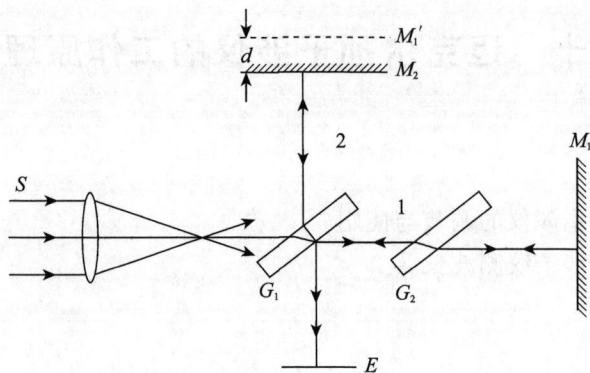

图 20 - 2　迈克尔孙干涉仪光路示意图

涉条纹,就可看作是 $M'_1$ 和 $M_2$ 反射光束干涉的结果。而 $M'_1$ 和 $M_2$ 又相当于一个"空气膜"的两个表面。因此,迈克尔孙干涉仪的干涉原理实际上与薄膜干涉相类似。

平行于 $G_1$ 有另一平行平面玻璃板 $G_2$,其材料、厚度和 $G_1$ 完全相同,称为补偿板,用来保证光束 1 和光束 2 同样三次穿过玻璃板,以补偿两束光由于穿过分光板产生的光程差。反射镜 $M_1$ 固定在导轨的一侧,$M_2$ 安装在滑块上,导轨内装有精密丝杠,转动粗调鼓轮或微调鼓轮(见图 20 - 1),$M_2$ 即可随滑块一起沿导轨前后移动。$M_2$ 的相应位置,可由导轨侧面的毫米刻度尺、鼓轮刻度盘的读数(最小刻度为 0.01mm)和微调鼓轮刻度盘的读数(最小刻度为 0.0001mm)读出。$M_1$、$M_2$ 的镜架背面,各有 3 个调节螺钉,用以调节反射镜的倾斜方向,$M_1$ 镜架下面还装有两个方向互相垂直的微调螺杆,用以精调 $M_1$ 的倾斜方向。

**2. 等倾干涉条纹的形成与特性**

等倾干涉条纹是利用迈克尔孙干涉仪可以产生的一种重要的干涉现象。在图(20 - 2)中,如果平面反射镜 $M_1$ 和 $M_2$ 相互垂直,则 $M_1$ 对镀有半透明膜的分束板 $G_1$ 形成的虚像 $M'_1$ 就与 $M_2$ 相互平行。这时在 $E$ 处观察到的干涉条纹可认为是由平面反射镜 $M_2$ 和虚像平面反射镜 $M'_1$ 所反射的光的干涉叠加而成的。

如图 20 - 3 发自光源 $S$ 以入射角 $\varphi$ 射向"空气膜"的光线,分别被 $M'_1$ 与 $M_2$ 反射而形成两束光(1)、(2),反射角为 $\varphi$。(1)、(2)两光束汇聚在无限远处(也可用透镜将它们汇聚于焦平面),两者间的光程差 $\Delta$ 为:

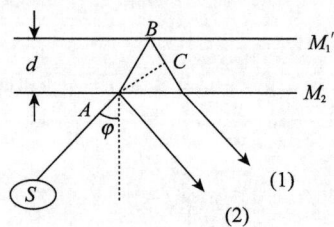

图 20 - 3　等倾干涉

$$\Delta = AB + BC = \frac{d}{\cos\varphi} + \frac{d}{\cos\varphi} \cdot \cos(2\varphi)$$

$$= \frac{d}{\cos\varphi}(1 + 2\cos^2\varphi - 1) = 2d\cos\varphi$$

式中,$d$ 为 $M_2$ 和 $M'_1$ 之间的距离,$\varphi$ 为入射光束的入射角。

根据光的干涉条件,当

— 132 —

$$2d\cos\varphi_k = \pm \begin{cases} k\lambda & (k = 1,2,\cdots) & \text{亮纹} \\ (2k+1)\dfrac{\lambda}{2} & (k = 1,2,\cdots) & \text{暗纹} \end{cases} \qquad (20-2)$$

由上式可知,当 $d$ 一定时,光程差 $\Delta$ 只取决于入射角 $\varphi_k$。具有相同入射角的光线,光程差相同,因而干涉情况相同,因此入射角相同的所有光线将形成同一条干涉条纹,这样的干涉条纹叫做等倾干涉条纹。若 $M_1$ 和 $M_2$ 相互垂直,在观察处得到的是一组明暗相间的、同心圆环状的等倾干涉条纹。由于 $\varphi$ 越小,$\cos\varphi$ 就越大,相应的光程差也就越大,因而对应的等倾干涉条纹的级数也越大。特别在 $\varphi = 0$ 时,光程差 $\Delta$ 最大,即同心圆环状的干涉环条纹在环心处的条纹级次最高,越向边缘的条纹则级次越低。

当 $M_2$ 向 $M'_1$ 靠近,即距离 $d$ 减小时,干涉圆环中心级次将降低,条纹沿半径向内移动,这时可看到环心"吞进"一个个圆环;反之,当 $M_2$ 离开 $M'_1$,即距离 $d$ 增大时,条纹沿半径向外移动,这时环心就"吐出"一个个圆环。由明条纹干涉条件可知,当干涉中心为明环时,$\Delta = 2d = k\lambda$,则 $2 \cdot \Delta d = \lambda \cdot \Delta k$。当环心"吞进"或"吐出"一个圆环时,$\Delta k = 1$,相应的 $\Delta d = \dfrac{\lambda}{2}$。也就是说,每当 $M_2$ 与 $M'_1$ 之间的距离 $d$ 减小一个 $\dfrac{\lambda}{2}$,干涉条纹就在中心处"吞进"一个圆环;反之,每当 $M_2$ 与 $M'_1$ 之间的距离 $d$ 增加一个 $\dfrac{\lambda}{2}$,干涉条纹就在中心处"吐出"一个圆环。

若 $M_2$ 移动了 $\Delta d$ 距离后,干涉条纹在中心处"吞进"或"吐出" $N$ 个圆环干涉条纹,则

$$\Delta d = N\frac{\lambda}{2} \qquad (20-3)$$

由上式可知,只要测量出平面反射镜 $M_1$ 移动的距离 $\Delta d$,同时数出相应的"吞进"或"吐出"的圆环干涉条纹数目 $N$,则就可以精确测出入射光波的波长。

## 【实验内容】

### 1. 迈克尔孙干涉仪的调整

(1)先调底脚螺钉使迈克尔孙干涉仪水平,再调节 $M_2$ 使其处于干涉仪主尺的 30 ~ 35mm 处,并使 $M_1$ 与 $M_2$ 到 $G_1$ 的距离大致相等。

(2)打开激光器,调节其高度与位置,在光源和干涉仪之间放一小孔光栏,使光束穿过小孔射在分光板的中央部位。这时可在小孔周围的光栏屏上看到 $M_1$ 和 $M_2$ 反射回的两组光点,如果这两组光没有重合,则表明 $M_1$ 和 $M_2$ 尚未严格垂直。再进一步调节 $M_1$ 或 $M_2$ 镜架后的螺钉,使两组反射光点重合,然后调节入射光束的方向或干涉仪(整体)的方向,使上述重合了的反射光点组中的最亮的一个光点进入光栏的小孔,这时表明入射光束已和 $M_1$ 垂直,在 $E$ 处的视场中可以看到干涉条纹。

### 2. 测定激光波长

(1)在前面步骤的基础上,将扩束镜放在激光器前,并与激光器共轴,从而把激光束会聚到分束板 $G_1$ 上,这时在 $E$ 处的视场中可看到干涉条纹。

(2)仔细调节水平拉簧螺钉与垂直拉簧螺钉,使干涉条纹成圆环状。

（3）调节粗调手轮与微调手轮使刻度相匹配，即沿同一方向转动微调手轮，当有圆环干涉条纹"吞进"或"吐出"时，将微调手轮沿原方向调至零。

（4）测量时选择能见度好，中心为亮斑或暗斑的干涉图样，记下 $M_2$ 镜的初始位置读数 $d_0$，继续沿原方向转动微调手轮，每"吞进"或"吐出"100 个圆环条纹就记录一次 $M_2$ 镜的位置读数 $d$，连续观察 700 个圆环干涉条纹，可测得 8 组数据。取圆环干涉条纹改变量 $N=400$，由式（20-3）的关系，用逐差法处理数据，并求得激光的波长平均值 $\bar{\lambda}$。

## 附

## 测量表格及测量结果

将实验测量的数据填入中。

**测定激光波长表**

$\Delta_{仪} = \underline{\hspace{2cm}}$ mm, $N = \underline{\hspace{2cm}}$

| 条纹移动数 | 0 | 100 | 200 | 300 |
|---|---|---|---|---|
| $M_2$ 反射镜位置 $d_1$（mm） | | | | |
| 条纹移动数 | 400 | 500 | 600 | 700 |
| $M_2$ 反射镜位置 $d_2$（mm） | | | | |
| $\Delta d = \lvert d_2 - d_1 \rvert$（mm） | | | | |
| $\lambda = 2\dfrac{\Delta d}{N}$（mm） | | | | |

平均值：$\bar{\lambda} = \dfrac{\sum\limits_{i=1}^{n} \lambda_i}{n} = \underline{\hspace{2cm}}$ mm

测量不确定度：

$\Delta_A(\lambda) = \sqrt{\dfrac{\sum\limits_{i=1}^{5} (\lambda_i - \bar{\lambda})^2}{4 \times (4-1)}} = \underline{\hspace{2cm}}$ mm $\qquad \Delta_B = \dfrac{1}{\sqrt{3}N}\ \Delta_{仪} = \underline{\hspace{2cm}}$ mm

$\Delta = \sqrt{\Delta_A + \Delta_B} = \underline{\hspace{2cm}}$

测量结果：$\lambda = \bar{\lambda} \pm \Delta = \underline{\hspace{2cm}}$ mm

## 【注意事项】

1. 为了读数方便，在记录起始读数之前，先对读数系统进行零点调节。方法是，把微调鼓轮转到读数为零，再把鼓轮转到任意刻度（微调鼓轮不随着鼓轮转动，仍在零点）。

2. 为了避免螺杆空程带来的误差，在整个测量过程中必须始终沿一个方向转动微调鼓轮。

3. 仪器结构精细，要特别注意爱护，免其受损；任何调节操作必须"轻"、"慢"，任何光学面都不能用手触摸。

4. 激光能量集中,切勿迎视光束,以免损伤眼睛。

5. 反射镜背后的螺钉要轻调慢拧,不可旋得太紧,以免镜面变形。

## 【思考题】

1. 在本实验中如何判别 $M_1$ 与 $M'_2$ 重合,又如何判别 $M_1$ 处于 $M'_2$ 之前或之后?

2. 数干涉条纹时,如果数错一条,这将给测量波长值带来多大的误差?

# 实验二十一  密立根油滴实验

## 【实验目的】

1. 通过对带电油滴在静电场和重力场中运动的测量,验证电荷的不连续性,并测定基本电荷 $e$ 的值。

2. 通过实验时对仪器的调整、对油滴的选择、跟踪、测量及数据的处理等,培养学生严肃认真和一丝不苟的科学实验方法和态度。

## 【实验仪器】

智能密立根油滴实验仪,钟表油,喷雾器等。

## 【实验原理】

美国实验物理学家密立根(Robert Andrews Millokan,1868～1953 年)于 1906 年起开始设计,并于 1909 年首先发明了用水珠平衡法测单个水滴的电荷量。由于水滴极易挥发,给实验带来很大误差,密立根于当年将水滴改为挥发性极小的钟表油,并发明密立根油滴仪来测量单个油滴的电荷量。经过将近 10 年的艰苦实验,密立根终于在 1917 年宣布电子电荷为 $e = 1.592(2) \times 10^{-19}$ C〔目前结果 $e = 1.60217653(14) \times 10^{-8}$ C,相对不确定度 $8.5 \times 10^{-8}$〕,证明了电荷的不连续性,为实验上测定其他一些物理量提供了可能性。密立根由于他在基本电荷和验证光电效应方程方面的工作,被授予 1923 年的诺贝尔物理学奖。

密立根油滴实验被誉为具有"巧妙的方法,简单的设备,准确的结果",并在 2002 年物理杂志 Physics World 上"最美的物理实验"调查中排名第三。该实验的巧妙设计方法在现代又焕发了青春,近年来根据这一实验的设计思想改进的用磁悬浮的方法测量分数电荷的实验,取得了一定的进展。

用油滴法测量电子的电荷,可以用静态(平衡)测量法或动态(非平衡)测量法。本书采用测量原理、实验操作和数据处理都较简单的平衡测量法。

### 1. 油滴在静电场中的静态平衡

如图 21 - 1 所示,用喷雾器将油滴喷入两块相距为 $d$ 的水平放置的平行极板间,在油的喷射分散过程中,由于摩擦使得油滴带电。设油滴的质量为 $m$,所带的电量为 $q$,两极板间的电压 $U$ 为可调电压。由于空气密度远小于油的密度,油滴所受的空气浮力忽略不计。则油滴受两个力的作用:重力 $mg$,电场力 $qE$。如果调节极板间的电压 $U$,就有可能使油滴受力平衡,静止在板间某一位置。此时:

$$mg = qE = q \frac{U}{d}$$

$$q = \frac{mgd}{U} \tag{21-1}$$

由(21 - 1)式可见,要测出微观量——油滴所带电量 $q$,除了测量宏观量 $U$(油滴在静电场中的平衡电压)和 $d$(两平行极板的间距)之外,还需要测量微观量——油滴的质量 $m$。由于油滴的直径在微米的量级,无法用天平测量质量,密立根用下面巧妙的动态平衡法将其间接测出。

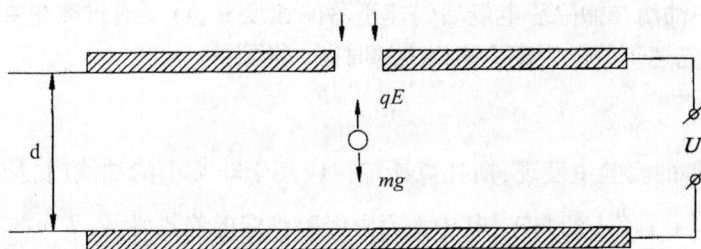

图 21 - 1  平衡测量法测定油滴电量的原理图

**2. 油滴在重力场中的动态平衡**

撤除平行极板间的电压,油滴在重力作用下加速下落,随即便受到空气的粘性阻力 $f$ 的作用,其大小由著名的斯托克斯(G. G. Stokes,1819 - 1903)公式决定:

$$f = 6\pi\eta r v \tag{21 - 2}$$

式中 $\eta$ 为空气的粘滞系数, $r$ 为油滴半径, $v$ 为油滴下落速度。即其大小与运动速度成正比,其方向与速度方向相反,如图 21 - 2 所示。很快,粘性阻力就跟重力平衡,使得油滴以速度 $v$ 匀速下落,达到油滴的动态平衡状态。此时有:

$$f = 6\pi r\eta v = mg \tag{21 - 3}$$

设油滴的密度为 $\rho$ ,则油滴的质量为

$$m = \frac{4}{3}\pi r^3 \rho \tag{21 - 4}$$

由式(21 - 3)和(21 - 4)得:

$$r = \left(\frac{9\eta v}{2\rho g}\right)^{\frac{1}{2}} \tag{21 - 5}$$

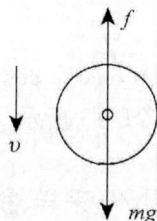

图 21 - 2  油滴受力图

把(21 - 5)式代入(21 - 4)式,可得:

$$m = \frac{4}{3}\pi\rho\left(\frac{9\eta v}{2\rho g}\right)^{\frac{3}{2}} \tag{21 - 6}$$

把(21 - 6)式代入(21 - 1)式,可得:

$$q = \frac{18\pi\eta^{\frac{3}{2}}}{(2\rho g)^{\frac{1}{2}}} \cdot \frac{d}{U} \cdot v^{\frac{3}{2}} \tag{21 - 7}$$

由(21 - 6)(21 - 7)式可见,如果已知空气的粘滞系数 $\eta$ 、油密度 $\rho$ 、当地重力加速度 $g$ ,

测出某个油滴在撤除静电场后匀速下落的速度 $v$、两平行极板的间距 $d$、油滴在静电场中的平衡电压 $U$，就得到微观量油滴质量 $m$，进而求出微观量——油滴电量 $q$。

(21 - 7)式中油滴在撤除静电场后匀速下落的速度 $v$，可以通过测量在平行板间电压为 0 的状态下，油滴匀速下降的距离 $l$ 和相应的时间 $t$ 得到：

$$v = \frac{l}{t} \tag{21 - 8}$$

密立根在当年的实验中发现，斯托克斯定律应用于非常小的油滴时，应对粘滞系数 $\eta$ 进行除以一个因子 $\left(1 + \frac{b}{pr}\right)$ 的修正，其中 $b$ 为由经验确定的修正常数，$b = 8.23 \times 10^{-3}\,\mathrm{m \cdot Pa}$，$p$ 为空气压强，单位为 Pa。

将(21 - 8)式代入(21 - 7)式，并考虑 $\eta$ 的修正后，油滴所带电量为

$$q = \frac{18\pi}{(2\rho g)^{\frac{1}{2}}} \cdot \left(\frac{\eta}{1 + \frac{b}{pr}}\right)^{\frac{3}{2}} \cdot \frac{d}{U} \cdot \left(\frac{l}{t}\right)^{\frac{3}{2}} \tag{21 - 9}$$

由(21 - 9)式知，通过测量两平行极板的间距 $d$、油滴在静电场中静止时的平衡电压 $U$、平行板间电压为 0 的状态下油滴匀速下降的距离 $l$ 和相应的时 $t$，就可测出某油滴的电量 $q$。

### 3. 基本电荷 $e$ 的测量电荷量子化

在实验中，对不同的油滴进行测量，发现每个油滴的电量总是某一特定数值的整数倍

$$q = ne, \quad n = \pm 1, \ \pm 2, \ \pm 3, \cdots \tag{21 - 10}$$

这说明所有带电油滴所带电量都是最小电量 $e$ 的整数倍，即物体所带电荷是不连续的，是量子化的。这个最小电量 $e$，称基本电荷或元电荷，就是电子的电荷值

$$e = \frac{q}{n} \tag{21 - 11}$$

测得各油滴的电荷 $q$ 后，求它们的最大公约数，即为基本电荷 $e$ 的值。

公式(21 - 9)和公式(21 - 11)是用平衡法测量基本电荷 $e$ 值的理论公式。

## 【实验仪器】

智能密立根油滴实验仪由主机、CCD(charge couple device)成像系统、油滴盒、监视器等部件组成。实验仪主机部件示意图如图 21 - 3 所示。

### 1. 主机

主机包括可调高压电源、计时装置、A/D 采样、视频处理等单元模块。CCD 成像系统包括 CCD 传感器、光学成像系统等。油滴盒包括高压电极、照明装置、防风罩等。监视器是视频信号输出设备。

CCD 模块及光学成像系统用来捕捉油滴室中油滴的像，同时将图像信息传给主机中的视频处理模块。实验过程中可以通过调焦旋钮来改变物距，使油滴的像清晰地呈现在 CCD 传感器的窗口内。

电压调节旋钮可以连续调节油滴盒中两高压电极板间的直流电压(0～500V 左右)，其电压值显示在监视器的显示器上实验界面的右上角。用来控制油滴的平衡、下落及提升。

定时开始、结束按键用来计时；0V、工作按键用来实现极板间不加与加平衡电压的切换；平衡、提升按键可以切换油滴的平衡状态(极板间加平衡电压)和提升状态(极板间在平衡电

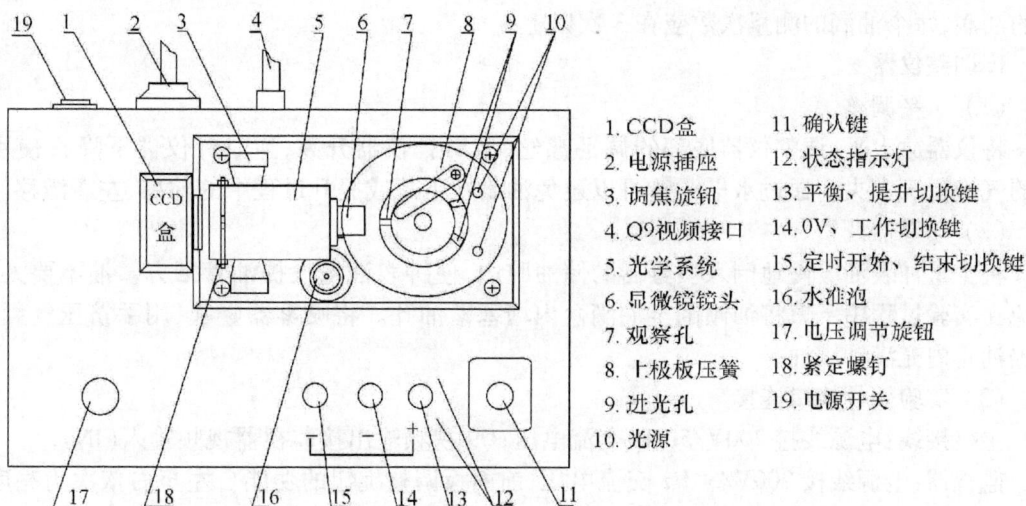

| | |
|---|---|
| 1. CCD盒 | 11. 确认键 |
| 2. 电源插座 | 12. 状态指示灯 |
| 3. 调焦旋钮 | 13. 平衡、提升切换键 |
| 4. Q9视频接口 | 14. 0V、工作切换键 |
| 5. 光学系统 | 15. 定时开始、结束切换键 |
| 6. 显微镜镜头 | 16. 水准泡 |
| 7. 观察孔 | 17. 电压调节旋钮 |
| 8. 上极板压簧 | 18. 紧定螺钉 |
| 9. 进光孔 | 19. 电源开关 |
| 10. 光源 | |

图 21 – 3   智能密立根油滴仪主机部分示意图

压基础上加 200V 电压);确认按键可以将测量数据显示在监视器的屏幕上,从而省去了每次测量完成后手工记录数据的过程,使操作者把更多的注意力集中到实验的本质上来。

**2. 油滴盒**

油滴盒装置是 ZKY – MLG – 5 智能密立根油滴实验仪的关键部分,结构如图 21 – 4 所示。由油滴室、防风罩、油雾杯等组成。油滴室由两块经过精磨的平行极板(上、下高压电极板)中间垫以胶木圆环组成。平行极板的距离为 $d$。胶木圆环上有两个发光二极管的照明孔和一个显微镜成像系统观察孔。油滴室放在有机玻璃防风罩中,防风罩可以避免外界空气流动对油滴的影响。上电极板中央有一个直径 0.4mm 的落油孔,油滴从油雾杯经油雾孔和落油孔落入上下电极板之间。油雾杯可以暂存油雾,使油雾不过早逸散。进油开关可以控制落油量。平行电极板间的油滴由发光二极管照亮并通过防风罩外的显微镜成像,其图像经 CCD 电子显示系统转换后显示在监视器的屏幕上。

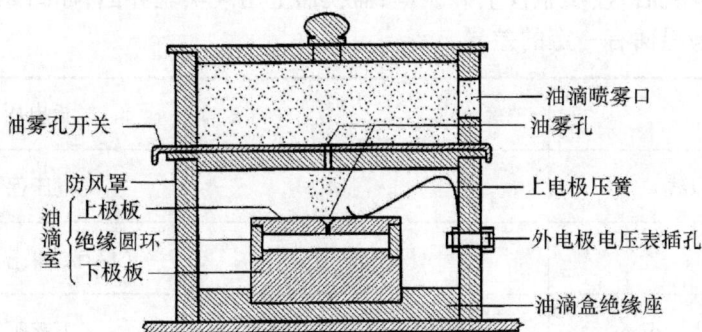

图 21 – 4   油滴盒

## 【实验内容】

学习控制油滴在视场中的运动,选择合适的油滴测量基本电荷 $e$。要求至少测量 5 个不同的油滴,每个油滴的测量次数应在 3 次以上。

**1. 调整仪器**

（1）水平调整

将仪器放水平,调整仪器底部的调平螺丝(顺时针仪器升高,逆时针仪器下降),使水准仪的气泡位于中央。通过水平调整可以避免油滴在下落或提升过程中的前后、左右漂移。

（2）喷雾器调整

将少量钟表油缓慢地倒入喷雾器的储油腔内,使钟表油淹没提油管下方。油不要太多,以免在实验过程中不慎将油倾倒至油滴盒内堵塞落油孔。将喷雾器竖起,用手挤压气囊,使得提油管内充满钟表油。

（3）实验硬件接口连接

主机接线:电源线接 200V/50Hz 交流电压;Q9 视频输出接监视器视频输入(IN)。

监视器:电源线接 200V/50Hz 交流电压;前面板调整旋钮的功能自左至右依次为亮度调整、对比度调整。

（4）实验仪联机使用

① 打开实验仪电源及监视器电源。

② 按任意键,监视器出现参数设置界面。首先设置实验方法为平衡法,然后用实验仪上的左移键（"←"）、右移键（"→"）和数据设置键（"+"）设置当地重力加速度、大气压强、油密度和油滴下落距离(默认 1.6mm)。

③ 按实验仪上确认键,监视器上出现实验界面,如图 21 - 5 所示。

④ 将定时开始、结束按键设置为"结束";将 0V、工作按键设置为"工作";将平衡、提升按键设置为"平衡"。

（5）CCD 电子显示系统的调整

从喷雾口喷入油雾,监视器上盈出现大量运动油滴的像,犹如夜空点点繁星。若没有看到油滴的像,需微调光学成像系统(显微镜)的调焦旋钮,直至得到清晰的油滴像。

**2. 熟悉实验界面**

在完成参数设置后,按实验仪上确认键,监视器上出现实验界面,如图 21 - 5 所示。不同的实验方法的实验界面有一定的差异。

| | | |
|---|---|---|
| | | $V_1$:极板电压　　$t$:经历时间 |
| 0(计时起点线) | | (电压保存提示栏) |
| | | (保存结果显示区,共 5 格) |
| (距离标志,默认 1.6mm) | | (下落距离设置栏) |
| | | (实验方法设置栏) |
| | | (仪器生产厂家栏) |

图 21 - 5　实验界面示意图

极板电压:实际加到极板的电压,显示范围:0～9999V;

经历时间:计时开始到计时结束的时间间隔,显示范围:0～99.99s。

电压保存提示栏:将要作为结果保存的电压,每次完整的实验后显示。当保存实验结果后(按下确认键)自动清零。显示范围同极板电压。

保存结果显示区:显示每次保存的实验结果,共5次。平衡法显示平衡电压和下落时间。当需要删除当前保存的实验结果时,按下确认键2s以上,可清除当前结果,但不能连续删除。

下落距离设置栏:显示当前设置的油滴下落距离。当需要更改下落距离时,按住平衡、提升键2s以上,距离设置栏被激活,通过"＋"键修改油滴下落距离,然后按确认键确认修改。距离标志相应变化。

距离标志:显示当前设置的油滴下落距离,在相应的横线上作数字标志。显示范围:0.2～1.8mm。

实验方法栏:显示当前的实验方法,平衡法或动态法。

仪器生产厂家栏:显示生产厂家。

### 3. 测量练习

(1) 练习调整平衡电压

将定时开始、结束按键设置为"结束";将0V、工作按键设置为"工作";将平衡、提升按键设置为"平衡"。调节电压调节旋钮,将极板间平衡电压调到250V左右(监视器屏幕右上角显示)。将油喷入油雾杯,关注其中上升或下降缓慢的油滴,选择其中的某一颗油滴,仔细调整电压调节旋钮,使该油滴静止不动在某一水平格线上或仅在水平格线上下做轻微的布朗运动,此时可认为油滴在静电场中达到平衡,对应的电压为平衡电压 $U$。由于油滴在实验过程中有微小的挥发,在对同一油滴进行多次测量时,每次测量前要重新调整平衡电压,以免引起较大误差。

(2) 练习控制油滴

选择适当的油滴,调整电压调节旋钮,使油滴平衡在某一格线上。然后按"0V"按键,绿色指示灯亮,极板间电压为0,油滴从静止开始自由下落。下降一段距离后,按"提升"按键,使油滴上升。如此反复练习,以掌握控制油滴的方法。

(3) 练习给匀速下降的油滴计时

按"提升"按键,把油滴提升到有0标记的水平格线之上(至少一水平格)。再按"平衡"键,使油滴静止(可微调电压调节旋钮)。按"0V"按键,绿色指示灯亮,极板间电压为0,油滴从静止开始自由下落,当油滴下降到有0标记的水平格线时,立即按下计时开始键,计时器开始记录油滴下落时间;当油滴下落至有距离标志的水平格线(如1.6mm)时,立即按下定时结束键,同时计时器停止计时。此时油滴停止下落,按确认键即可将此次测量数据记录到屏幕上的保存结果区。

(4) 练习选择适当的油滴

要做好本实验,很重要的一点就是选择适当的油滴。大的油滴虽然明亮,但它一般带的电荷较多,下降或提升速度太快,不容易测准确;太小的油滴受布朗运动的影响明显,测量时涨落较大,也不容易测准确。建议选择平衡电压在150～300V之间、下落0.2mm(一个水平格)时所用时间为2s左右的油滴进行测量。

## 4. 正式测量

从公式(21-9)可知,用平衡法测油滴所带电荷时,真正需要测量的量只有两个:一个是油滴的平衡电压 $U$ ,另一个是去掉平衡电压后油滴匀速下降一段距离 $l$ 所需的时间 $t$ 。具体可分以下几步:

① 开启电源(实验仪和监视器),按"确认"键,设置参数,并使监视器上出现实验界面。

② 向油滴盒喷入油雾,选择一个适当的油滴(详见【实验内容】3. 测量练习(4) 练习选择适当的油滴),调整并记录其平衡电压(详见【实验内容】3. 测量练习(1)练习调整油滴的平衡电压)。

③ 给匀速下降的油滴计时。详见【实验内容】3. 测量练习(3) 练习给匀速下降的油滴计时。

④ 由于涨落的存在,对于同一颗油滴,必须测量 5 次,即重复②③步五次。按"确认"键,监视器显示实验结果,记录数据。

⑤ 按"确认"键后,出现新的实验界面。捕捉新的适当油滴,重复②③④步,记录数据于表格中。要求对至少 5 个油滴进行测量。

⑥ 通过数据处理,求出基本电荷的值 $e_i$ ,油滴所带基本电荷的个数 $n$ 。验证电荷的不连续性。

## 附

## 测量表格及测量结果

### 1. 数据记录

表 21-1　油滴测量数据记录处理表

| 油滴编号 | 次数 | $U(\text{V})$ | $t(\text{s})$ | $\bar{U}(\text{V})$ | $\bar{t}(\text{s})$ | $\bar{Q}(\times 10^{-19}\text{C})$ | $\dfrac{\bar{Q}}{e}$ | $n$ | $e_i(\times 10^{-19}\text{C})$ |
|---|---|---|---|---|---|---|---|---|---|
| 油滴 1 | 1 | | | | | | | | |
| | 2 | | | | | | | | |
| | 3 | | | | | | | | |
| | 4 | | | | | | | | |
| | 5 | | | | | | | | |

| 油滴编号 | 次数 | $U(\text{V})$ | $t(\text{s})$ | $\bar{U}(\text{V})$ | $\bar{t}(\text{s})$ | $\bar{Q}(\times 10^{-19}\text{C})$ | $\dfrac{\bar{Q}}{e}$ | $n$ | $e_i(\times 10^{-19}\text{C})$ |
|---|---|---|---|---|---|---|---|---|---|
| | 1 | | | | | | | | |
| | 2 | | | | | | | | |
| 油滴 2 | 3 | | | | | | | | |
| | 4 | | | | | | | | |
| | 5 | | | | | | | | |
| | 1 | | | | | | | | |
| | 2 | | | | | | | | |
| 油滴 3 | 3 | | | | | | | | |
| | 4 | | | | | | | | |
| | 5 | | | | | | | | |
| | 1 | | | | | | | | |
| | 2 | | | | | | | | |
| 油滴 4 | 3 | | | | | | | | |
| | 4 | | | | | | | | |
| | 5 | | | | | | | | |
| | 1 | | | | | | | | |
| | 2 | | | | | | | | |
| 油滴 5 | 3 | | | | | | | | |
| | 4 | | | | | | | | |
| | 5 | | | | | | | | |

**2. 数据处理与结果表示**

(1) 基本电荷的值 $e_i$ 的计算方法

要求基本电荷的值 $e_i$,并证明所有电荷都是基本电荷 $e$ 的整数倍,需对实验中测得的各个油滴的电荷值 $\overline{Q}$ 求最大公约数,这个最大公约数就是基本电荷 $e$ 的值。但是由于时间和实验条件的限制,准确求出油滴电量的最大公约数比较困难,通常用"倒过来验证"的方法进行数据处理。具体方法是:先用实验测得的油滴电荷量 $\overline{Q}$ 除以公认的基本电荷值 $e = 1.602 \times 10^{-19}$ C,得到一个接近于某个整数 $n$ 的数值,这个整数 $n$ 就是油滴所带的基本电荷的数目 $n$,再用实验测得的油滴电荷量 $\overline{Q}$ 除以这个 $n$,就得到基本电荷的值 $e_i$。

(2) 误差处理

用测量值 $e_i$ 和公认值 $e = 1.602 \times 10^{-19}$ C 进行比较,算出相对误差:

$$E = \frac{|e_i - e|}{e} \times 100\% = \underline{\hspace{3cm}}$$

(3) 智能实验仪中已知的数据

| | |
|---|---|
| 极板间距 | $d = 5.00 \times 10^{-3}$ m |
| 空气的粘滞系数 | $\eta = 1.83 \times 10^{-5}$ kg $\cdot$ m$^{-1}$ $\cdot$ s$^{-1}$ |
| 油滴匀速下落距离 | 依设置,仪器默认值 $l = 1.6$ mm |
| 油的密度 | $\rho = 981$ kg $\cdot$ m$^{-3}$ |
| 重力加速度 | 依设置,仪器默认值 $g = 9.794$ m $\cdot$ s$^{-2}$ |
| 修正常数 | $b = 8.22 \times 10^{-3}$ m $\cdot$ Pa |
| 标准大气压 | $p = 1.013 \times 10^{5}$ Pa |

实验仪高度智能化,依据公式(21 - 9) $q = \dfrac{18\pi}{(2\rho g)^{\frac{1}{2}}} \cdot \left(\dfrac{\eta}{1 + \dfrac{b}{pr}}\right)^{\frac{3}{2}} \cdot \dfrac{d}{U} \cdot \left(\dfrac{l}{t}\right)^{\frac{3}{2}}$,式中 $r = \left(\dfrac{9\eta v}{2\rho g}\right)^{\frac{1}{2}}$ 可以将油滴电量的平均值算出并显示在监视器的屏幕上。给实验者减轻了计算的负担,使实验者能更集中到分析实验结果求得基本电荷并验证电荷量子化的物理本质上而不是在繁杂的计算上。但是油的密度 $\rho$ 和空气的粘滞系数 $\eta$ 都是温度的函数,重力加速度 $g$ 和大气压强 $p$ 随实验地点和条件的变化而变化,因此用公式(21 - 9)的计算是有一定误差的。

**【注意事项】**

1. 喷雾时喷雾器须竖拿,喷口对准油雾室的喷雾口,不能深入喷雾室内。喷油时要快速、果断、用力地喷一到两下,如果看不到油滴,要及时调节显微镜的镜筒位置对油滴聚焦。不要喷得过多,以免堵塞进油孔。

2. 监视器的背景对比度调大些便于观察油滴。

3. 一定将测量练习的四步熟练掌握再开始正式测量。

**【思考题】**

1. 实验中若出现油滴作定向漂移或作乱漂移,请分别分析其产生的原因和解决的办法。

2. 为什么在给油滴计时前要将油滴提升到有 0 标记的水平格线之上至少一水平格？

## 【小课题】

密立根当年与学生们一起，跟踪了大量油滴，取得了数千套数据后发表了电荷不连续性的实验结果。可以收集全班或更多同学的实验数据，模拟这项科学实验工作。

# 实验二十二　夫兰克-赫兹实验

## 【实验目的】

通过测定氩原子的第一激发电势,证明原子能级的存在。

## 【实验仪器】

夫兰克-赫兹实验仪,示波器。

## 【实验原理】

1913 年,丹麦物理学家玻尔提出了一个氢原子模型,并指出原子存在能级,根据其理论,处于一个定态(能级) $E_n$ 中的原子只有吸收或放出一定数量的能量才能跃迁到另一个定态 $E_m$ ,其能量数值为 $E_m - E_n$ 。

1914 年,德国物理学家夫兰克和赫兹对实验装置作了改进,采用慢电子与单元素(如氩)气体原子发生非弹性碰撞(图 22-1)。通过实验测量,发现电子和原子碰撞时会交换某一定值的能量,且可以使原子从低能级激发到高能级。若设 $E_0$ 为基态能量, $E_1$ 为第一激发态能量,则当电子通过碰撞给原子的能量满足:

$$eU \geqslant eU_0 = E_1 - E_0 \tag{22-1}$$

时原子就从基态跃迁到第一激发态。其中 $U_0$ 称为第一激发电势。

该实验直接证明了原子发生跃变时吸收和发射的能量是分立的、不连续的,证明了原子能级的存在,从而证明了玻尔理论的正确。并因此获得了 1925 年的诺贝尔物理学奖金。

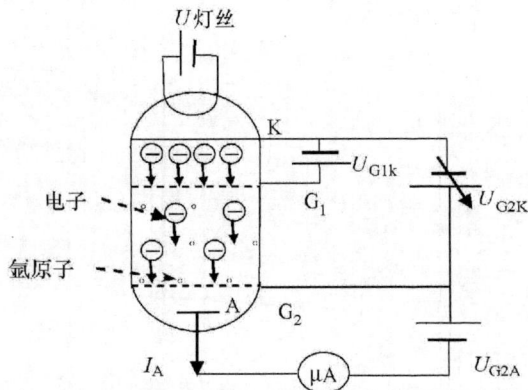

图 22-1　夫兰克-赫兹实验的原理图

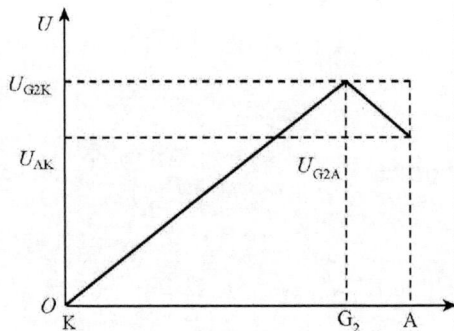

22-2　夫兰克-赫兹管管内空间电位分布图

在充氩气的夫兰克-赫兹管中,电子由热阴极发出,阴极 K 和第二栅极 $G_2$ 之间的加速电压 $U_{G2K}$ 使电子加速。阴极到栅极的距离比较大,其间又充满氩原子,因此电子在运动过程中可以和氩原子发生多次碰撞。在板极 A 和第二栅极 $G_2$ 之间加有反向的拒斥电压 $U_{G2A}$ ,管内空间电位分布如图 22-2,它的作用是使具有一定能量的电子在穿过栅极之后,受到一反向电场的作用而减速,以阻止电子到达板极形成板极电流。当电子通过 $KG_2$ 空间进入 $G_{2A}$ 空间时,如果有较大的能量($\geqslant eU_{\text{G2A}}$),就能冲过反向拒斥电场而到达板极形成板极电流,用微电流计可以检出 $I_A$。$I_A$ 的大小反映了从阴极发出而能到达板极的电子数。实验中,始终保持拒斥电压 $U_{\text{G2A}}$ 的大小(约 $-3V$ 详见仪器说明)不变,使栅压 $U_{\text{G2K}}$ 由 0 逐渐增加。当 $U_{\text{G2K}}$ 达到氩原子的第一激发电势 $U_0$ 时,电子在栅极附近具有的能量已达到式(22 – 1)的条件:

$$eU_0 = E_1 - E_0$$

因此,如果电子在 $\text{KG}_2$ 空间与氩原子碰撞,把自己一部分能量传给氩原子而使后者激发的话,电子本身所剩余的能量就很小,以致通过第二栅极后已不足以克服拒斥电场而被折回到第二栅极,这时通过微电流计的电流将显著减小。

当 $\text{KG}_2$ 空间电压逐渐增加时,那么电子受到非弹性碰撞的地域将从栅极移向阴极附近。这样,受到非弹性碰撞以后的电子在到达栅极的过程中还会被继续加速,所以板极电流 $I_A$ 又开始增长。由于伴随有少数氩原子的电离,所以电子的数目增加,板极电流 $I_A$ 比前一次增大。

当 $U_{\text{G2K}}$ 等于两倍的激发电势 $U_0$ 时,电子在到达栅极附近时,其具有的能量又一次可以满足式(22 – 1)的条件,这时若再次和氩原子发生非弹性碰撞,电子又失去大部乃至全部能量而受拒斥电场的阻止,不能到达板极,因此板极电流 $I_A$ 再度下降。

此后,每当加速电势差等于激发电势的整数倍时,这种电流显著下降的现象将反复出现。由此可见,随着栅压的增加,微电流计就指示出一系列板流的极大值和极小值,形成规则起伏的 $I_A \sim U_{\text{G2K}}$ 曲线,图 22 – 3 为各次板极电流 $I_A$ 下降时相对应的电势差,其中 $U_{n+1} \sim U_n$,应该是氩原子的第一激发电势 $U_0$。

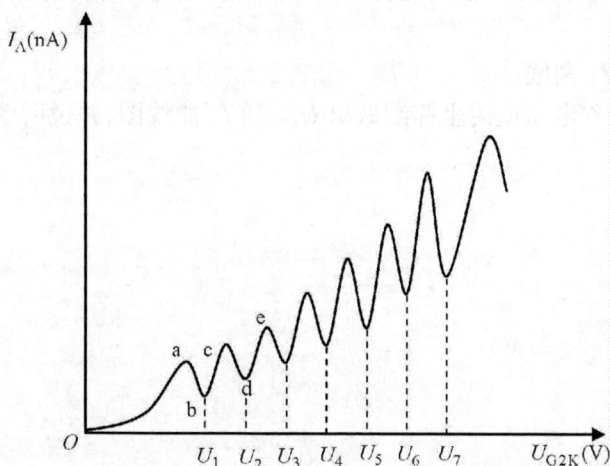

图 22 – 3　夫兰克-赫兹管的 $I_A \sim U_{\text{GK}}$ 曲线图

本实验就是要通过实际测量 $I_A \sim U_{\text{G2K}}$ 曲线来证实原子能级的存在,并测出氩原子的第一激发电势(公认值为 $U_0 = 11.61V$)。

**【实验步骤】**

(1) 开机:预热 20 分钟;工作方式:手动;

(2) 按仪器提供的参数设定参数:

按 $1\ \mu A$ 键,用 ◁✧▷ 键分别设定:灯丝电压;$U_{\text{G1K}}$(第一次加速电压);$U_{\text{G2A}}$(拒斥电压);

（3）按 $U_{G2K}$ 键 000.0V,按如下图箭头所指的键加 $U_{G2K}$ 电压,步长 0.5V,开始记录数据 [$U_{G2K}$ 和 $I_A(10^{-7}A)$],一直记到 $U_{G2K}$ 81V 为止;同时观察示波器上的图形。(注意:实验开始后 $U_{G2K}$ 只能增加,不能减少,否则数据会混乱,只能重做。)

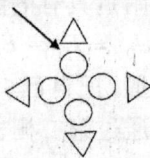

## 【实验内容】

### 1. 测定氩原子的第一激发电势

在实验数据中找到所有峰值电压和低谷电压值填入下表,用逐差法计算出低谷电压差,并计算平均值,即为氩原子的第一激发电势。

测定氩原子的第一激发电势表

| 峰值电压(V) | | | | | |
|---|---|---|---|---|---|
| 低谷电压(V) | | | | | |

将实验值与氩原子的第一激发电势 $U_0 = 11.61V$ 比较,计算相对误差,并写出结果表达式。

### 2. 绘出 $U_{G2K}$ 和 $I_A$ 曲线

由峰值电压和低谷电压值用坐标纸做出 $U_{G2K}$ 和 $I_A$ 曲线图,并说明图的意义。

# 实验二十三　光电效应

## 【实验目的】

1. 了解光电效应的规律,加深对光的量子性的理解。
2. 测量普朗克常数 $h$ 。

## 【实验仪器】

光电效应实验仪(由汞灯及电源,滤色片,光阑,光电管,测试仪构成)。

## 【实验原理】

金属中的自由电子,在光的照射下,吸收光能而逸出金属表面的现象,称为光电效应。光电效应的实验原理如图 23 - 1 所示。入射光照射到光电管阴极 K 上,产生的光电子在电场的作用下向阳极 A 迁移构成光电流,改变外加电压 $U_{AK}$ ,测量出光电流 $I$ 的大小,即可得出光电管的伏安特性曲线。

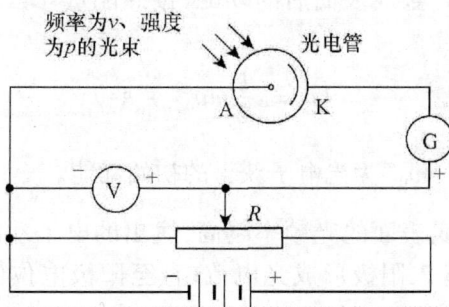

图 23 - 1　光电效应原理图

光电效应的基本实验事实如下:

(1) 对应于某一频率,光电效应的 $I - U_{AK}$ 关系如图 23 - 2 所示。从图中可见,对一定的频率,有一电压 $U_0$,当 $U_{AK} \leqslant U_0$ 时,电流为零,这个电压 $U_0$,被称为遏止电压。

(2) 当 $U_{AK} \geqslant U_0$ 后,$I$ 迅速增加,然后趋于饱和,饱和光电流 $I_n$ 的大小与入射光的强度 $p$ 成正比。

(3) 对于不同频率的光,其遏止电压的值不同,如图 23 - 3 所示。

(4) 作遏止电压 $U_0$ 与频率 $\nu$ 的关系图如图 23 - 4 所示。$U_0$ 与 $\nu$ 成正比关系。当入射光频率低于某极限值 $\nu_0$ ( $\nu_0$ 随不同金属而异)时,不论光的强度如何,照射时间多长,都没有光电流产生。

(5) 光电效应是瞬时效应。即使入射光的强度非常微弱,只要频率大于 $\nu_0$,在开始照射后立即有光电子产生,所经过的时间至多为 $10^{-9}$ s 的数量级。

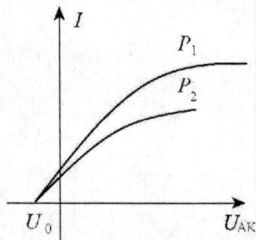

图 23 - 2  同一频率,不同光强时光
电管的伏安特性曲线

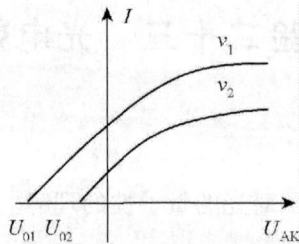

图 23 - 3  不同频率时光电管的
伏安特性曲线

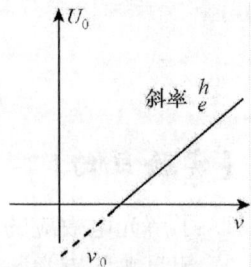

图 23 - 4  遏止电压 $U$ 与入射
光频率 $\nu$ 的关系图

　　说明:实际中,反向电流并不为零。图 23 - 2、图 23 - 3 中从零开始,是因为反向电流极小,仅为 $10^{-13} \sim 10^{-14}$ 数量级,所以在坐标上反映不出来。

　　按照爱因斯坦的光量子理论,光能并不像电磁波理论所想象的那样,分布在波阵面上,而是集中在被称之为光子的微粒上,但这种微粒仍然保持着频率(或波长)的概念,频率为 $\nu$ 的光子具有能量 $E = h\nu$ , $h$ 为普朗克常数。当光子照射到金属表面上时,一次为金属中的电子全部吸收,而无需积累能量的时间。电子把这能量的一部分用来克服金属表面对它的约束力,余下的就变为电子离开金属表面后的动能,按照能量守恒原理,爱因斯坦提出了著名的光电效应方程:

$$h\nu = \frac{1}{2}mv_0^2 + A \qquad\qquad (23 - 1)$$

式中, $A$ 为金属的逸出功, $\frac{1}{2}mv_0^2$ 为光电子获得的初始动能。

　　由该式可见,入射到金属表面的光频率越高,逸出的电子动能越大,所以即使阳极电位比阴极电位低也会有电子落入阳极形成光电流,直至阳极电位低于遏止电压,光电流才为零,此时有关系:

$$eU_0 = \frac{1}{2}mv_0^2 \qquad\qquad (23 - 2)$$

　　阳极电位高于遏止电压后,随着阳极电位的升高,阳极对阴极发射的电子的收集作用越强,光电流随之上升;当阳极电压高到一定程度,已把阴极发射的光电子几乎全收集到阳极,再增加 $U_{AK}$ 时, $I$ 不再变化,光电流出现饱和,饱和光电流 $I_n$ 的大小与入射光的强度 $P$ 成正比。

　　光子的能量 $h\nu_0 < A$ 时,电子不能脱离金属,因而没有光电流产生。产生光电效应的最低频率(截止频率)是 $\nu_0 = \frac{A}{h}$ 。

　　将(23 - 2)式代入(23 - 1)式可得:

$$eU_0 = h\nu - A \qquad\qquad (23 - 3)$$

　　此式表明遏止电压 $U_0$ 是频率 $\nu$ 的线性函数,直线斜率 $K = \frac{h}{e}$ ,只要用实验方法得出不同的频率对应的遏止电压,求出直线斜率,就可算出普朗克常数 $h$ 。爱因斯坦的光量子理论成功地解释了光电效应规律。

## 【实验内容】

1. 测遏止电压,计算普朗克常数 $h$。
2. 测光电管的 $I-U$ 关系并画出 $I-U$ 曲线图。

## 【实验步骤】

### 1. 准备工作

盖好两个遮光盖,打开两个开关,预热 20 分钟,调整光电管与汞灯距离为 400.0mm,电流量程置 $10^{-13}$A 档,仪器调零:旋转"电流调零"钮,使电流指示为 000.0。

### 2. 测遏止电压

将电压选择置"遏止电压"档,取下光电管遮光盖,加 $\varphi = 4$mm 的光阑和滤光片(365.0nm),打开光源遮光盖,旋转" $-2\sim+2$ "电压调节钮使电流为零,记录这时的电压值(遏止电压)。

光源用镜头盖遮好,换滤光片(404.7nm),旋转" $-2\sim+2$ "电压调节钮使电流为零,记录这时的电压值。重复上述步骤,依次换滤光片(435.8nm)、(546.1nm)、(577.0nm)共记录 5 个遏止电压。

表 23 – 1    遏止电压的测量

| 波长(nm) | 365.0 | 404.7 | 435.8 | 546.1 | 577.0 |
|---|---|---|---|---|---|
| 频率($10^{14}$Hz) | 8.214 | 7.408 | 6.879 | 5.490 | 5.196 |
| 遏止电压(V) | | | | | |

由测到的数据计算普朗克常数 $h$,并与实际值 $h_0$ 比较,计算误差:

(1)根据 $K = \dfrac{\Delta U_0}{\Delta \nu} = \dfrac{U_{0i+1} - U_{0i}}{\nu_{0i+1} - \nu_{0i}}$,从上表中 5 组数据中求出 4 个 $K$,取平均值,由 $h = e\overline{K}$ 求出普朗克常数。

(2)用上表中的数据在坐标纸上做 $U_0 - \nu$ 直线,由图求出直线的斜率 $K$,由 $h = eK$ 求出普朗克常数。

### 3. 测光电管的 $I-U$ 关系

电流量程置 $10^{-11}$A 档,将电压选择置"伏安特性电压"档,电压调节用" $-2\sim30$V"旋钮,盖好两个遮光盖。仪器调零:旋转"电流调零"钮,使电流指示为 000.0。

(1)距离 $L = 400.0$mm,光阑孔径 $\phi = 4.0$mm,滤光片 546.1nm,$U_{KA}$ 从 $-2$V 开始步长 1.0V 记录数据直到 $U_{KA} = 30$V。

表 23 – 2    光电管的 $I-U$ 关系的测量 $a$

| $U_{KA}$(V) | $-2.0$ | … | … | 30 |
|---|---|---|---|---|
| $I(10^{-11}$A) | | | | |

（2）距离 $L = 400.0\text{mm}$，换光阑孔径 $\phi = 2.0\text{mm}$，滤光片 435.8nm，$U_{KA}$ 从 $-2\text{V}$ 开始步长 1.0V 记录数据直到 $U_{KA} = 30\text{V}$。

表 23 - 3　光电管的 $I - U$ 关系的测量 $b$

| $U_{KA}(\text{V})$ | $-2.0$ | $\cdots$ | $\cdots$ | 30 |
|---|---|---|---|---|
| $I(10^{-11}\text{A})$ | | | | |

（3）距离 $L = 400\text{mm}$，光阑孔径 $\phi = 2.0\text{mm}$，滤光片波长 546nm，$U_{KA}$ 从 $-2.0\text{V}$ 开始，步长为 1.0V，记录数据直到 $U_{KA} = 30.0\text{V}$。

| $U_{KA}(\text{V})$ | $-2.0$ | $-1.0$ | $\cdots$ | $\cdots$ | 29.0 | 30.0 |
|---|---|---|---|---|---|---|
| $I(10^{-11}\text{A})$ | | | | | | |

（4）在同一坐标中画出所测得光电管的三条 $U_{KA} \sim I$ 关系曲线，分析曲线并得到结论。

附

【仪器简介】

ZKY - GD - 3 光电效应实验仪器由汞灯及电源、滤色片、光阑、光电管、测试仪（含光电管电源和微电流放大器）构成，仪器结构如图 23 - 5 所示，测试仪的调节面板如图 23 - 6 所示。

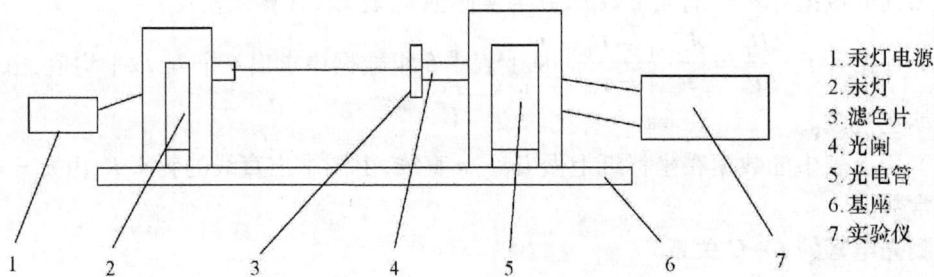

1. 汞灯电源
2. 汞灯
3. 滤色片
4. 光阑
5. 光电管
6. 基座
7. 实验仪

图 23 - 5　仪器结构示意图

汞灯：可用谱线 365.0nm、404.7nm、435.8nm、546.1nm、577.0nm、579.0nm
滤色片：5 片，透射波长 365.0 nm、404.7 nm、435.8nm、546.1nm、577.0nm
光阑：3 片，直径 2.0mm、4.0mm、8.0mm
光电管：光谱响应范围 320.0 ~ 700.0nm，暗电流：$I \leqslant 2 \times 10^{-12}\text{A}$（$-2\text{ V} \leqslant U_{AK} \leqslant 0\text{V}$）
光电管电源：2 档，$-2 \sim +2\text{V}$，$-2 \sim +30\text{V}$，三位半数显，稳定度 $\leqslant 0.1\%$
微电流放大器：6 档，$10^{-8} \sim 10^{-13}\text{A}$，分辨率 $10^{-14}\text{A}$，三位半数显，稳定度 $\leqslant 0.2\%$

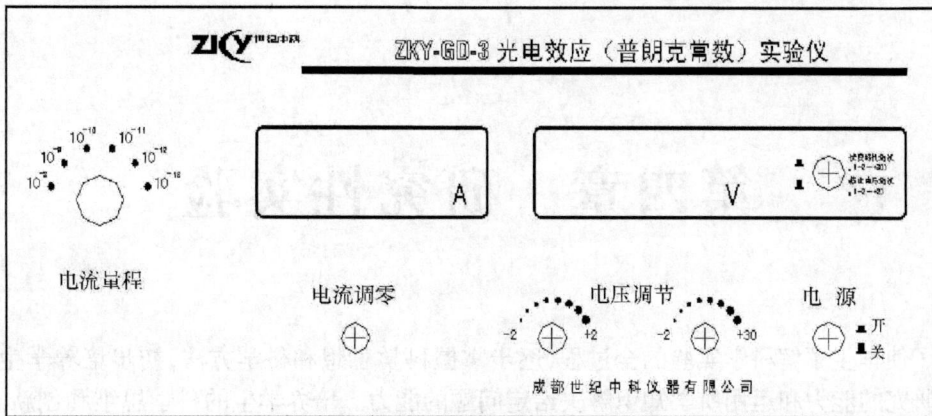

图 23 - 6　仪器前面

## 【注意事项】

1. 在仪器的使用过程中,不宜用汞灯直接照射光电管,对于加有光阑和滤光片的光电管也不宜长时间连续照射,否则将减少光电管的使用寿命。

2. 实验完成后,用光电管暗盒盖遮住光电管暗盒入射光口。

## 【思考题】

1. 用什么方法求出普朗克常数 $h$? 遏止电压 $U_0$ 与入射光频率有什么关系? 当 $U_0 = 0$ 时有什么结论?

2. 在实验中,若改变光电管上的强度,对 $I - U$ 曲线有何影响?

# 第四章　研究性实验

为了使学生了解科学实验的全过程,逐步掌握科学思想和科学方法,初步培养学生独立进行科学研究的能力和运用所学知识解决给定问题的能力。培养学生的科学思维和创新意识,积极主动的探索精神,本章设计了硅光电池基本特性的研究、磁阻效应研究等研究性实验。

## 实验二十四　硅光电池基本特性的研究

### 【实验目的】

1. 了解硅光电池的基本结构及基本原理。
2. 研究硅光电池的基本特性:硅光电池的开路电压和短路电流以及它们与入射光强度的关系;硅光电池的输出伏安特性等。

### 【实验仪器】

硅光电池基本特性测量仪,光源,负载电阻箱。

### 【实验原理】

硅光电池又称光生伏特电池,简称光电池。它是一种将太阳或其他光源的光能直接转化成电能的器件。由于它具有重量轻、使用安全、无污染等特点,在目前世界能源短缺和环境保护形势日益严峻的情况下,人们对硅光电池寄予厚望。硅光电池很可能成为未来电力的重要来源,同时,硅光电池在现代检测和控制技术中也有十分重要的地位,在卫星和宇宙飞船上都用硅光电池作为电源。

本实验对硅光电池的基本特性做初步研究。

**1. 硅光电池的基本结构**

硅光电池用半导体材料制成,多为面结合 PN 结型,靠 PN 结的光生伏特效应产生电动势。常见的有硅光电池和硒光电池。

在纯度很高、厚度很薄(0.4mm)的 N 型半导体材料薄片的表面,采用高温扩散法把硼扩散到硅片表面极薄一层内形成 P 层,位于较深处的 N 层保持不变,在硼所扩散到的最深处形成 PN 结。从 P 层和 N 层分别引出正电极和负电极,上面涂有一层防反射膜,其形状有圆形、方形、长方形,也有半圆形。硅光电池的基本结构如图 24 – 1 所示。

**2. 硅光电池的基本原理**

光电池的结构其实是一个较大面积的半导体 PN 结,工作原理即是光生伏特效应,当负

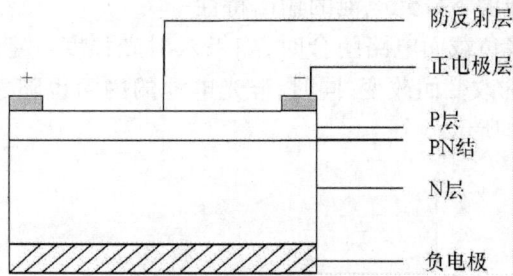

图 24 - 1　硅光电池的基本结构图

载接入 PN 两极后即得到功率输出。

当两种不同类型的半导体结合形成 PN 结时,由于分界层(PN 结)两边存在着载流子浓度的突变,必将导致电子从 N 区向 P 区和空穴从 P 区向 N 区扩散运动,扩散结果将在 PN 结附近产生空间电荷聚集区,从而形成由 N 区指向 P 区的内电场。当有光照射到 PN 结上时,具有一定能量的光子,会激发出电子 - 空穴对。这样,在内部电场的作用下,电子被拉向 N 区,而空穴被拉向 P 区,结果在 P 区空穴数目增加而带正电,在 N 区电子数目增加而带负电,在 PN 结两端产生了光生电动势,这就是硅光电池的电动势。若硅光电池接有负载,电路中就有电流产生,这就是硅光电池的基本原理。

单体硅光电池在阳光照射下,其电动势为 0.5 ~ 0.6V,最佳负荷状态工作电压为 0.4 ~ 0.5V,根据需要可将多个硅光电池串并联使用。

**3. 硅光电池的光电转换效率**

硅光电池在实现光电转换时,并非所有照射在电池表面的光能全部被转换为电能。例如,在太阳照射下,硅光电池转化效率最高,但目前也仅达 22% 左右。其原因有多种,如:反射损失;波长过长的光(光子能量小)不能激发电子空穴对,波长过短的光固然能激发电子 - 空穴对,但能量再大,一个光子也只能激发一个电子 - 空穴对;在离 PN 结较远处,被激发的电子 - 空穴对会自行重新复合;光电流通过 PN 结时有漏电等。

**4. 硅光电池的基本特性**

(1) 光电池的开路硅电压与入射光强度的关系

硅光电池的开路电压是硅光电池在外电路断开时两端的电压,用 $U_\infty$ 表示,亦即硅光电池的电动势。在无光照射时,开路电压为零。

硅光电池的开路电压不仅与硅光电池的材料有关,而且与入射光强度有关。在相同的光强照射下,不同材料制做的硅光电池的开路电压不同。理论上,开路电压的最大值等于材料禁带宽度的 1/2。例如禁带宽度为 1.1eV 的硅做硅光电池,开路电压为 0.5 ~ 0.6V。对于给定的硅光电池,其开路电压随入射光强度变化而变化。其规律是:硅光电池开路电压与入射光强度的对数成正比,即开路电压随入射光强度增大而增大,但入射光强度越大,开路电压增大得越缓慢。

(2) 硅光电池的短路电流与入射光的关系

硅光电池的短路电流就是它无负载时回路中电流,用 $I_{sc}$ 表示。对于给定的硅光电池,其短路电流与入射光强度成正比。因为入射光强度越大,光子越多,从而由光子激发的电子 - 空穴对越多,短路电流也就越大。

— 155 —

（3）在一定入射光强度下硅光电池的输出特性

当硅光电池两端连接负载而电路闭合时，如果入射光强度一定，则电路中的电流 $I$ 和路端电压 $U$ 均随负载电阻的改变而改变，同时，硅光电池的内阻也随之变化。硅光电池的输出伏安特性曲线如图 24 - 2 所示。

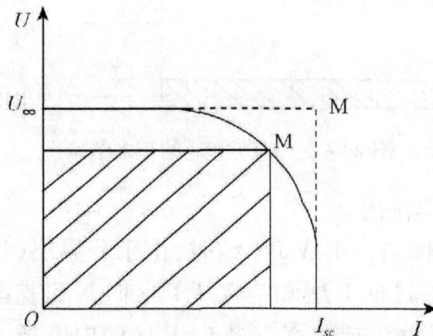

图 24 - 2　硅光电池的输出伏安特性曲线

图 24 - 2 中，$I_{sc}$ 为 $U = 0$，即短路时的电流，就是在该入射光强度下的硅光电池的短路电流 $I_{sc}$。$U_\infty$ 为 $I = 0$，即开路时的路端电压，也就是硅光电池在该入射光强下的开路电压，曲线上任一点所对应的 $I$ 和 $U$ 的乘积（在图中则是一个矩形的面积），就是硅光电池在相应负载电阻时的输出功率 $P$。曲线上有一点 M，它的对应 $I_{mp}$ 和 $U_{mp}$ 的乘积（即图中画斜线的矩形面积）最大，可见，硅光电池仅在它的负载电阻值为 $I_{mp}$ 和 $U_{mp}$ 值时，才有最大输出功率。这个负载电阻称为最佳电阻，用 $R_{mp}$ 表示。因此，我们通过研究硅光电池在一定入射光强度下的输出特性，可以找出它在该入射光强度下的最佳负载电阻，它在该负载电阻时工作状态为最佳状态，它的输出功率最大。

## 【实验内容】

### 1. 硅光电池基本常数的测定

（1）测定在一定入射光强度下，硅光电池的开路电压 $U_\infty$ 和短路电流 $I_{sc}$。

光源与硅光电池正对，调节光源与硅光电池处于适当位置（20cm）不变，即保持入射光强度不变，缓慢转动灯座：测出硅光电池的最大开路电压 $U_\infty$ 和最大短路电流 $I_{sc}$。改变光源与硅光电池的相对位置到 25,30,35,40（cm）重复上述步骤，测出相应的硅光电池的最大开路电压 $U_\infty$ 和最大短路电流 $I_{sc}$。填入表 24 - 1 中，并分析数据、给出结论。

表 24 - 1　硅光电池的开路电压 $U_\infty$ 和短路电流 $I_{sc}$ 的测量（不同位置）

| 距离（cm） | 20 | 25 | 30 | 35 | 40 |
|---|---|---|---|---|---|
| $I_{sc}$（mA） | | | | | |
| $U_\infty$（V） | | | | | |

（2）测定硅光电池的开路电压 $U_\infty$ 和短路电流 $I_{sc}$ 与入射光角度的关系。

① 光源与硅光电池正对，调节光源与硅光电池处于适当位置（20cm）不变，调节硅光电

池的角度刻线为 0,测出此时的硅光电池开路电压 $U_{\infty 1}$ 和短路电流 $I_{sc1}$。

② 转动硅光电池一定的角度 $\theta$(如 10°)测出开路电压 $U_{\infty 2}$ 和短路电流 $I_{sc2}$。再转动硅光电池,使其角度分别为 20°、30°、40°、50°、60°、70°、80°、90°时,测出相应角度时的开路电压 $U_\infty$ 和短路电流 $I_{sc}$。填入数据表 24 – 2。

③ 用坐标纸画出 $I_{sc} - \theta$ 及 $U_\infty - \theta$ 关系曲线。

表 24 – 2    硅光电池的开路电压 $U_\infty$ 和短路电流 $I_{sc}$ 的测量(不同角度)

| $\theta$ | 0° | 10° | 20° | 30° | 40° | 50° | 60° | 70° | 80° | 90° |
|---|---|---|---|---|---|---|---|---|---|---|
| $I_{sc}$(mA) | | | | | | | | | | |
| $U_\infty$(V) | | | | | | | | | | |

**2. 在一定入射光强度下,研究硅光电池的输出特性**

保持光源与硅光电池处于适当位置不变,即保持入射光强度不变。

(1) 测量硅光电池的开路电压 $U_\infty$ 和短路电流 $I_{sc}$。

(2) 按图 24 – 3 连线,测出不同负载电阻下的电流 $I$ 和电压 $U$。填入自拟表格中(可参考表 24 – 3)。(负载电阻阻值从零开始逐渐增加,每次增加 10Ω,到 500Ω,以后不一定等阻值增加,可根据电压的变化大小,如每次增加 50Ω 或 100Ω 或 1000Ω 直到 $R = 10000Ω$,大约共有 100 多组数据。)

(3) 计算在该入射光强度下,各个 $R$ 相对应的输出功率 $P = I \cdot U$,找出最大输出功率 $P_{max}$,以及相应的硅光电池的最佳负载电阻 $R_{mp}$、$I_{sc}$ 和 $U_\infty$ 值。

(4) 绘出输出伏安特性 $I - U$ 曲线。

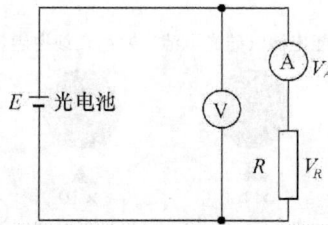

图 24 – 3    伏安特性电路图

表 24 – 3    硅光电池的输出特性

| $R(Ω)$ | | | | | | | | |
|---|---|---|---|---|---|---|---|---|
| $I$(mA) | | | | | | | | |
| $U$(V) | | | | | | | | |
| $P$(W) | | | | | | | | |

# 实验装置介绍

实验装置由光源和硅光电池两部分组成,如图 24 – 4 所示。

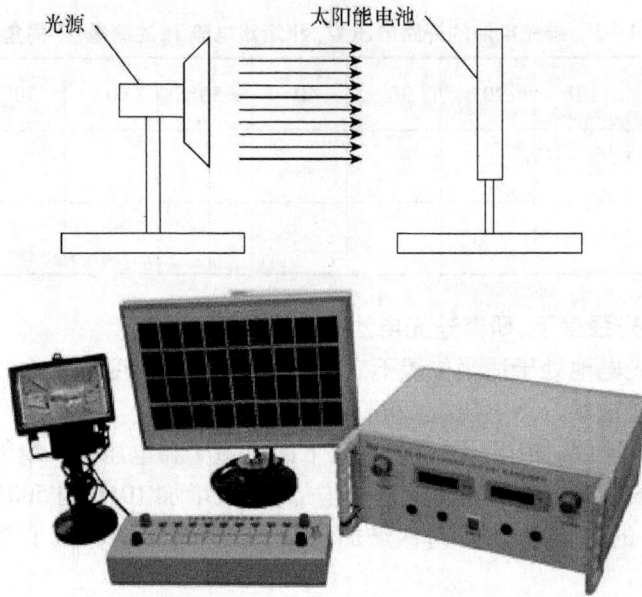

光源　　　　　　　　　太阳能电池

图 24 – 4　硅光电池实验装置

负载电阻箱如图 24 – 5 所示。

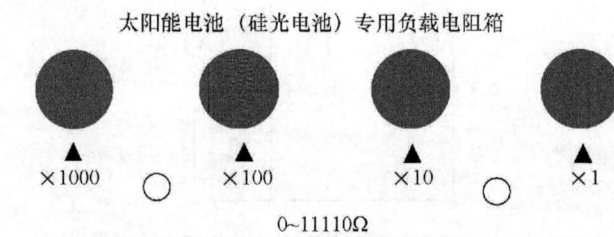

太阳能电池（硅光电池）专用负载电阻箱

×1000　　×100　　×10　　×1

0~11110Ω

图 24 – 5　负载电阻箱图

## 【思考题】

1. 光电池在工作时为什么要处于零偏或负偏?

2. 光电池对入射光的波长有何要求?

3. 如何获得高电压、大电流输出的光电池?

# 实验二十五　磁阻效应的研究

## 【实验目的】

1. 测量锑化铟传感器的电阻与磁感应强度的关系。
2. 做出锑化铟传感器的电阻变化与磁感应强度的关系曲线。
3. 对此关系曲线的非线性区域和线性区域分别进行拟合。

## 【实验仪器】

磁阻效应实验仪。

## 【实验原理】

一定条件下,导电材料的电阻值 $R$ 随磁感应强度 $B$ 的变化规律称为磁阻效应。如图 25-1所示,当半导体处于磁场中时,导体或半导体的载流子将受洛仑兹力的作用,发生偏转,在两端产生积聚电荷并产生霍耳电场。如果霍耳电场作用和某一速度载流子的洛仑兹力作用刚好抵消,那么小于或大于该速度的载流子将发生偏转,因而沿外加电场方向运动的载流子数量将减少,电阻增大,表现出横向磁阻效应。若将图 25-1 中 a 端和 b 端短路,则磁阻效应更明显。通常以电阻率的相对改变量来表示磁阻的大小,即用 $\Delta\rho/\rho(0)$ 表示。其中 $\rho(0)$ 为零磁场时的电阻率,设磁电阻在磁感应强度为 $B$ 的磁场中电阻率为 $\rho(B)$,则 $\Delta\rho = \rho(B) - \rho(0)$。由于磁阻传感器电阻的相对变化率 $\Delta R/R(0)$ 正比于 $\Delta\rho/\rho(0)$,这里 $\Delta R = R(B) - R(0)$,因此也可以用磁阻传感器电阻的相对改变量 $\Delta R/R(0)$ 来表示磁阻效应的大小。

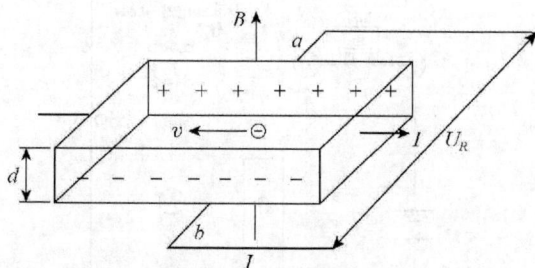

图 25-1　磁阻效应

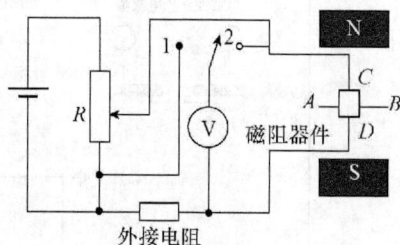

图 25-2　测量磁电阻实验装置

图 25-2 所示实验装置,用于测量磁电阻的电阻值 $R$ 与磁感应强度 $B$ 之间的关系。实验证明,当金属或半导体处于较弱磁场中时,一般磁阻传感器电阻相对变化率 $\Delta R/R(0)$ 正比于磁感应强度 $B$ 的平方,而在强磁场中 $\Delta R/R(0)$ 与磁感应强度 $B$ 呈线性关系。磁阻传感器的上述特性在物理学和电子学方面有着重要应用。

如果半导体材料磁阻传感器处于角频率为 $\omega$ 的弱正弦波交流磁场中,由于磁电阻相对变化量 $\Delta R/R(0)$ 正比于 $B^2$,则磁阻传感器的电阻值 $R$ 将随角频率 $2\omega$ 作周期性变化。即在弱正弦波交流磁场中,磁阻传感器具有交流电倍频性能。若外界交流磁场的磁感应强度 $B$ 为

$$B = B_0\cos\omega t \qquad\qquad (25-1)$$

式中,$B_0$ 为磁感应强度的振幅,$\omega$ 为角频率,$t$ 为时间。设在弱磁场中

$$\Delta R/R(0) = K \cdot B^2 \qquad\qquad (25-2)$$

式中,$K$ 为常量。

由 $(25-1)$ 式和 $(25-2)$ 式可得

$$R(B) = R(0) + \Delta R = R(0) + R(0) \cdot [\Delta R/R(0)] = R(0) + R(0)KB_0^2\cos\omega t$$

$$= R(0) + \frac{1}{2}R(0)KB_0^2 + \frac{1}{2}R(0)KB_0^2\cos 2\omega t \qquad\qquad (25-3)$$

式中,$R(0) + \frac{1}{2}R(0)KB_0^2$ 为不随时间变化的电阻值,而 $\frac{1}{2}R(0)KB_0^2\cos 2\omega t$ 为以角频率 $2\omega$ 作余弦变化的电阻值。

因此,磁阻传感器的电阻值在弱正弦波交流磁场中,将产生倍频交流电阻阻值变化。

实验采用 FD-MR-Ⅱ 型磁阻效应实验仪,图 25-3 为该仪器示意图

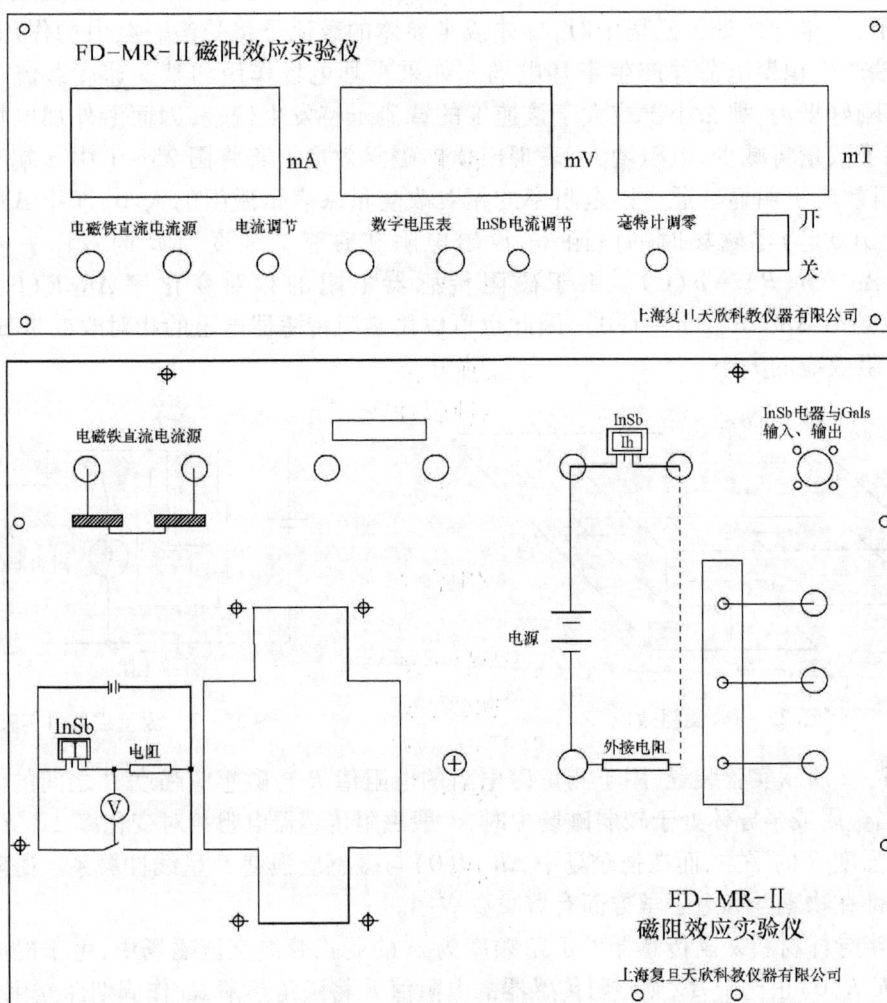

图 25-3　FD-MR-Ⅱ磁阻效应实验仪示意图

FD－MR－Ⅱ型磁阻效应验仪包括直流双路恒流电源、0～2V直流数字电压表、电磁铁、数字式毫特仪（GaAs 作探测器）、锑化铟（InSb）磁阻传感器、电阻箱、双向单刀开关及导线等组成。仪器连接如图 25－3 所示。

## 【实验内容】

### 1. 测量锑化铟磁阻传感器的电阻与磁感应强度的关系

在锑化铟磁阻传感器电流或电压保持不变的条件下，测量锑化铟磁阻传感器的电阻与磁感应强度的关系。$\frac{\Delta R}{R(0)}$ 与 $B$ 的关系曲线，并进行曲线拟合。（实验时注意 GaAs 和 InSb 传感器工作电流应小于 3mA）。

### 2. 选做内容

如图 25－4 所示，将电磁铁的线圈引线与正弦交流低频发生器输出端相接；锑化铟磁阻传感器通以 2.5mA 直流电，用示波器观察磁阻传感器两端电压与电磁铁两端电压形成的李萨如图形，证明在弱正弦交流磁场情况下，磁阻传感器具有交流正弦倍频特性。

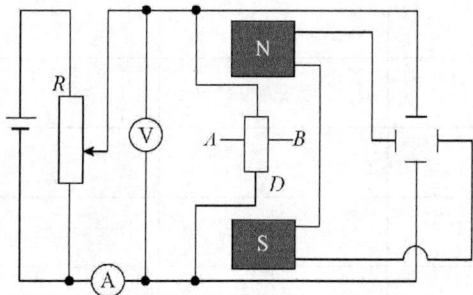

图 25－4　观察磁阻传感器倍频效应　　　　　　　图 25－5　李萨如图形

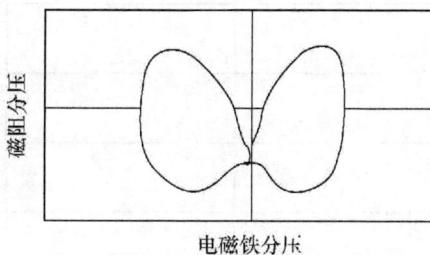

## 磁阻效应测量仪器使用方法

（1）直流励磁恒流源与电磁铁输入端相连，调节输入电磁铁的电流大小，改变电磁铁间隙中磁感应强度的大小；

（2）按图 25－2 所示将锑化铟（InSb）磁阻传感器与电阻箱串联，并与可调直流电源相接，数字电压表的一端连接磁阻传感器电阻箱公共接点，另一端与单刀双向开关的刀口处相连。

（3）调节通过电磁铁的电流，测量通过锑化铟磁阻传感器的电流值及磁阻器件两端的电压值，求磁阻传感器的电阻值 $R$，求出 $\frac{\Delta R}{R(0)}$ 与 $B$ 的关系。

# 测量表格及测量结果

## 表 25 - 1  磁阻效应的测量

取样电阻 $R =$ 　　　$\Omega$；电压 $U =$ 　　　mV；电流 $I_{取} = \dfrac{U}{R} =$ 　　　mA；

| 电磁铁 | InSb | $B \sim \dfrac{\Delta R}{R(0)}$对应关系 | | |
|---|---|---|---|---|
| $I_M$（mA） | $U_R$（mV） | $B$（mT） | $R(\Omega)$ | $\dfrac{\Delta R}{R(0)}$ |
| | | | | |
| | | | | |
| | | | | |
| | | | | |
| | | | | |
| | | | | |
| | | | | |
| | | | | |
| | | | | |
| | | | | |
| | | | | |
| | | | | |

## 【思考题】

1. 什么叫做磁阻效应？霍耳传感器为何有磁阻效应？

2. 锑化铟磁阻传感器在弱磁场中电阻值与磁感应强度的关系和在强磁场中时有何不同？这两种特性有什么应用？

# 实验二十六　光强分布的研究

## 【实验目的】

1. 可测定单缝、单丝、双缝、多缝等衍射或干涉图形的一维光强分布。
2. 可对偏振光实验光强变化进行测定。

## 【实验仪器】

光强分布测试仪,单缝,单丝,双缝,多缝,偏振片等。

## 【实验原理】

利用硅光电池作为光电转换,用检流计测量光电流,从而测定光强分布规律。

## 【实验内容】

1. 测定单缝、单丝、双缝、多缝等衍射或干涉图形的一维光强分布,并绘出光强分布图,得出结论。
2. 对偏振光实验光强变化进行测定,每 4° 记录光强数据,测量一周。并以度为横轴,光强为纵轴绘出偏振光曲线,得出结论。

实验表格根据实验内容自拟。

# 实验二十七 非线性电路与混沌现象的研究

## 【实验目的】

1. 测量非线性负阻元件的伏安特性曲线。
2. 观察非线性电路的混沌现象。

## 【实验仪器】

DH6501 非线性电路混沌实验仪,双踪示波器,电阻箱,数字万用表。

## 【实验原理】

自 1963 年美国气象学家洛仑兹发现大气对流运动中的混沌现象以来,非线性动力学及与之相关的混沌现象的研究便成了近年来科学界研究的热门课题。混沌现象涉及物理学、数学、化学、生物学、电子学、计算机科学乃至经济学和社会学等众多领域。因而混沌运动也被视为 21 世纪既相对论和量子力学之后的第三重大发现。由于电路通常容易精确控制和测量,因此除计算机外,非线性电路成了研究混沌现象的有力工具。

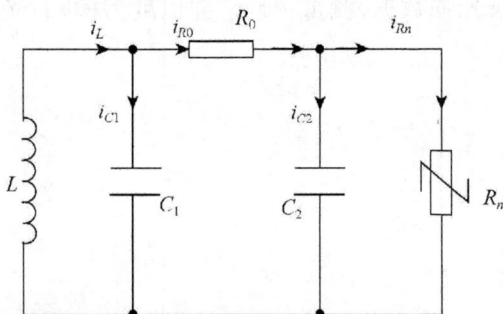

图 27 - 1 蔡氏电路的等效电路

### 1. 非线性电路及其混沌现象

非线性电路多种多样,用它们可以模拟各种动力学系统。美国加州大学伯克利分校蔡少棠教授设计出一种无交变电源激励下的非线性电路,称为蔡氏电路。它已成为人们研究混沌振荡的一种典型的非线性电路。如图 27 - 1 所示是一种简单的蔡氏电路的等效电路。

电路中除普通的可变电阻($R_0$)、电容($C_1$ 和 $C_2$)和电感($L$)外,它有一个由一些元件组成的等价非线性负阻元件 $R_n$,由基尔霍夫定律很易写出此非线性电路的状态方程:

$$i_{C2} = i_{R0} - i_{Rn}$$
$$i_{C1} = i_L - i_{R0}$$
$$L \cdot \frac{di_L}{dt} = -V_{C1} \tag{27-1}$$

由电容的定义:

$$C = \frac{Q}{V} \tag{27-2}$$

及电流强度的定义:

$$i = \frac{dQ}{dt} \tag{27-3}$$

得

$$i_C = \frac{dQ}{dt} = C\frac{dV}{dt} \tag{27-4}$$

代入式(27-1)并考虑到 $V_{R0} = V_{C1} - V_{C2}$ 和 $V_{Rn} = V_{C2}$ 得

$$C_2 \frac{dV_{C2}}{dt} = \frac{V_{C1} - V_{C2}}{R_0} - \frac{V_{C2}}{R_n}$$

$$C_1 \frac{dV_{C1}}{dt} = i_L - \frac{V_{C1} - V_{C2}}{R_{01}} \qquad (27-5)$$

$$L \cdot \frac{di_L}{dt} = -V_{C1}$$

式中 $V_{C1}$ 和 $V_{C2}$ 分别为电容 $C_1$ 和 $C_2$ 两端的电压，$i_L$ 为电感中的电流。

若 $R_n$ 是线性的，电路即为一般的振荡电路。方程组(27-5)是线性的，其解为正弦(或余弦)函数。将 $C_1$ 和 $C_2$ 两端的电压 $V_{C1}$ 和 $V_{C2}$ 分别输入到示波器的 $x$ 和 $y$ 轴，则显示的图形是椭圆，如图 27-2(a)所示。

但是如果 $R_n$ 是非线性的，方程组(27-5)是非线性的，不存在解析解。将 $C_1$ 和 $C_2$ 两端的电压 $V_{C1}$ 和 $V_{C2}$ 分别输入到示波器的 $x$ 和 $y$ 轴，当取合适的参数值，示波器上显示出二倍周期分岔如图 27-2(b)所示、三倍周期分岔如图 27-2(c)所示，四倍周期分岔如图 27-2(d)所示和如图 27-3 所示的双吸引子复杂混沌图形。

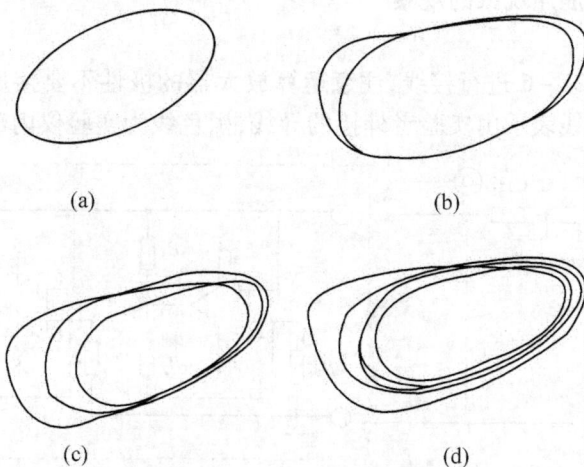

(a)      (b)

(c)      (d)

图 27-2 分岔示意图

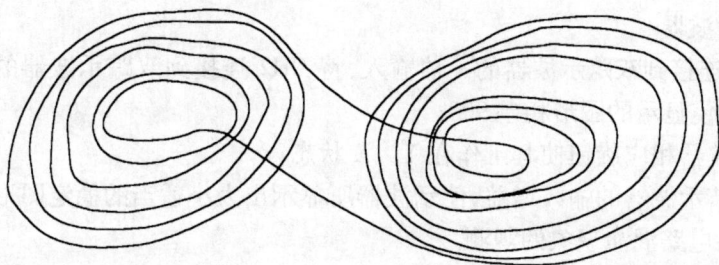

图 27-3 双吸引子复杂混沌图形

**2. 有源非线性负阻元件的实现**

有源非线性负阻元件 $R_n$ 的实现的方法多种多样，这里介绍一种较简单的电路如图

27 – 4 所示,其中包含有 6 个电阻两个运算放大器。

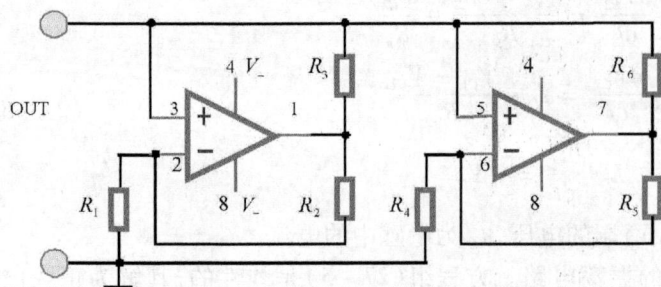

图 27 – 4　有源非线性负阻元件

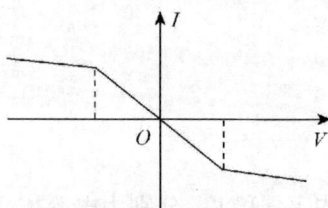

图 27 – 5　有源非线性负阻元件的
伏安特性曲线

$R_n$ 的伏安特性曲线如图 27 – 5 所示,加在此元件上的电压与通过它的电流不是线性关系且极性相反,因而将此元件称为非线性负阻元件。

## 【实验内容及步骤】

**1. 非线性电路的混沌现象的观察**

(1) 接线

按照电路原理图 27 – 6 进行接线,注意运算放大器的极性不要接反,接好的线路图如图 27 – 7 所示(其中红色线表示由实验者外接的导线,黑色线为实验仪内部已接好的线)。

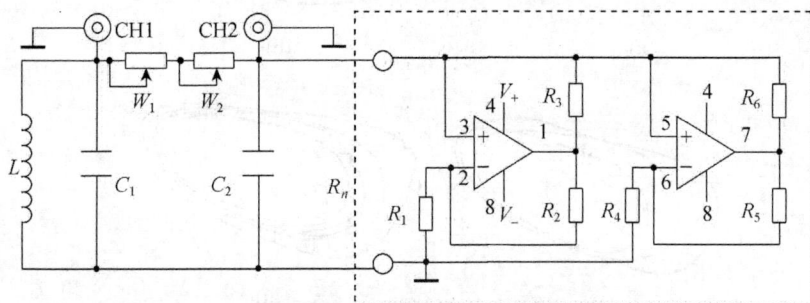

图 27 – 6　非线性电路原理图

(2) 调节示波器

① 将 CH1 连接到双踪示波器的 $x$ 轴输入,将 CH2 连接到双踪示波器的 $y$ 轴输入;可以交换 $x$、$y$ 输入,使显示的图形相差 90°;

② 调节示波器相应旋钮使其工作在 Y – X 状态;

③ 适当调节示波器的输入增益,使示波器所显示出大小适当的稳定图形。

(3) 非线性电路混沌现象的观测

① 首先把电感调到 20mH 或 21mH;

② 右旋细调电位器 $W_2$ 到底,左旋或右旋粗调电位器 $W_1$,使示波器出现一个椭圆;

③ 左旋细调电位器 $W_2$,示波器上会出现 2 倍周期分岔、3 倍周期分岔、4 倍周期分岔……最终出现双吸引子(混沌)现象;

④ 改变电感值,观察电感对实验现象的影响。

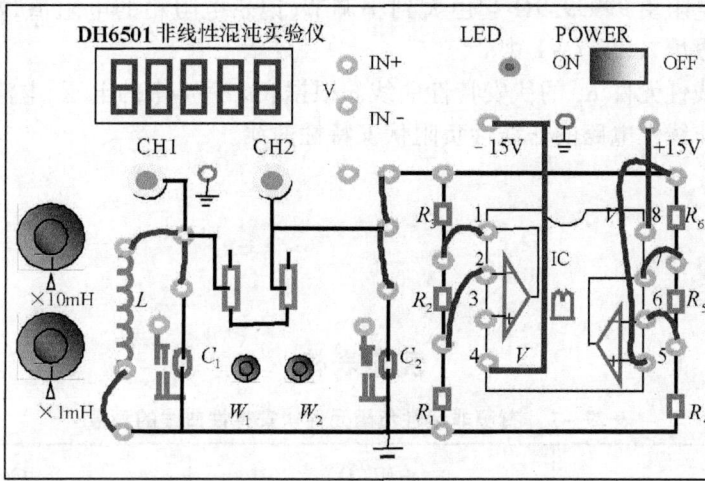

图 27 – 7　非线性电路接线图

**2. 有源非线性负阻元件伏安特性曲线的测量**

（1）测量原理如图 27 – 8 所示，具体接线如图27 – 9 所示，其中电流表用一般的四位半的数字万用表，$R$ 为电阻箱，注意数字电流表的正极接电压表的正极。

（2）检查接线无误后即可开启电源。

（3）改变电阻箱的阻值，测量出非线性元件 $R_n$ 的电流和电压值。

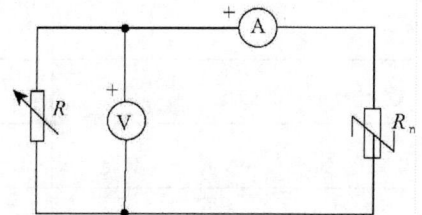

图 27 – 8　有源非线性负阻元件伏安特性曲线的测量原理

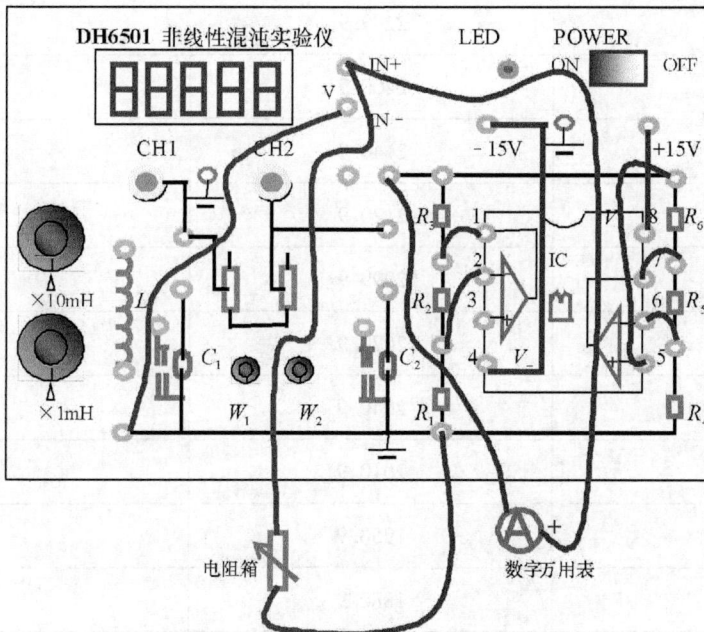

图 27 – 9　有源非线性负阻元件伏安特性曲线的测量接线图

将电阻箱的电阻由99999.9Ω起由大到小调节,记录电阻箱的电阻值,数字电压表和电流表上对应的读数填入表27 – 1中。

（4）绘出非线性元件 $R_n$ 的伏安特性曲线。根据表27 – 1中的电压、电流数值,在坐标纸上描点绘出有源非线性电路的非线性负阻伏安特性曲线。

附

## 测量表格

表27 – 1　有源非线性负阻元件伏安特性曲线的测量

| 电压（V） | 电阻（Ω） | 电流（A） |
|---|---|---|
| | 79999.9 | |
| | 39999.9 | |
| | 9999.9 | |
| | 7999.9 | |
| | 4999.9 | |
| | 2999.9 | |
| | 2299.9 | |
| | 2200.9 | |
| | 2140.9 | |
| | 2120.9 | |
| | 2099.9 | |
| | 2070.9 | |
| | 2040.9 | |
| | 2010.9 | |
| | 1950.9 | |
| | 1880.9 | |

| 电压(V) | 电阻(Ω) | 电流(A) |
|---|---|---|
| | 1790.9 | |
| | 1690.9 | |
| | 1590.9 | |
| | 1490.9 | |
| | 1390.9 | |
| | 1330.9 | |
| | 1320.9 | |
| | 1319.9 | |
| | 1316.9 | |
| | 1310.9 | |
| | 1300.9 | |
| | 1290.9 | |
| | 1270.9 | |
| | 1250.9 | |
| | 1220.9 | |
| | 1100.9 | |
| | 1000.9 | |

注:实验中,可能会出现电压、电流曲线在二、四象限,这属于正常现象,由于元件的差异,非线性负阻特性曲线可能不一样,请同学们认真分析这种现象。

## 【注意事项】

1. 双运算放大器的正负极不要接错。
2. 关闭电源后,方可拆掉实验板上的接线。
3. 使用仪器前先预热 10～15 分钟。

# 实验二十八  核磁共振现象的研究

## 【实验目的】

1. 了解核磁共振的实验基本原理。
2. 学习利用核磁共振校准磁场和测量 $g$ 因数（郎德因数）的方法。

## 【实验仪器】

永久磁铁（含扫场线圈），核磁共振仪（含两个探头：样品分别为水和聚四氟乙烯），电源，数字频率计，示波器。

## 【实验原理】

核磁共振是重要的物理现象。所谓核磁共振，是指磁矩不为零的原子核处于恒定磁场中，由射频或微波电磁场引起塞曼能级之间的共振跃迁现象。核磁共振实验技术在物理、化学、生物、临床诊断、计量科学和石油分析与勘探等许多领域得到重要应用。1945 年发现核磁共振现象的美国科学家铂塞耳（Purcell）和布洛赫（Bloch）在 1952 年获得诺贝尔物理学奖。在改进核磁共振技术方面作出重要贡献的瑞士科学家恩斯特（Ernst）1991 年获得诺贝尔化学奖。

根据量子理论，氢原子中电子的能量不能连续变化，只能取离散的数值。原子核自旋角动量也不能连续变化，只能取离散值 $P = \sqrt{I(I+1)}\hbar$，其中 $I$ 称为自旋量子数，只能取 0，1，2，3，…整数值或 1/2，3/2，5/2，…半整数值。公式中的 $\hbar = \dfrac{h}{2\pi}$，$h = 6.6262 \times 10^{-34} \text{J} \cdot \text{s}$ 为普朗克常数。对不同的核素，$I$ 有不同的确定数值，当原子核的中子数和质子数皆为偶数时，$I = 0$，观察不到共振现象，例如 $^{12}\text{C}$，$^{16}\text{O}$；当原子核的中子数和质子数的和为奇数时，$I = \dfrac{1}{2}$，例如 $^{1}\text{H}$，$^{19}\text{F}$；当原子核的中子数和质子数的皆为奇数时，$I$ 为正整数，例如 $^{6}\text{Li}$，$^{14}\text{Na}$ 等。后两类原子核都可以观察到核磁共振现象。本实验涉及的质子和氟核 $^{19}\text{F}$ 的自旋量子数都等于 $\dfrac{1}{2}$。类似地，原子核的自旋角动量在空间某一方向，例如 $z$ 方向的分量也不能连续变化，只能取离散的数值 $P_z = m\hbar$，其中量子数 $m$ 只能取 $I, I-1, \cdots, -I+1, -I$ 共 $(2I+1)$ 个数值。

设原子核是一个质量为 $m_N$、电荷量为 $q$ 的自旋体，其自旋磁矩简称核磁矩，大小为

$$\mu = g\frac{q}{2m_N}p \tag{28-1}$$

其中 $g$ 是一个由原子核结构决定的因数。对不同种类的原子核，$g$ 的数值不同，称为原子核的 $g$ 因数也叫郎德因数。值得注意的是 $g$ 可能是正数，也可能是负数。因此，核磁矩的方向可能与核自旋角动量方向相同，也可能相反。

原子核的核矩通常用 $\mu_N = \dfrac{e\hbar}{2m_p}$ 作为单位，$\mu_N$ 称为核磁子。式中 $e$ 为电子的电荷量；$m_p$ 为质子的质量。若用 $\mu_N$ 作为核磁矩的单位，则

$$\mu = g\mu_N \frac{p}{\hbar} \qquad (28-2)$$

引入另一个可以由实验测量的物理量，定义为原子核的磁矩与自旋角动量之比（磁旋比）：

$$\gamma = \frac{\mu}{p} = \frac{g\mu_N}{\hbar} \qquad (28-3)$$

磁旋比是反映核固有性质的物理量。当 $\gamma$ 由实验测出时，$g$ 值即可求得。

定义 $\frac{\gamma}{2\pi}$ 为回旋频率，表 28 – 1 给出几种核素的自旋量子数、核磁矩和回旋频率。

表 28 – 1　几种核素的自旋量子数、核磁矩和回旋频率

| 核素 | 自旋数 $I$ | 磁矩 $\left(\dfrac{\mu}{\mu_N}\right)$ | 回旋频率（MHz/T） |
|---|---|---|---|
| $^1$H | 1/2 | 2.79270 | 42.577 |
| $^2$H | 1 | 0.85738 | 6.536 |
| $^{12}$C | 0 | | |
| $^{13}$C | 1/2 | 0.70216 | 10.705 |
| $^{14}$N | 1 | 0.403557 | 3.076 |
| $^{15}$N | 1/2 | – 0.28304 | 4.315 |
| $^{16}$O | 0 | | |
| $^{17}$O | 5/2 | – 1.8930 | 5.772 |
| $^{18}$O | 0 | | |
| $^{19}$F | 1/2 | 2.6273 | 40.055 |
| $^{31}$P | 1/2 | 1.1305 | 17.235 |

核磁矩在恒定外磁场 $B_0$ 中时，核在 $B_0$ 方向（定为 $z$ 方向）的核磁矩分量为：

$$\mu_z = \gamma P_z = \gamma m\hbar = mg\mu_N$$

式中，$m$ 为磁量子数，取值范围是 $-I \leqslant m \leqslant I$，其最大磁矩分量为

$$\mu_z = Ig\mu_N$$

通常将 $B_0$ 方向的最大磁矩作为核的磁矩。

在无外磁场时，每一个原子核的能量都相同，所有原子核处在同一能级。但是，在加一个外磁场 $B_0$ 后，（通常把 $B_0$ 的方向规），由于外磁场 $B_0$ 与磁矩的相互作用能为

$$E = -\mu B_0 = -\mu_z B_0 = -\gamma m\hbar B_0 = -mg\mu_N B_0 \qquad (28-4)$$

量子数 $m$ 取值不同,核磁矩的能量也就不同,从而原来简并的同一能级分裂为 $(2I+1)$ 个子能级。这些不同子能级的能量虽然不同,但相邻能级之间的能量间隔 $\Delta E = \gamma\hbar B_0$ 是一样的。对于质子,$I = \frac{1}{2}$,因此,$m$ 只能取 $m = \frac{1}{2}$ 和 $m = -\frac{1}{2}$ 两个数值,加磁场前后的能级分别如图 $(28-1)$ 中的 $(a)$ 和 $(b)$ 所示。

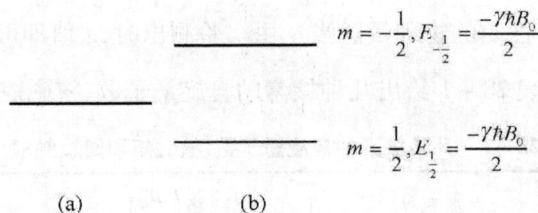

$$m = -\frac{1}{2}, E_{-\frac{1}{2}} = \frac{-\gamma\hbar B_0}{2}$$

$$m = \frac{1}{2}, E_{\frac{1}{2}} = \frac{-\gamma\hbar B_0}{2}$$

$(a)$ $\qquad$ $(b)$

图 $28-1$ 能级分裂

在外磁场 $B_0$ 中,原子核在不同能级上的分布服从玻尔兹曼分布。这时,若在与 $B_0$ 垂直的方向上再施加一个高频电磁场 $B_1$(通常称为射频场),当射频场的频率满足 $h\nu = \Delta E$ 时会引起原子核在上下能级之间跃迁,但由于一开始处在下能级的核比在上能级的要多,因此净效果是往上跃迁的比往下跃迁的多,从而使系统的总能量增加,这相当于系统从射频场中吸收了能量。

引起的上述跃迁称为共振跃迁,简称为共振。显然共振时要求射频场的频率满足共振条件:$\nu = \frac{\gamma}{2\pi}B$

用圆频率表示为

$$\omega = \frac{g\mu_N}{\hbar}B = \gamma B \tag{28-5}$$

式 $(28-5)$ 称为核磁共振条件。

如果频率的单位用 Hz,磁场的单位用 T(特斯拉),对于质子,由大量实验测量得到 $\frac{\gamma}{2\pi} = 42.577469\,\text{MHz/T}$,但是对于原子或分子中处于不同基团的质子,由于不同质子所处的化学环境不同,受到周围电子屏蔽的情况不同,$\frac{\gamma}{2\pi}$ 的数值将略有差别,这种差别称为化学位移。对于温度为 25℃ 球形容器中水样品的质子,$\frac{\gamma}{2\pi} = 42.577469\,\text{MHz/T}$,本实验可采用这个数值作为很好的近似值。通过测量质子在磁场 $B_0$ 中的共振频率 $\nu_H$ 可实现对磁场的校准,即

$$B_0 = \frac{\nu_H}{\frac{\gamma}{2\pi}} \tag{28-6}$$

反之,若 $B_0$ 已经校准,通过测量未知原子核的共振频率 $\nu$ 便可求出原子核的 $\gamma$ 值或 $g$ 因数:

$$\frac{\gamma}{2\pi} = \frac{\nu}{B_0} \tag{28-7}$$

$$g = \frac{\dfrac{\nu}{B_0}}{\dfrac{\mu_N}{h}} \qquad\qquad (28-8)$$

其中，$\dfrac{\mu_N}{h} = 7.6225914\ \mathrm{MHz/T}$。

通过上述讨论，要发生共振必须满足 $\nu = \dfrac{\gamma}{2\pi} B_0$。为了观察到共振现象通常有两种方法：一种是固定 $B$，连续改变射频场的频率，这种方法称为扫频方法；另一种方法，也就是本实验采用的方法，即固定射频场的频率，连续改变磁场的大小，这种方法称为扫场方法。如果磁场的变化不是太快，而是缓慢通过与频率对应的磁场时，用一定的方法可以检测到系统对射频场吸收信号，如图 28-2(a) 所示，称为吸收曲线，这种曲线具有洛伦兹型曲线的特征。但是，如果扫场变化太快，得到即将是如图 28-2(b) 所示的带有尾波的衰减振荡曲线。然而，扫场变化的快慢是相对具体样品而言的。例如，本实验采用的扫场为频率 50Hz、幅度在 $10^{-5} \sim 10^{-3}$ 的交变磁场，对固态的聚四氟乙烯样品而言是变化十分缓慢的磁场，其吸收信号将如图 28-2(a) 所示，而对于液态的水样品而言却是变化太快的磁场，其吸收信号将如图 28-2(b) 所示，而且磁场越均匀，尾波中振荡的次数越多。

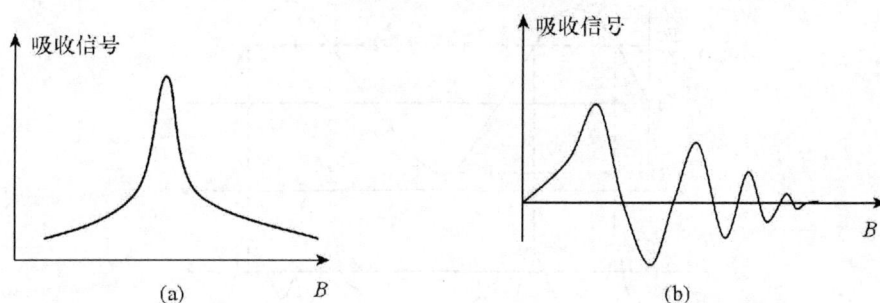

图 28-2　吸收曲线

## 【实验内容】

### 1. 校准永久磁铁中心的磁场 $B_0$

（1）搜索共振信号

把样品为水（掺有三氯化铁）的探头插入到磁铁中心，并使测试仪前端的探测杆与磁场在同一水平方向上，左右移动测试仪使它大致处于磁场的中间位置。将测试仪前面板上的"频率输出"和"NMR 输出"分别与频率计和示波器连接。把示波器的扫描速度旋钮放在 1ms/格位置，纵向放大旋钮放在 0.5V/格或 1V/格位置。"X 轴偏转输出"与示波器上加到示波器的 X 轴（外接）连接，打开频率计、示波器和核磁共振仪电源的工作电源开关以及扫场电源开关，这时频率计应有读数。连接好"扫场电源输出"与磁场底座上的"扫场电源输入"，打开电源开关并把输出调节在较大数值，缓慢调节测试仪频率旋钮，改变振荡频率（由小到大或由大到小）同时监视示波器，搜索共振信号。

由于磁场是永久磁铁的磁场 $B_0$ 和一个 50Hz 的交变磁场叠加的结果，总磁场为

$$B = B_0 + B'\cos\omega' t \qquad\qquad (28-9)$$

其中 $B'$ 是交变磁场的幅度，$\omega'$ 是市电的圆频率。总磁场在 $(B_0 - B') \sim (B_0 + B')$ 的范围内按图 28-3 的正弦曲线随时间变化。由 $(28-5)$ 式可知，只有 $\frac{\omega}{\gamma}$ 落在这个范围内才能发生共振。为了容易找到共振信号，要加大 $B'$（即把扫场的输出调到较大数值，使可能发生共振的磁场变化范围增大）。

另一方面要调节射频场的频率，使 $\frac{\omega}{\gamma}$ 落在这个范围。一旦 $\frac{\omega}{\gamma}$ 落在这个范围，在磁场变化的某些时刻总磁场 $B = \frac{\omega}{\gamma}$，在这些时刻就能观察到共振信号，如图 28-3 所示，共振发生在 $B = \frac{\omega}{\gamma}$ 的水平虚线与代表总磁场变化的正弦曲线交点对应的时刻。如前所述，水的共振信号将如图 28-2(b) 所示，而且磁场越均匀尾波中的振荡次数越多，因此一旦观察到共振信号后，应进一步仔细调节测试仪在的左右位置，使尾波中振荡的次数最多，亦即使探头处在磁铁中磁场最均匀的位置。

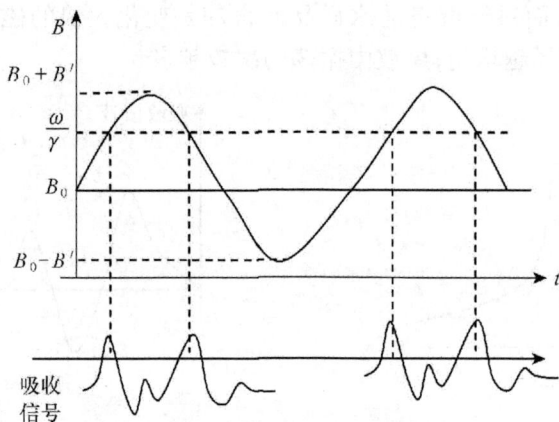

图 28-3　扫描信号与共振信号

由图 28-3 可知，只要 $\frac{\omega}{\gamma}$ 落在 $(B_0 - B') \sim (B_0 + B')$ 范围内就能观察到共振信号，但这时 $\frac{\omega}{\gamma}$ 未必正好等于 $B_0$，从图上可以看出：当 $\frac{\omega}{\gamma} \neq B_0$ 时，各个共振信号发生的时间间隔并不相等，共振信号在示波器上的排列不均匀。只有当 $\frac{\omega}{\gamma} = B_0$ 时，它们才均匀排列，这时共振发生在交变磁场过零时刻，而且从示波器的时间标尺可测出它们的时间间隔为 10ms。当然，当 $\frac{\omega}{\gamma} = B_0 - B'$ 或 $\frac{\omega}{\gamma} = B_0 + B'$ 时，在示波器上也能观察到均匀排列的共振信号，但它们的时间间隔不是 10ms，而是 20ms。因此，只有当共振信号均匀排列而且间隔为 10ms 时才有 $\frac{\omega}{\gamma} = B_0$，这时频率计的读数才是与 $B_0$ 对应的质子的共振频率。

（2）定量估计 $B_0$ 的测量误差 $\Delta B_0$

作为定量测量,我们除了要求出待测量的数值外,还关心如何减小测量误差并力图对误差的大小作出定量估计从而确定测量结果的有效数字。从图 28 – 4 可以看出,一旦观察到共振信号,$B_0$ 的误差不会超过扫场的幅度 $B'$。因此,为了减小估计误差,在找到共振信号之后应逐渐减小扫场的幅度 $B'$,并相应地调节射频场的频率,使共振信号保持间隔为 10ms 的均匀排列。在能观察到和分辨出共振信号的前提下,力图把 $B'$ 减小到最小程度,记下 $B'$ 达到最小而且共振信号保持间隔为 10ms 均匀排列时的频率 $\nu_H$,利用水中质子的 $\frac{\gamma}{2\pi}$ 值和公式（28 – 6）求出磁场中待测区域的 $B_0$ 值。顺便指出,当 $B'$ 很小时,由于扫场变化范围小,尾波中振荡的次数也少,这是正常的,并不是磁场变得不均匀。

为了定量估计 $B_0$ 的测量误差 $\Delta B_0$,首先必须测出 $B'$ 的大小。可采用以下步骤:保持这时扫场的幅度不变,调节射频场的频率,使共振先后发生在 $(B_0 - B')$ 与 $(B_0 + B')$ 处,这时图 28 – 3 中与 $\frac{\omega}{\gamma}$ 对应的水平虚线将分别与正弦波的峰顶和谷底相切,即共振分别发生在正弦波的峰顶和谷底附近。这时从示波器看到的共振信号均匀排列,但时间间隔为 20ms,记下这两次的共振频率 $\nu'_H$ 和 $\nu''_H$,利用公式

$$B' = \frac{(\nu'_H - \nu''_H)}{2\left(\frac{\gamma}{2\pi}\right)} \qquad (28 – 10)$$

可求出扫场的幅度。

实际上的 $B_0$ 估计误差比 $B'$ 还要小,这是由于借助示波器上网格的帮助,共振信号排列均匀程度的判断误差通常不超过 10%,由于扫场大小是时间的正弦函数,容易算出相应的 $B_0$ 的估计误差是扫场幅度 $B'$ 的 80% 左右,考虑到 $B'$ 的测量本身也有误差,可取 $B'$ 的 1/10 作为 $B_0$ 的估计误差,即取

$$\Delta B_0 = \frac{B'}{10} = \frac{(\nu'_H - \nu''_H)}{20\left(\frac{\gamma}{2\pi}\right)} \qquad (28 – 11)$$

式（28 – 11）表明,由峰顶与谷底共振频率差值的 $\frac{1}{20}$,利用 $\frac{\gamma}{2\pi}$ 数值可求出 $\Delta B_0$ 的估计误差,本实验 $\Delta B_0$ 只要求保留一位有效数字,进而可以确定 $B_0$ 的有效数字,并要求给出测量结果的表达式,即:

$$B_0 = 测量值 \pm 估计误差$$

现象观察:适当增大 $B'$,观察到尽可能多的尾波振荡,然后向左（或向右）逐渐移动测试仪在磁场中的左右位置,使前端的样品探头从磁铁中心逐渐移动到边缘,同时观察移动过程中共振信号波形的变化并加以解释。

（3）选做实验

利用样品为水的探头,把测试仪移到磁场的最左（或最右）,测量磁场边缘的磁场大小。

**2. 测量 $^{19}F$ 的 $g$ 因数**

把样品为水的探头换为样品聚四氟乙烯的探头,并把测试仪相同的位置。示波器的纵

向放大旋钮调节到 50mV/格或 20mV/格,用与校准磁场过程相同的方法和步骤测量聚四氟乙烯中$^{19}$F 与 $B_0$ 对应的共振频率 $\nu_F$ 以及在峰顶及谷底附近的共振频率 $\nu'_F$ 及 $\nu''_F$,利用 $\nu_F$ 和公式(28-8)求出$^{19}$F 的 $g$ 因数。根据公式(28-8),$g$ 因数的相对误差为

$$\frac{\Delta g}{g} = \sqrt{\left(\frac{\Delta \nu_F}{\nu_F}\right)^2 + \left(\frac{\Delta B_0}{B_0}\right)^2} \tag{28-12}$$

其中, $B_0$ 和 $\Delta B_0$ 为校准磁场得到的结果,与上述估计 $\Delta B_0$ 的方法类似,可取作 $\Delta \nu_F = (\nu'_F - \nu''_F)/20$ 作为 $\nu_F$ 的估计误差。

求出 $\dfrac{\Delta g}{g}$ 之后可利用已算出的 $g$ 因数求出绝对误差 $\Delta g$,$\Delta g$ 也只保留一位有效数字并由它确定 $g$ 因数测量结果的表达式。

观测聚四氟乙烯中氟的共振信号时,比较它与掺有三氯化铁的水样品中质子的共振信号波形的差别。

### 附

## 核磁共振仪器使用说明

**1. 核磁共振仪器介绍**

(1) 磁铁:提供实验用磁场

(2) 磁场扫描电源

扫场电源开关:扫场电源的开与关控制(电源开指示灯亮)

扫场调节旋钮:用于捕捉共振信号;顺时针调节幅度增加

$X$ 轴偏转调节旋钮:用于相位的调节,顺时针调节幅度增加

电源开关:电源的开与关控制(电源开指示灯亮)

扫场电源输出:用连接线连接到磁铁底座上的接线柱

电源输出(三芯航空插头):供"边限振荡器"工作电源

$X$ 轴偏转输出:用 Q9 连接线接到示波器的外接输入

(3) 边限振荡器

边限振荡器的振荡频率在 16~24MHz 之间可调。

① 频率调节旋钮:用于频率的调节,顺时针调节频率增加。

② 工作电流调节旋钮:使振荡器处于边限振荡状态,以提高核磁共振信号的检测灵敏度,并避免信号的饱和。

③ NMR 输出:用于信号的观测,接示波器。

④ 频率输出:接频率计共振频率的测量。

⑤ 电压输入:边限振荡器的工作电源输入。

(4) 探头

内有用于产生射频场的接受线圈、起屏蔽作用的铜管及接边限振荡器的 L 接头。

## 2. 核磁共振调试步骤

（1）连接图（图 28 – 4）

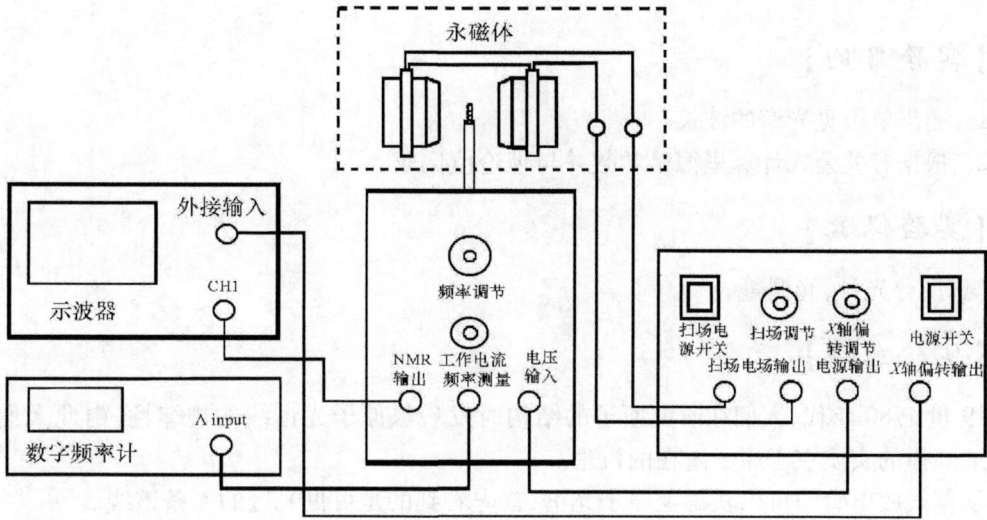

图 28 – 4　核磁共振实验连线图

（2）调试步骤

① 将"扫场电源"的"扫场输出"两个输出端，接磁铁底座上的扫场线圈扫场电源输入。

② 将"边限振荡器"的"NMR 输出"用 Q9 线接示波器 $CH_1$ 通道或 $CH_2$ 通道。"频率输出"用 Q9 线接频率计的 A 通道（频率计的通道选择：A 通道，即 1Hz100MHz；Fuction 选择：FA；GATE TIME 选择 1s）。

③ "扫场电源"的"扫场调节旋钮"顺时针调至接近最大（旋至最大后，再往回旋半圈；因为最大时电位器电阻为零，输出短路因而对仪器有一定损伤），这样可以加大捕捉信号的范围。

④ 将硫酸铜样品放入探头中并将其置于磁铁中。调节"边限振荡器"的频率调节电位器，将频率调节至磁铁标志的 $^1H$ 共振频率附近，在此附近捕捉信号；调节旋钮时要慢，因为共振范围非常小，很容易跳过。

**注**：因为磁铁的磁场强度随温度的变化而变化（成反比关系），所以应在标志频率附近 $\pm 1MHz$ 的范围进行信号的捕捉。

⑤ 调出共振信号后，降低扫描幅度，调节频率至信号等宽。同时调节样品在磁铁中的空间位置来得到最强、尾波最多、弛豫时间最长的共振信号。

⑥ 测量 $^{19}F$ 时将测得的 $^1H$ 的共振频率 $\div 42.577 \times 40.055$，即得到 $^{19}F$ 的共振频率（比如 $^1H$ 的共振频率为 20.000 MHz，则 $^{19}F$ 的共振频率为 20.000 MHz $\div 42.571 \times 40.055 = 18.815MHz$）。由于 $^{19}F$ 的共振信号较小，故此时应适当地降低其扫描幅度（一般不大于 3V），这是因为样品的弛豫时间过长会导致饱和现象而引起信号变小。射频幅度随样品不同而不同。表 28 – 1 列举了部分样品的最佳的射频幅度，在初次调试时应注意，否则信号太小不容易观测。

# 实验二十九　氢可见光谱的研究

## 【实验目的】

1. 测出氢可见光谱的波长。
2. 根据有关公式计算里德堡常数并与理论值比较。

## 【实验仪器】

氢灯,分光计,光栅等。

## 【实验原理】

19 世纪 80 年代,人们在研究原子的结构时发现氢原子光谱线的规律性,由此人们意识到光谱规律的实质在于原子内在的机理。

从氢气放电管中可以获得氢原子光谱,首先看到的是可见光区的 4 条谱线。

1885 年,巴耳末发现氢原子光谱中这四条看似毫无规律的谱线波长却可用一个简单的公式表示出来,即

$$\lambda = 365.46 \frac{n^2}{n^2 - 4} \text{nm} \qquad (n = 3,4,5,6) \tag{29-1}$$

1890 年里德伯在巴耳末研究的基础上,用波长的倒数来替代波长将巴耳末公式(29-1)改写成更简单的形式

$$\frac{1}{\lambda} = R_H\left(\frac{1}{2^2} - \frac{1}{n^2}\right) \qquad (n = 3,4,5,\cdots) \tag{29-2}$$

其中 $R_H$ 称为里德伯常量,其值为 $R_H = 1.097\,373\,153\,4 \times 10^7 \text{m}^{-1}$。式(29-2)所表示的光谱系称为巴耳末系。

在氢原子光谱中,除了巴耳末系,人们又陆续发现了在紫外线部分的莱曼系,在红外线部分的帕邢系、布拉开系和普丰德系。这些谱线系也像巴耳末系一样,可以用一些简单的公式表达

紫外区莱曼系　　$\dfrac{1}{\lambda} = R_H\left(\dfrac{1}{1^2} - \dfrac{1}{n^2}\right)$　　$(n = 2,3,4,\cdots)$

红外区帕邢系　　$\dfrac{1}{\lambda} = R_H\left(\dfrac{1}{3^2} - \dfrac{1}{n^2}\right)$　　$(n = 4,5,6,\cdots)$

布拉开系　　$\dfrac{1}{\lambda} = R_H\left(\dfrac{1}{4^2} - \dfrac{1}{n^2}\right)$　　$(n = 5,6,7,\cdots)$

普丰德系　　$\dfrac{1}{\lambda} = R_H\left(\dfrac{1}{5^2} - \dfrac{1}{n^2}\right)$　　$(n = 6,7,8,\cdots)$

将这些公式合并,可以得到如下的氢原子光谱公式

$$\frac{1}{\lambda} = R_H\left(\frac{1}{m^2} - \frac{1}{n^2}\right) \tag{29-3}$$

其中，$m = 1,2,3,\cdots$，每一个 $m$ 值对应于一个谱线系；对于每个确定的 $m$ 值，有 $n = m + 1$，$m + 2,\cdots$。

氢原子光谱的规律性，说明原子内部存在着固有的规律性。

## 【实验内容】

本实验要求利用分光计和光栅测出氢原子的可见光区的四条谱线的波长。具体方法参见分光计的调整实验和光栅特性实验，并利用公式（29 - 2）算出里德伯常量并与理论值比较。

数据表格自定，可参考分光计的调整实验和光栅特性实验中的表格。

# 第五章　设计性实验

设计性实验是根据给定的实验题目、要求和实验条件,由学生自己设计方案并基本独立完成全过程的实验。开设设计性实验是为了使学生通过设计性实验提高科学实验能力和创造性。做设计性实验时,要求学生自己推证有关理论,确定实验方法,制订实验方案,选择合适的实验仪器设备进行实验,最后写出比较完整的实验报告。

设计性实验的核心是设计和选择实验方案,并在实验中检验实验方案的正确性和合理性,在设计时应注意以下几点:

1. 根据研究的要求与实验精度的要求,确定所应用的原理。
2. 选择合适的实验方法与测量方法。
3. 选择与测量条件相配的仪器设备。
4. 实验时应考虑各种系统误差并分析产生的原因,尽量减小系统误差的影响。

本章设计了力学、电学和光学三个设计性实验,在每个设计性实验中,学生可以根据自己的学习兴趣选择不同的实验题目。

## 实验三十　力学设计性实验

### 题目一　测定重力加速度

【实验仪器】

气垫导轨,单摆,电脑通用计数器,气源,滑块。

【实验要求】

1. 选择仪器,写出实验原理(可参见实验二)。
2. 写出实验步骤,自拟实验数据表格。
3. 对实验结果进行误差分析。

### 题目二　简谐振动的研究

【实验仪器】

气垫导轨,电脑通用计数器,气源,弹簧,滑块。

## 【实验要求】

1. 写出实验原理。
2. 写出实验步骤,自拟实验数据表格。
3. 对实验结果进行误差分析。

# 题目三　验证牛顿第二定律

## 【实验仪器】

气垫导轨,电脑通用计数器,气源,滑块。

## 【实验要求】

1. 写出实验原理。
2. 写出实验步骤,自拟实验数据表格。
3. 对实验结果进行误差分析。

# 题目四　动量守恒和机械能守恒定律的验证

## 【实验仪器】

气垫导轨,电脑通用计数器,气源,滑块,天平。

## 【实验要求】

1. 写出实验原理。
2. 写出实验步骤,自拟实验数据表格。
3. 对实验结果进行误差分析。

# 实验三十一　电学设计性实验

## 题目一　微安表内阻的测量

### 【实验仪器】

微安表,电阻箱,滑线变阻器,可调稳压电源,电键及导线若干。

### 【实验要求】

1. 选择测量方法,写出实验原理,画出实验电路图。
2. 写出实验步骤,自拟实验数据表格。
3. 对实验结果进行误差分析。

## 题目二　电表的改装与校准

### 【实验仪器】

微安表,电阻箱,滑线变阻器,可调稳压电源,电键及导线若干。

### 【实验要求】

1. 提出改装电表的方案,写出实验原理,画出实验电路图。
2. 写出实验步骤,自拟实验数据表格。
3. 对实验结果进行误差分析。

## 题目三　非线性元件的伏安特性

### 【实验仪器】

电流表,电压表,小灯珠,二极管,电阻箱,滑线变阻器,可调稳压电源,电键及导线若干。

### 【实验要求】

1. 写出实验原理,画出实验电路图。
2. 写出实验步骤,自拟实验数据表格。
3. 画出所测的非线性元件的伏安特性曲线。
4. 对实验结果进行误差分析并给出实验结论。

### 【注意事项】

测量小灯珠的伏安特性时,工作电压不得超过6V。

# 实验三十二　光学设计性实验

## 题目一　薄透镜焦距的测定

### 【实验仪器】

光具座,物(可由小灯照亮),平面镜,凸透镜,凹透镜,像接收屏。

### 【实验要求】

1. 将光具座上的各元件调共轴。
2. 至少用两种方法测出凸透镜的焦距并写出实验原理,画出光路图。
3. 测出凹透镜的焦距并写出实验原理,画出光路图。
4. 自拟实验数据表格。

提示:测凸透镜的焦距可有平面镜法、物距像距法、共轭法。

## 题目二　简单望远镜的组装

### 【实验仪器】

光具座,物(可由小灯照亮),平面镜,凸透镜,凹透镜,像接收屏。

### 【实验要求】

1. 将光具座上的各元件调共轴。
2. 用薄透镜组装简单望远镜。
3. 测出望远镜的放大倍数。

# 第六章　应用性实验

结合我校办学宗旨,适应应用型人才培养的需要,培养学生理论联系实际的能力,激发学生的学习主动性,逐步培养学生运用所学知识和技能解决实际问题的能力,本章设计了与生产、生活紧密相关的应用性实验题目,如:静电植绒、光栅特性的研究与应用等。

## 实验三十三　静电植绒

### 【实验目的】

1. 掌握静电植绒的基本原理和方法。
2. 掌握静电高压电源的使用。
3. 了解静电现象在生产实际中的应用。

### 【实验仪器】

静电植绒装置,静电高压电源,稳压电源,绒毛(两种),贺卡纸,导线若干,绝缘棒。

### 【实验原理】

#### 1. 静电植绒的基本原理

静电植绒(Electrostatic Flocking)早在 1929 年由一位法国物理学家雷纳·拉欧苏瓦(Rene Laharssois)在英国获得专利,1941 年后在欧洲得到进一步发展。日本自 1953 年以来才逐渐发展起来。我国起步于 1958 年,但是直到近几年才在生产上有所突破。上海绒布厂采用静电技术生产出各种植绒织物。北京某塑料厂利用静电植绒新技术,将色彩绚丽的绒毛植在塑料的表面。该厂生产的新产品可进行烫金、压花、真空成型等二次加工,广泛应用于内外包装、服装、装饰等行业。

静电植绒以库仑定律为基础。绒毛在一般的情况下,系电介质,它呈中性状态。当绒毛在外电场的作用下发生极化,在垂直电场的表面出现束缚的极化电荷,绒毛此时成为一个偶极子。

例如,当绒毛处于带电量为 $Q$ 的点电荷 A 所形成的非均匀场中,如图 33 – 1 所示,绒毛 BC 被极化,产生束缚的极化电荷($-q$, $+q$),并受到电场力的作用。根据库仑定律,AB 间的引力为:

$$F_{引} = \frac{Q \cdot q}{4\pi\varepsilon_0 r_1^2} \tag{33 – 1}$$

AC 间存在斥力,大小为

$$F_{斥} = \frac{Q \cdot q}{4\pi\varepsilon_0 r_2^2} \tag{33-2}$$

因为 $r_1 < r_2$ ,所以 $F_{引} > F_{斥}$ 。

此时绒毛受到电荷 A 的吸引,并附着在 A 的表面,这就是静电植绒的基本原理。

另外,在电场中的绒毛上的电荷分布,除了因极化而产生的极化电荷外,还由于受到各种客观环境和外加条件的影响,绒毛还带有一定量的净余电荷。如果图 33-1 中的绒毛带有净余负电荷,那么绒毛所受的引力就会明显增强,植绒效果将会更好。

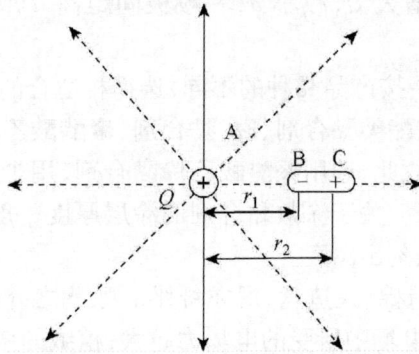

图 33-1　绒毛在电场中的极化

## 2. 静电植绒的方法及工艺条件

(1) 静电植绒方法

静电植绒有上升法、下降法、向上向下法、喷射法等数种。图 33-2 所示为下降法静电植绒的原理图。

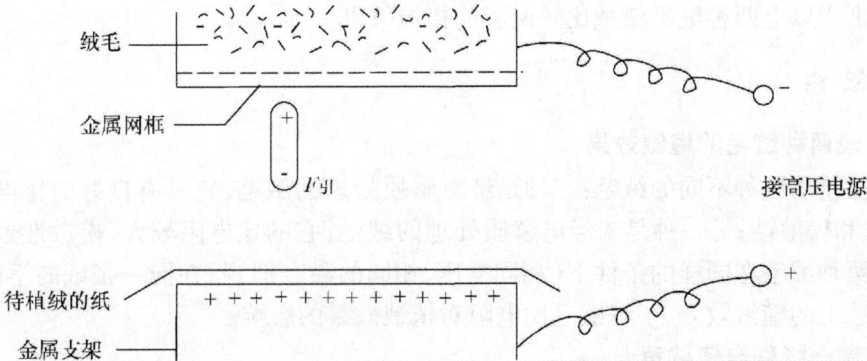

图 33-2　静电植绒原理图

在金属网框和金属支架上加 30~45kV 的高压静电,金属网框带负电,金属支架带正电,这样在两者之间形成高压静电场。经处理后的绒毛与金属网框作用而带有一定量的负电荷,同时被高压静电场极化。因此绒毛在电场力的作用下加速运动,一根根地植入预先涂好黏合剂的纸表面上。

同时,我们会观察到有一部分绒毛在正负极间往复运动,其原因是落到纸上未被黏合剂粘着的绒毛在与纸面接触的瞬间将电荷转移到纸上,使绒毛呈电中性。随即又与纸呈同一电极性,从而受到向上的电场力的作用,因此这部分绒毛会继续向上运动飞升至金属网框。故静电场中的绒毛会有一部分不断地在正负极间往复运动。当然这部分绒毛量越少越好,它取决于绒毛的比电阻值。

(2) 静电植绒的工艺条件

① 植绒的极距和工作电压:为了得到理想的植绒效果,希望绒毛所受的引力越大越好。这就需要尽可能地增加电场强度 $E$。根据 $E = \dfrac{U}{d}$ 可知,要尽量使极间距离 $d$ 缩小,两极间电压尽量提高,但也不能无限增大 $U$,减小 $d$,一般极间距离 $d$ 取 $8 \sim 12$cm,极间电压控制在 $30 \sim 45$kV 为妥。

② 植绒所使用的黏合剂:按产品品种的不同,选择相适合的黏合剂。一般常用的有聚氯乙烯糊状树脂、乳液型丙烯酸酯类黏合剂、FA 黏合剂、聚醋酸乙烯等。本实验是将绒毛植在纸上,制作一个精美的贺卡,故此,选用聚醋酸乙烯黏合剂,用少量水调匀。黏合剂的黏度不宜过高,否则会影响植绒效果。关于涂敷黏合剂的涂层厚度一般可控制在 $0.2 \sim 0.3$mm。若图形比较小,也可用双面胶纸刻出图案。

③ 绒毛:最常用的有人造棉、人造丝、尼龙纤维。除此之外还有采用纯棉、聚酯纤维、聚丙烯腈纤维等数种。绒毛在电场中所受的电场力越大,植绒的效果越好。根据 $F = qE$,一方面是提高场强 $E$;另一方面就是增加绒毛的带电量 $q$。由此可见绒毛的电性能对植绒效果影响很大,它的比电阻控制在 $10^8 \sim 10^9\ \Omega/$cm 较佳。为了达到一定数值的比电阻,必须对绒毛进行电解质处理。一般常用的助剂有氯化钠、氯化镁等金属盐处理。尼龙绒毛的电解质处理所使用的助剂有酒石酸钾钠、磷酸二氢钾、硫酸三甘肽或抗静剂,再加入适量的二氧化硅、氧化镁、滑石粉等松散剂,只要处理恰当,就可获得良好的比电阻和松散性。

本实验所使用的绒毛有两种:一种是未经电解质处理的绒毛,另一种是经电解质处理的绒毛。分别用以上两种绒毛植绒比较两者的植绒效果。

## 【实验内容】

### 1. 比较两种绒毛的植绒效果

本实验使用两种不同的绒毛:一种是经电解质处理的绒毛,它具有良好的比电阻($10^8 \sim 10^9\Omega/$cm)和松散性;另一种是未经电解质处理的绒毛,它的比电阻较大,松散性也较差。分别将以上两种绒毛在同样的条件下(相同电压、相同的黏合剂)植在同一张纸的不同位置上。比较两种绒毛的植绒效果,了解绒毛比电阻对植绒效果的影响。

### 2. 自制一张静电植绒贺卡

(1) 设计图案

在贺卡纸上设计图案,并在图案上涂敷好黏合剂。

(2) 植绒

将各色绒毛(用经电解质处理好的绒毛)分别植在贺卡上。

(3) 安装音乐芯片

按照图 33 - 3 所示的音乐芯片安装图安装在贺卡内,使得在打开贺卡时听到优美的乐曲,关闭贺卡时音乐停止,这样一张精美的静电植绒电子音乐贺卡就制作好了。

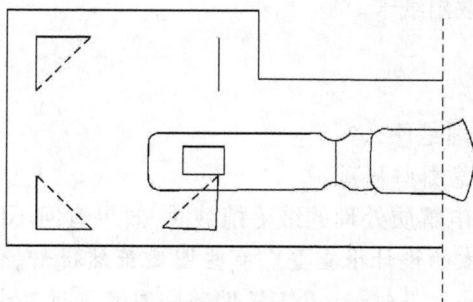

图 33 - 3　芯片安装图

## 【实验步骤】

### 1. 接线

稳压电源的输出端与静电高压电源的输入端相连,静电高压电源的高压输出端与静电植绒装置的金属网框(负极)和金属支架(正极)相连接,如图 33 - 4 所示。

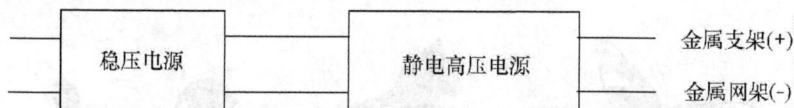

图 33 - 4

### 2. 涂敷黏合剂

首先用少量水将黏合剂调匀,使其黏度适中,调好后用毛笔将黏合剂涂敷在待植绒的纸上。将涂好黏合剂的纸固定在金属支架上。

### 3. 植绒

一切准备工作做好后,开始植绒。打开稳压电源的开关,调节输出微调旋钮,直至静电高压电源输出 40kV 左右。然后用绝缘棒不断搅拌绒毛,使绒毛迅速下落并植到涂有黏合剂的纸上。

### 4. 放电

植绒完毕后,先关闭稳压电源的开关,然后用一根导线接通金属网框和金属支架,使二者积聚的电荷中和放电。

在确信金属网框和金属支架间没有电压后取出植好绒的纸。

## 【注意事项】

实验中所使用的高压电源输出上万伏高压,在使用时注意安全,防止电击。

1. 植绒前一定要在断电的情形下,将涂好黏合剂的纸卡固定在金属支架上。一切准备工作做好后,才能接通电源。

2. 在植绒期间不能随意取出或放入纸卡,也不能用手直接触摸静电装置的任何部位,以防触电。

3. 植绒完毕后,先关稳压电源,然后给金属支架和金属网框放电,确信金属支架和金属网框无电荷的情况下才能取出纸卡。

**【思考题】**

1. 静电植绒的基本原理是什么？
2. 使用高压电源应注意哪些事项？
3. 用普通绒毛和用经电解质处理的绒毛植绒时，效果有何不同？其原因是什么？

**说明：**静电植绒时，图案的设计很重要。有些图案虽然很好，但植绒后的效果不一定好。一般来说剪影类的图案植绒效果较好，以下提供部分图案仅供参考。

# 实验三十四　光栅特性的研究与应用

## 【实验目的】

1. 进一步熟悉分光计的调整和使用。
2. 观察光通过光栅后的衍射现象。
3. 利用已知光波波长测定光栅常数，并分析影响误差的因素。
4. 用衍射光栅测定光波波长，并分析影响误差的因素。

## 【实验仪器】

分光计,汞灯,光栅。

## 【实验原理】

光栅是根据多缝衍射原理制成的一种分光元件,它能产生谱线间距较宽的光谱。光栅不仅适用于可见光,还适用于红外光和紫外线,常用在光谱仪中。光栅可分为透射式和反射式两类。透射式平面光栅,是在光学平板玻璃片上刻画大量相互平行的等宽、等间距的刻痕而制成的。刻痕处由于散射不易透光,成为光栅上不透光的部分,而两刻痕之间仍可以透光,相当于透光的狭缝。所以光栅是一排密集、均匀而平行的狭缝。若光栅透光狭缝的宽度为 $a$,两缝间不透光部分的宽度(即刻痕宽度)为 $b$,则 $a+b$ 称为光栅常数,用 $d$ 表示,即 $d = a+b$,如图 34 – 1 所示。一般实验用的光栅其光栅常数约为 $10^{-5} \sim 10^{-6}$ m,即在 1mm 宽度内约有 $100 \sim 1000$ 条狭缝。原刻光栅非常贵重,本实验室用的是复制透射光栅。

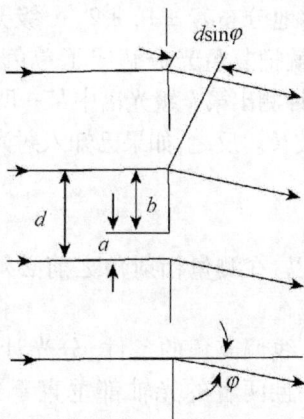

图 34 – 1　光栅

当单色平行光垂直照射在光栅上时,图 34 – 2 中透过各狭缝的光因衍射将向各个方向传播。

每一方向的平行光经透镜会聚在其焦平面上而发生干涉,所以在透镜焦平面上形成一系列被相当的暗区隔开的明亮、锐细的条纹,称为谱线。在入射光方向上,衍射角 $\varphi = 0$,形成的明条纹光最强,称为零线条纹或零级谱线。排列在它右侧的明条纹依次为 1 级,

2 级，……谱线；排列在它左侧的明条纹依次为 –1 级，–2 级，……谱线。各正负谱线对称地分布在零级谱线的两侧。

根据光栅衍射理论，当平行光垂直入射时，衍射光谱中明条纹的位置由下式决定：

$$(a + b)\sin\varphi_k = \pm k\lambda \qquad (k = 0,1,2,\cdots)$$

或
$$d\sin\varphi_k = \pm k\lambda \tag{34-1}$$

上式称为光栅方程，式中 $d = a + b$ 为光栅常数，$\lambda$ 为光波波长，$k$ 为明条纹（光谱线）的级数，$\varphi_k$ 为第 $k$ 级明条纹的衍射角。

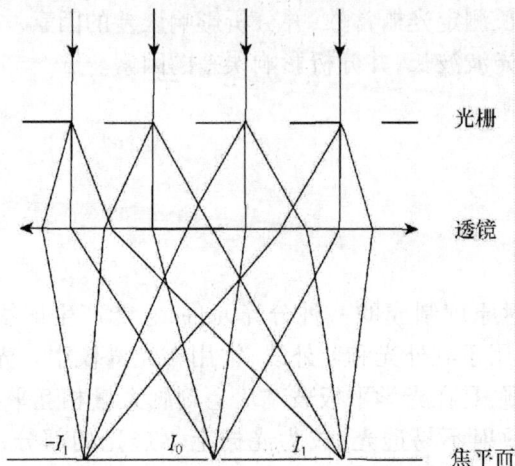

图 34 – 2  光栅的衍射

如果入射光不是单色光，由光栅方程(34 – 1)式可以看出，光的波长不同，其衍射角 $\varphi_k$ 也各不相同，于是复色光将被分解。在中央，$k = 0$、$\varphi_0 = 0$ 处，各色光仍重叠在一起，组成中央明条纹。在中央明条纹两侧对称地分布着 $\pm 1$，$\pm 2$，…级光谱。各级光谱线按波长大小的顺序依次排列成一组彩色谱线，这就把复色光分解成了单色光。

如果已知光栅常数 $d$，用分光计测出第 $k$ 级光谱中某一明条纹的衍射角 $\varphi_k$，按式(34 – 1)即可算出该明条纹所对应的单色光的波长。反之，如果已知入射光的波长，则可计算出光栅常数 $d$。

## 【实验内容】

本实验在分光计上进行，所以，在测量衍射角之前必须做好下列两件事：

**1. 调整分光计**

为满足平行光入射和测准光线偏离角的条件，分光计的调整应满足：望远镜适合于观测平行光；平行光管发出平行光，并且两者的光轴都垂直于分光计主轴。调整方法见分光计的调整实验有关部分。

**2. 调节光栅**

(1) 光栅刻痕与分光计主轴平行

具体步骤为：将光栅如图 34 – 3 所示安放在载物台上，用目视使光栅平面与分光计主轴大致平行。转动望远镜，观察衍射光谱的分布情况，注意中央条纹两侧的各级谱线是否在同一水平面内，若谱线有高低变化，则说明平行光管的狭缝（此狭缝平行于分光计主轴）与光栅刻痕不平行。此时可调节载物台螺丝 $S_1$（见图 34 – 3），直到叉丝平分各条谱线为止。

（2）调节光栅平面与平行光管光轴垂直,以满足平行光垂直入射光栅的条件,具体操作如下:

转动载物台,使光栅平面与平行光管光轴大致垂直。然后将望远镜叉丝对准零级谱线(中央明条纹)中心,记下刻度盘读数。这就是入射光的方位。再测出在零级左、右两侧同级(例如+2级和-2级)同色(如绿线)谱线的方位。分别算出它们与入射光的夹角,如果两者相差不超过2′,就可以认为光线是垂直入射了。此时载物台必须固定,在以后的测量中不能再动。

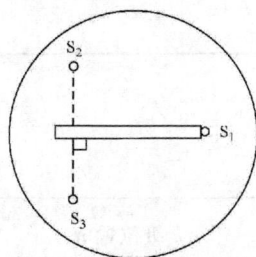

图34-3　光栅在载物台上的位置

**3. 利用已知光波波长测定光栅常数**

利用汞光的绿线,其波长为$\lambda = 546.1\text{nm}$,测定光栅常数。把分光计和光栅调好后,测出绿线第1、2级谱线的衍射角。代入式(34-1)求出光栅常数$d$,推导出$d$的误差公式,并依此公式讨论如何减小误差。

并写出科学表达式　　　　　　　　$d = \bar{d} \pm \Delta d$

**4. 利用已知光栅常数测定光波波长**

利用上一步测得的光栅常数$d$,测定汞光中黄线的波长,测出黄线第1、2级谱线的衍射角。代入式(34-1)求出黄线波长$\lambda$,推导出$\lambda$的误差公式,依此公式讨论如何减小误差。

附

## 测量表格及测量结果

### 表34-1　已知光波波长测定光栅常数

$\lambda = 546.1\text{nm}$

|  | 第1级 | | 第2级 | |
| --- | --- | --- | --- | --- |
|  | 游标1 | 游标2 | 游标1 | 游标2 |
| $+k$级位置$\vartheta$ |  |  |  |  |
| $-k$级位置$\vartheta'$ |  |  |  |  |
| $\varphi = \dfrac{\lvert \vartheta - \vartheta' \rvert}{2}$ |  |  |  |  |
| $\bar{\varphi} = \dfrac{\varphi_1 + \varphi_2}{2}$ |  |  |  |  |
| $d = a + b$ |  |  |  |  |

写出科学表达式　　$d = \bar{d} \pm \Delta d$

表 34 - 2　已知光栅常数测定光波波长

$d =$

| | 第 1 级 | | 第 2 级 | |
|---|---|---|---|---|
| | 游标 1 | 游标 2 | 游标 1 | 游标 2 |
| $+k$ 级位置 $\vartheta$ | | | | |
| $-k$ 级位置 $\vartheta'$ | | | | |
| $\varphi = \dfrac{\|\vartheta - \vartheta'\|}{2}$ | | | | |
| $\bar{\varphi} = \dfrac{\varphi_1 + \varphi_2}{2}$ | | | | |
| $\lambda$ | | | | |

写出科学表达式　$\lambda = \bar{\lambda} \pm \Delta\lambda$

## 【注意事项】

1. 由于衍射光谱中中央明条纹两侧光谱线是对称的,为消除斜入射带来的误差,测量 $k$ 级谱线时,应测出 $+k$ 级和 $-k$ 级谱线的方位,两者读数之差的一半即为 $\varphi_k$。

2. 为消除分光计刻度盘的偏心差,测量每一条谱线时,都应从刻度盘上的两个游标读数,先计算出每个游标所示的转角 $\varphi_1$ 和 $\varphi_2$,再取两者的平均值 $\varphi$ 作为测量结果。(请参阅分光计调整实验的数据记录及处理。)

3. 为使叉丝准确而迅速地对准谱线左右中心,必须使用望远镜的微调螺丝来调准。

4. 光栅是精密光学元件,严禁用手触摸光栅表面,以免弄脏损坏。

5. 汞光灯很强,不可直接用肉眼观察,以免伤害眼睛,必要时,可在狭缝前加一两张纸以减弱其强度。

## 【思考题】

1. 测量时,应将望远镜叉丝对准谱线中心,还是谱线的边缘?

2. 利用钠光($\lambda = 589.3\text{nm}$)垂直入射到 1mm 内有 500 条刻痕的平面透射光栅上时,最多能看到几级光谱;请说明理由。

# 实验三十五　摄影基本知识

## 【实验目的】

1. 掌握照相机工作的基本原理及主要结构。
2. 学会使用照相机并能初步应用摄影技术拍出不同效果的照片。

## 【实验仪器】

照相机,翻拍架,曝光表,近摄接圈等。

## 【实验原理】

在物理学的光学部分,我们已学过了薄透镜成像的原理,照相机就是这一原理的实际应用。图 35 – 1 为照相机原理图。

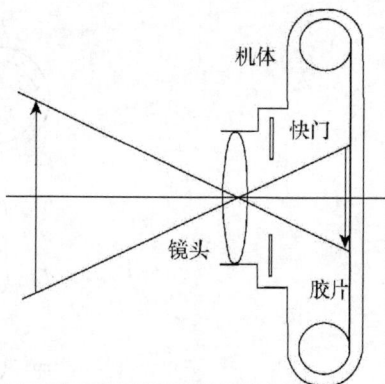

图 35 – 1　照相机原理图

### 1. 照相机的结构和性能

一架照相机要具有照相功能应包括三个部分:

光学系统:由透镜组成,使景物成像;

控制系统:控制曝光量,主要靠操纵光圈和快门控制;

记录系统:用感光材料将所需影像保留下来。

这些功能是通过照相机各部分功能综合实现的。

照相机的基本结构可分为:主体(机身)、镜头、取景器、快门、输片结构、计数器。性能完善的照相机还应有:调焦装置、测距器、连闪装置、自拍机构。

此外,为了扩大照相机使用范围和改善拍摄效果,还可配备一些附件,如三脚架、闪光灯、滤光镜等。

(1) 镜头

摄影物镜的光学特性可由 3 个主要参数表征:焦距、相对孔径和视场角。

① 焦距:透镜焦距的长短,决定成像的大小。透镜直线放大率公式为

$$\beta = \frac{y'}{y} = \frac{f}{p - f}$$

式中,$\beta$ 为放大率;$y'$ 为像高;$y$ 为物高;$f$ 为焦距;$p$ 为物距。

由此可知,在相同距离下,焦距越长,得到的像就越大。依此可将镜头分为:标准镜头、短焦镜头、中焦和长焦镜头。

② 相对孔径:在镜头上,一般均装有一个光孔可缩放的光阑,通称为光圈,用以控制进入镜头的光通量,也即达到控制底片上感光照度的作用。照度 $E$ 与光孔直径 $D$ 的平方成正比,与像距平方成反比。因物距远大于像距,可将像距看成近似等于焦距,即

$$E \propto \left( \frac{D}{f} \right)^2$$

$D$ 与 $f$ 的比值称为相对孔径。相对孔径表征一个镜头的钠光能力,通常标注在镜头框上,如 $1:2,1:2.8$ 等。

相对孔径的倒数就是光圈数,用 $F$ 表示,随着光孔的缩放就会有不同的光圈数。光孔直径与光圈数的关系可参看图 35-2。

光圈的分档是以 $\sqrt{2}$ 为公比幂级数,我国颁布标准是:$1,1.4,2,2.8,4,5.6,8,11,16,22,32,\cdots$

根据照度的理论公式

$$E = \frac{\pi}{4}B\tau\left(\frac{D}{f}\right)^2 = \frac{\pi}{4}B\tau\frac{1}{F^2}$$

式中:$B$ 为景物亮度;$\tau$ 为物镜透过率。可知 $E$ 与 $F^2$ 成反比,即增减一档光圈,照度变化一倍。

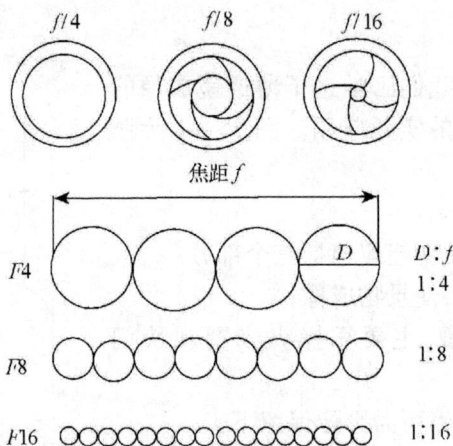

图 35-2  孔径 $D$、焦距 $f$ 与光圈 $F$ 的关系

③ 视场角:透镜在底片上成像的范围称为视场,视场与镜头的夹角叫作视场角。用 $2\omega$ 表示,见图 35-3。

$$2\omega = 2\arctan\frac{L}{2f}$$

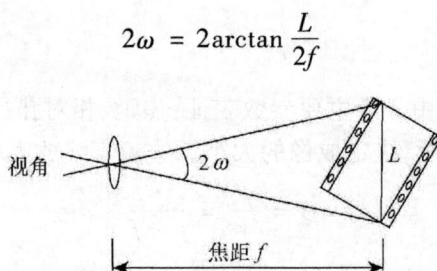

图 35-3  视场角

根据视场角大小,同样可区分为:标准物镜、摄远物镜、广角物镜。

物镜焦距与视场角是镜头相关的两个量,图 35-4 表明了两者之间的关系及镜头分类的标准。

镜头的这三个参数是相互制约的,不可能同时完美,只能根据我们的需要去选择。

另外,再好的透镜也不可能没有像差,所以实际上镜头都是由多片透镜组成,用以减少像差;同时为了减少光能损失,在镜头光学表面都要镀上增透膜,相机镜头上的 MC 即是多层镀膜标志。

图 35－5 是单镜头反光式取景(单反)照相机的光学系统。

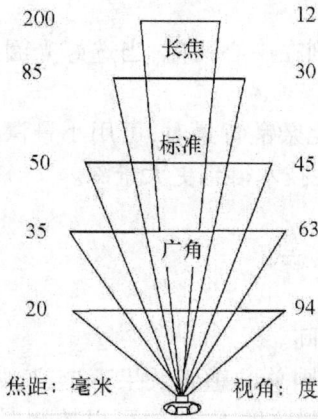

图 35－4  物镜焦距与视场角的关系

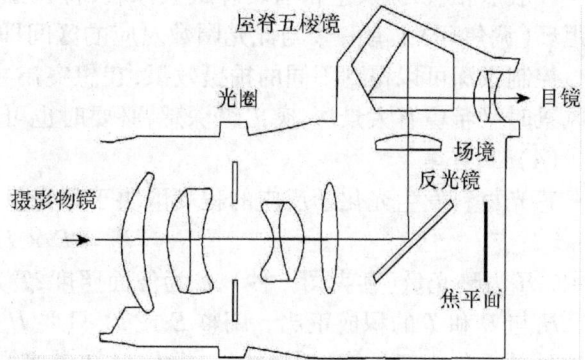

图 35－5  照相机的光学系统

(2) 快门

光圈与快门都是相机的控制系统,光圈是用光瞳大小控制,而快门则用时间控制。快门顾名思义就是一道光的闸门,开启时光通过,闭合则底片不能感光。开启时间的长短决定着光通量的多少。快门的单位是秒,快门转盘上所标注的数是其倒数,如 125 表示 1/125s。快门的分档一般为:$B,1,2,4,8,15,30,60,125,250,500,1000,\cdots$ 我们可以从中看出每档之间的倍数关系。

快门从结构上分有中心快门和幕帘快门两种,现代的电子快门也是在这两种形式上的改进。

(3) 景深

人眼能看到的景物是三维立体像,反映在胶片上只能是二维平面像,景物的前后距离只能根据胶片影像去判断。

景深原理如图 35－6 所示。对于景物中的 A 点,在主焦平面上有与之对应的像点 $a$,而 A 点前后的 B 点、C 点所对应的焦平面与主焦平面不重合,于是在主焦面上得到的是一个扩散的光点,称为弥散圆。如果弥散圆小于人眼的鉴别力,是为焦深长现象。$\Delta$ 是焦深,所对应的 $L$ 就是景深,景深以外的景物会逐渐模糊以致淡化。

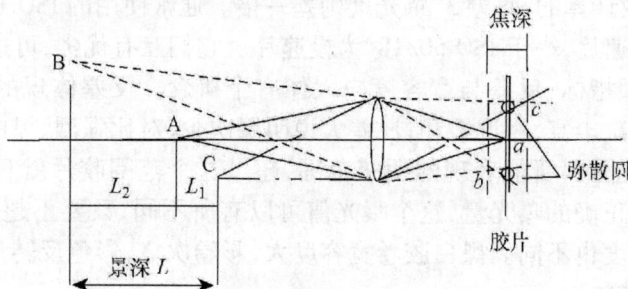

图 35－6  景深原理

如果以 A 点为对焦点,那么 AC 距离 $L_1$ 为前景深;AB 距离 $L_2$ 为后景深,前后景深距离是不相等的,前景深约占景深的 1/3,后景深占 2/3。

影响景深的因素有:①光圈:大光圈景深小,小光圈景深大;②焦距:长焦景深短,短焦景深长;③物距:近物景深短,远物景深长。

一般照相机,镜头上都有转环式景深表,将光圈数对称刻在中心两侧,当选好光圈后,在测距环(调焦环)上有一个与此光圈数对应的区间即为景深。

控制景深可以得到不同的拍摄效果,在想突出主体、淡化杂乱背景时,可用小景深,而在拍风景时又希望有大景深,突出纵深感,必要时也可用超焦距技术得到更大景深。

(4) 互易律

感光材料发生光化学反应的程度取决于曝光量,有以下公式

$$H = E \times T$$

式中,$H$ 为曝光量(勒克司·秒);$E$ 为像面照度;$T$ 为曝光时间。

$H$ 与 $E$ 和 $T$ 的积成正比。调整 $E$ 或 $T$,只要 $H$ 值不变,则总的感光效果不变,$E$、$T$ 与 $H$ 的这种关系称为互易律(倒易律)。我们已知道光圈可以控制照度 $E$,快门可以控制时间 $T$,应用互易律就具有了灵活性,用不同的光圈,快门组合,拍出曝光效果相同的照片。

例如,同样的光照条件下,可以选 $F8$、$T125$,亦可用 $F11$、$T60$ 或 $F5.6$、$T250$,即增加一档光圈就要减一档快门,反之亦然。

互易律不是在任何情况下都有效,在照度极低或极强时互易律失效。

(5) 胶片感光度

相机控制系统的作用是为了得到适宜的曝光量。胶片性能中与曝光量有直接关系的就是感光度。

胶片所使用的感光材料和制造工艺的不同,使其对光的感受灵敏度也会不同。感光度高说明感光灵敏,需要的曝光量少;感光度低则说明感光不灵敏,需要的曝光量多。

对于感光度各国均有规定标准,实际通用的有两种:DIN 制和 ISO 制,见表 35 - 1。

表 35 - 1　感光度规定标准

| 中国 GB | 15° | 18° | 21° | 24° | 27° |
| 德国 DIN | | | | | |
| 美国 ASA | 25 | 50 | 100 | 200 | 400 |
| 国际 ISO | | | | | |

DIN 制是用对数计算的,每差 3°感光度则差一倍。通常使用的 ISO 100/21°为中速片,大于 ISO 400/27°称高速片,小于 ISO 50/18°为慢速片。它们互有优劣,可适合不同场合。

对胶片的另两项指标:反差与宽容度应大体有个概念。反差体现的是影像黑白层次的对比,反差小说明层次丰富,对比柔和;反差大说明层次少、对比强烈、黑白分明。

宽容度是指感光材料所能表现的明暗范围,超过这个范围胶片就只能以全黑或全白来体现了,这就需要有正确的曝光量,这个曝光值可以有所不同,只要不超过这个宽容度即可。胶卷种类不同,宽容度也不同。黑白胶卷宽容度大,彩卷次之,彩色反转片要求最严。

**2. 如何使用相机**

(1) 装胶卷不要在光线直射处,片孔要放进牙轮里,合上后盖后空拍两张,使计数盘对至

$S$ 处。过片时扳把要扳到极限,否则容易损坏快门,同时要检验倒片轴是否跟随转动,若不转,说明胶卷没和过片牙轮挂住,需重新装片。胶片拍完后要尽快倒出冲洗。倒片时先按下倒片按钮,再以箭头所示方向转动倒片摇把,将胶片倒回暗盒,当听到胶片从卷片筒上脱落的声音后方可打开后盖。

(2)根据现场光线情况确定光圈数和快门数值(可借助曝光表或胶片盒上厂家提供的参考值,见表35-2)。

表 35-2　富士彩色胶卷 100　　　　　ISO 100/21°快门 1/125 秒

| 拍摄条件 | 晴天与海边或雪景 | 晴天阳光下 | 晴天薄云 | 阴 天 | 阴天有乌云 |
|---|---|---|---|---|---|
| 光圈 | $f/16$ | $f/11$ | $f/8$ | $f/5.6$ | $f/4$ |

**注**:此表适用于春、秋季 9:00~16:00 使用,夏、冬季应缩小或增大一档光圈。

逆光拍摄应增大一档光圈。多云天气最好用测光表确定曝光条件。

(3)用取景器对准要拍摄的对象,转动调焦环,选取相对细致部分如人的眉毛或花的花芯作为对焦点,调至最清晰为止。

怎样才能知道调好了呢? 一般相机的取景器都同时具有对焦检测功能——对焦器。对焦器种类各不同,这里介绍一种裂像棱镜对焦器。

如图 35-7,在取景器场镜中间安放一棱镜,聚焦不准时,景物会被中线断裂错开,将错开的景物连接起来即表示对焦准确了。

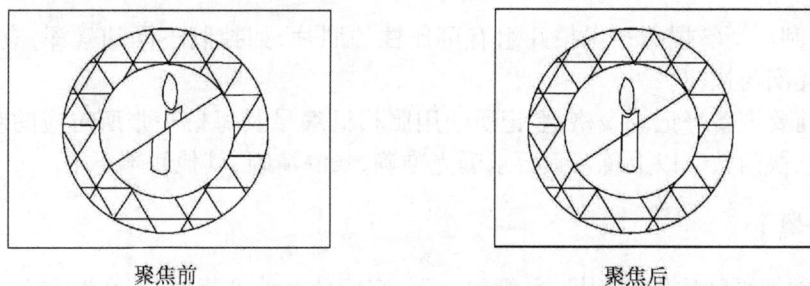

聚焦前　　　　　　　　　　聚焦后

图 35-7　裂像棱镜对焦器

(4)保持相机稳定是很重要的,手的抖动会使影像模糊。站立时两腿前后分开;双臂靠住体侧以上身为轴寻找合适角度。左手掌托住相机底部,食指与拇指控制调焦环;右手协助持稳相机,用食指按动快门。按动快门前应先减弱呼吸,按动瞬间屏住气,用力要适度,竖拍时左手在下,右手在上。

如果采用蹲姿或坐姿,可利用膝部作支点,也可利用身边现有稳固体作依托,如墙、树、桌子等。在条件允许的情况下,使用三脚架和快门线是最理想的。

对初学者,推荐使用 1/125 秒快门时间,可以减少相机不稳定造成的影响。

## 【注意事项】

1. 与一切光学仪器相同,透镜不能用手触摸,只能用吹气球、软毛刷去除尘埃。镜头盖要随时盖上,以防镜头意外损伤。

2. 外出时,相机可挎在脖子上,以防失手摔碰损坏相机。

3. 使用完相机后,要将快门释放并置于 B 门处,以防弹簧疲劳。检验电源开关是否在 OFF 处,镜头缩回,即调焦环置于 ∞ 处,装好皮套。

## 【实验内容】

### 1. 静物与翻拍

（1）将静物按最佳表现角度摆放,选择好光线、背景、距离。用三脚架固定相机,确定光圈、快门组合,调焦后拍摄。

（2）用照相的方法复制文件或图片称之为翻拍,翻拍可借助于三脚架或翻拍架,对小图片可加近摄接圈后翻拍。因是对静物拍摄,光圈不要太大,以减少像差。应注意以下几点:

① 相机固定在翻拍架上,翻拍时不要走动以防震动,使用快门线更好。

② 可使用自然散射光,也可用翻拍架上的灯光,两边灯等距并与相机成45°,以保证照明均匀。

③ 纸面若不平整,可压在玻璃台面下,被摄文件与底片保持平行。

④ 可用滤色镜加大反差。如工程蓝图加红滤色镜,再用硬性感光纸印放;对已变黄的纸可加黄滤色镜,都可得到黑白分明的图片。

请同学自备小工艺品、玩具、图片。为保证拍摄效果,尽量选用色块明显、线条清晰的静物和图片。

### 2. 外景实拍

在室外,利用所掌握的知识拍几组有可比性的照片,如控制不同的景深,应用倒易律组合出不同的光圈与快门。

在拍摄前要准备好记录表格,登记所使用照相机编号及每拍一张所对应的胶片号、拍摄内容、光圈数、快门数。以上练习只要求曝光准确、景象清晰,其他暂不要求。

## 【思考题】

1. 人们常把眼睛比作照相机,仔细想一下,它们什么地方相似,什么地方不同?

2. 控制景深最常用的方法是什么?

3. 在哪些情况下倒易律用处最大?

# 实验三十六　暗室技术

## 【实验目的】

了解并初步掌握黑白照片的印相、放大等暗室技术。

## 【实验设备】

印相箱,放大机,洗相用品等。

## 【实验原理】

用照相机把要拍摄的景物,经过透镜映射在感光片上进行曝光,然后在暗室里将曝光过的感光片进行药物冲洗,就得到有影像的透明底片。底片是将感光乳剂涂布在片基上而制成的,乳剂是小晶体状的溴化银和动物胶的混合物。溴化银是一种感光物质,当底片曝光后,溴化银小晶体表面上的极小一部分分子由于光化学作用而被还原成银,构成"潜像"(肉眼看不见)。将此底片在暗室中进行显影,这些已被还原的金属作为"显影中心"而引起整个粒子被还原成黑色的金属银,其余没有显影中心的粒子则不起作用。感光愈强,即带有显影中心的粒子愈多,显影后,宏观地看来黑的程度就愈深。底片上将随各处感光强弱而显出黑白深浅的区别,经适当时间显影后会形成黑白影像。再将底片用定影液把未经光化学作用的溴化银粒子溶去,底片上就将留下已被还原的黑色金属银,构成原物体的负像(因为这底片的明暗状况和实际景物的明暗状况恰好相反,故称负像)。

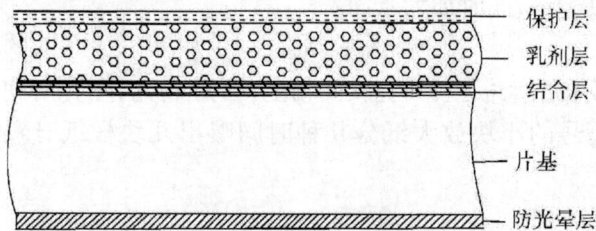

图 36-1　感光片的组织结构

要想得到与原物体明暗状况一样的像(即正片),还需将底片负像再翻拍一次。获得正像的方法有印照片,放大照片及反转冲洗等。

印相片即印相,是将印相纸和底片叠在一起,放在印相机上曝光,相纸的药膜对着底片,光透射到相纸药膜上,使之感光而获得正像的潜影,然后经过显影、定影、干燥,就成了照片。

放大照片的原理,是利用放大机中的光源,透过镜头把底片影像放射到感光材料上。感光材料经过一定时间的感光,乳剂膜里的银盐随底片密度的强弱不同,产生不同程度的感光现象,即成潜在影像,然后经过显影,定影等处理过程,就形成与被摄影像相同的放大照片。

## 【实验内容】

### 1. 印相箱

印相纸对红光不敏感,一切操作可在红光下进行。先对印相纸曝光,然后冲洗。

(1) 将底片(学生自备)的乳胶面和印相纸的乳胶面紧贴在一起,底片在下,在印相箱上曝光。为了找到最合适的曝光时间,先将四块小相纸,用 $n,2n,4n,8n$ 四个时间进行曝光,都用4分钟时间进行显影(显影液温度控制在 $12\sim25℃$),从中选出最佳的曝光时间(基数 $n$ 由教师给出)。然后根据选好的时间,再印一张相片。

(2) 取出曝过光的相纸,投入准备好的显影液,最好药膜朝下,及时翻动显影4~5分钟或在红光下观察到合适程度(注意:在红光下观看时影像要深一些,这样在白光下看才正常)。

(3) 显影完毕后,用清水漂洗约6分钟。

(4) 从清水中取出照片,放入定影液(定影液温度控制在 $12\sim25℃$)中定影6~10分钟。

(5) 用清水将相纸冲洗干净。

(6) 冲洗完毕,放进上光机进行上光干燥处理(仅限光面相纸)。

### 2. 放大

(1) 安放负片

将底片放入片夹内。药膜面朝下装入放大机中。

(2) 调整机身位置及调焦

打开放大机的光源,调节升降旋钮和调焦旋钮,使在放大板上呈现所需要的尺寸的清晰影像。调焦时,镜头光圈尽量开大,使亮度强、影像清楚、便于 对焦;调焦完毕后,将光圈调到尽量小些,以便控制曝光量,同时加大景深。

(3) 曝光

关灯,将放大纸放在放大板上,其乳胶面朝上;开灯曝光,曝光时间的确定可参照印相时的办法,即先用同样型号的小块放大纸分几种时间曝出几块样纸,经显影后,选择效果较好的,确定曝光时间。

(4) 冲洗操作

按照印相的操作步骤操作,曝光、冲洗步骤可在红光下进行。

要求:记下实验过程所用的光圈、曝光时间及显影的时间和温度等,填入表36-1中,并对获得结果进行分析和讨论,连同印相、放大的照片一齐交上。

表36-1 印相与放大参数记录

| | 光圈 | 时间 | | | 温度 | |
|---|---|---|---|---|---|---|
| | | 曝光(s) | 显影(min) | 定影(min) | 显影液(℃) | 定影液(℃) |
| 印 相 | | | | | | |
| 放 大 | | | | | | |

## 暗室规则

（1）在暗室工作时应将门反扣，以免他人闯入。

（2）在操作过程中，要注意保持底片清洁，因为任何污点都会毫无遗漏地反映在相纸上。

（3）洗相前清洗各碟，然后排成一定次序，即从左到右：显影液、清水、定影液，养成习惯，以后不易弄错。显影液或定影液切勿滴入其他碟中，以免减低或破坏药液性能。

（4）正片显影时，可以在暗红光下察看显影程度。负片是全色片，对红光也敏感，因此在负片显影时，不能开灯查看。

附 2

## 器材及用品介绍

### 1. 印相箱

印相箱也叫印相机、印相盒或印箱。印相机的种类很多，有高级的，有低级的。高级的印相机装有自动定时和变阻器等设备，这里只介绍普通印相箱。印相箱其结构如图36-2所示。插上电源后，箱内红灯亮。印相纸对红光不敏感，可在点亮红灯下工作。底片放在玻璃板面中央，感光层朝上，印相纸感光层朝下叠放在底片上。然后把匣盖合上，稍用力下压，按键接通，点亮白炽灯曝光。曝光时间用2~3s，底片过厚可增加曝光时间。曝光后的相纸即可进行冲洗等处理。

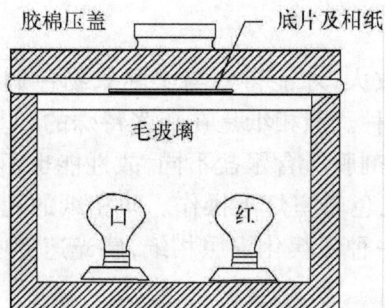

图36-2　印相机

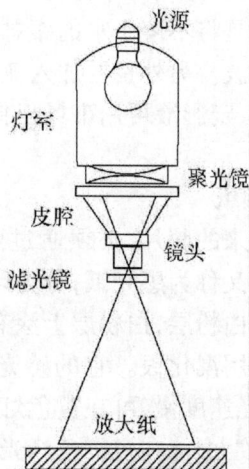

图36-3　放大机的构造

### 2. 放大机

放大机的种类很多，有高级的，有简单的，也可自己制作。图36-3是放大机结构示意图，放大机的主要结构由下面几部分组成。

（1）照明系统（光室）

在放大机的上部,由光源、反光罩、聚光镜或毛玻璃组成,用来照明底片。

(2)底片夹

用来放置底片的金属(或木制)框子。

(3)暗箱

暗箱是用可伸缩的皮腔或金属筒制成,它连接镜头与聚光镜,可以自由伸缩,便于放大对光。

(4)放大镜头

放大镜头是放大机的主要部件,要求像差校正良好,成像清晰。它的焦距应与放大底片的尺寸相匹配。

(5)压纸板

压纸板用来压住放大纸,并靠活动的相框来调节像幅的大小。

(6)支架

支持放大机的机身,并可上下移动,以调节物和像的比例,调好后将机身固定在所需要的高度上。

(7)底座

搁放压纸板用。底座上装有固定支架用的立柱。

**3. 显影液、定影液**

显影物质种类繁多,并有各种配方以适应不同要求。洗印照片和放大照片可以用 D-72 显影液。如要短时间保存时,应放在棕色瓶中低温密闭保存,以防氧化变质。

显影液通常由以下几部分组成:①显影剂,可用米吐尔、海德尔(对苯二酚)、菲尼酮;②促进剂,保持药液 pH 值,常用碳酸钠和硼砂;③保护剂,防止药液氧化,用亚硫酸钠;④抑制剂,又称防灰雾剂,常用溴化钾。

定影液是将不溶于水的银盐变成可溶于水的复盐。最常用的定影剂是硫代硫酸钠,商品名又称海波。另外也要加入亚硫酸钠作为防氧化的稳定剂,也可根据需要加入坚膜剂。

显影液、定影液可用市场出售的成药配制,也可按配方组配。常用配方可参看本实验后附录。

**4. 照相纸**

拍摄出来的胶片,必须通过照相纸来印制或放大,才能得到与实际景物色调相同的照片。照相纸又称为感光纸,分为印相纸和放大纸两种。照相纸是在一张特殊的纸基上,涂有一层极薄的白粉层,白粉层上涂有感光乳剂膜。乳剂膜所含银盐不同,故性能也不同。放大纸的乳剂常用溴化银。它的感光速度快,可在橙红色暗室灯下操作。印相纸的乳剂用氯化银,它的感光速度慢,可在黄色灯光下操作。还有一种氯溴化银照相纸,感光速度中等,既可印相,又可放大,能在橙红色灯光下操作。

照相纸分为特别软性、软性、中性、特别硬性等几种,用号数标示为 0、1、2、3、4、5 等,号数越大纸性越硬。

照相纸的选择要根据底片影像的反差强弱来确定,一般情况下,反差大的底片用软性纸,反差正常的底片用中性纸,反差小的底片用硬性纸,这样做的结果能使每一张照片都能取得反差正常的效果。此外还要根据不同的用途来选择相纸,如选择相纸的颜色、面纹等。

|  | D72 显影液配方 | D76 显影液配方 |
|---|---|---|
| 水（30℃） | 750mL | 750mL |
| 米吐尔 | 3.1g | 2g |
| 无水亚硫酸钠 | 45g | 100g |
| 对苯二酚（海得尔） | 12g | 5g |
| 无水碳酸钠 | 67.5g　硼砂 | 2g |
| 溴化钾 | 1.9g |  |
| 加水至 | 1000mL | 1000mL |

使用时加一倍水稀释。D72 适用于相纸显影,D76 适用于底片显影。

F－5 酸性坚膜定影液

|  |  |
|---|---|
| 水（30℃） | 750mL |
| 硫代硫酸钠 | 240g |
| 无水亚硫酸钠 | 15g |
| 冰醋酸（28%） | 48mL |
| 硼酸 | 7.5g |
| 硫酸铝钾 | 15g |
| 加水至 | 1000mL |

## 【思考题】

1. 印放相片时,若将底片放反了会有什么结果?

2. 进行放大操作时,控制曝光的时间是长点好还是短点好?

3. 为什么要控制显影液温度? 搅动频率与显影有何关系?

# 实验三十七　全息照相

## 【实验目的】

1. 了解全息照相的原理,初步掌握拍摄全息图片的技术。
2. 通过实验了解全息图片的特点。

## 【实验仪器】

全息台、氦氖激光器、分束镜、扩束镜、曝光定时器、全息干版、被摄物。

## 【实验原理】

光学全息照相是 20 世纪 60 年代发展起来的一门立体摄影和波阵面再现的技术,它能完全再现被摄物光波的全部信息,因此它在精密计量、无损检验、信息存储和处理、遥感技术和生物医学等方面有着广泛的应用。

### 1. 全息照相的记录

普通摄影是基于几何光学透镜成像的原理,在感光板上记录被摄物通过透镜后的光强分布即振幅分布,这时感光板上记录了被摄物的几何平面图,称负片。而全息照相要求在感光板上记录被摄物体的振幅和位相——"全部"信息。

光干涉的理论分析指出,干涉图像中亮条纹和暗条纹之间亮暗程度的差异(反差),主要取决于参与干涉的两束光波的强度,而干涉条纹的疏密程度则取决于这两束光位相的差别(光程差)。全息照相就是采用干涉原理,使物光和另一束参考光在感光板上发生干涉,记录下它们的干涉条纹。条纹的黑白反差记录了被摄物的振幅;条纹的粗细、疏密和形状记录了被摄物的位相,所以这张感光板经冲洗后是一块结构复杂的光栅,称为全息图。

由于利用光的干涉进行全息记录,就要求光源满足相干条件。一般使用相干性极好的激光作光源,拍摄全息照片的光路如图 37 - 1 所示。图中激光束经过分光板后分成两束光,一束光经 $M_1$ 反射再被透镜 $L_1$ 扩束后均匀地照射在被摄物 D 的整个表面上,并使拍摄物表面漫射的光波(物光)能射到感光板 H 上;另一束光(参考光)经反射镜 $M_2$ 和扩束镜 $L_2$ 后,直接投射到感光板 H 上。当参考光和物光在感光板上相遇时,叠加形成的干涉条纹被 H 记录。由光路图可见,到达全息感光板 H 上的参考光波的振幅和位相是由光路确定的,与被摄物无关。而射至 H 上的物光的振幅和位相却与物体表面各点的分布和漫射性质有关。从不同物点来的物光光程(位相)不同,因而参考光和物光干涉的结果与被摄物有对应关系。

我们对物光与参考光在 H 上的干涉作一分析,如图 37 - 2。在感光板 H 上任一小区域 $ab$ 中,某一物点发出的物光和参考光的干涉可简化为两束平行光干涉,干涉条纹间距为

$$d_i = \frac{\lambda}{\sin\theta_i}$$

同一物点发出的物光在 H 上不同区域与参考光的夹角 $\theta_i$ 不同,相应的干涉条纹的间距和走向也不同。不同物点发出的物光在 H 上同一区域与参考光的夹角 $\theta_i$ 也不相同,其干涉条纹的疏密和走向等也各不相同,感光板 H 上记录的全息图是所有物点形成的无数组干涉条纹

的集合。因此,复杂的物光波可以看成是由无数物点发出的光的总和,感光板上记录的干涉图像就是由这些物点所发出的复杂物光和参考光相互干涉的结果。

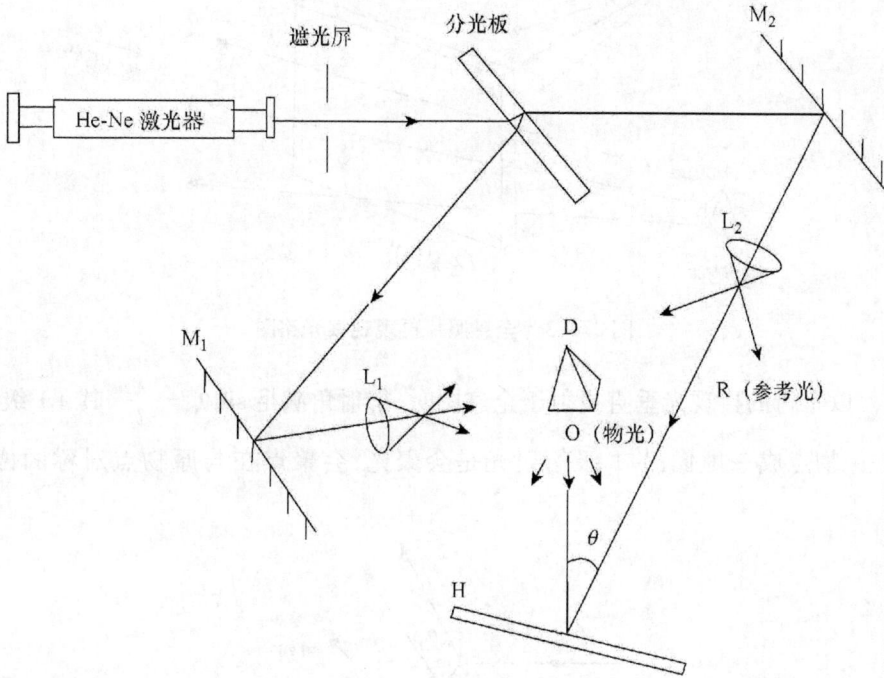

图 37 - 1　全息摄影光路图

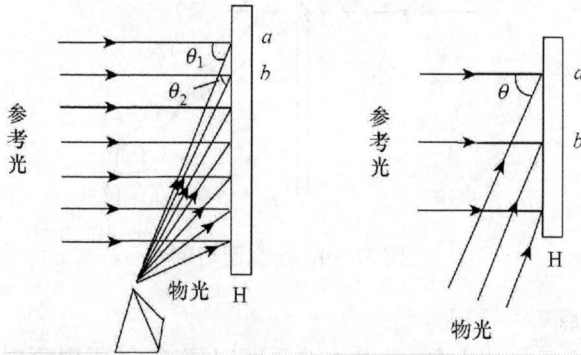

图 37 - 2　物光与参考光干涉

## 2. 全息照相的再现

在普通摄影中,把负片翻印,就得到与被摄物相似的平面图形。翻印再现技术也是基于几何光学的透镜成像原理。而全息照相记录的是复杂的干涉条纹,再现时也必须采用一定的再现手段。图 37 - 3 是全息照片再现观察的光路。

用一束被扩大了的激光(再现光),按参考光方向照明全息图,经全息图产生衍射,被摄物体的全息图是许多组干涉条纹的集合,第一组干涉条纹又是一组复杂的光栅,其衍射与光栅衍射原理类似,原理如图 37 - 4。为方便,图中假定再现光为平行光。

以全息照片上某一小区域 $ab$ 为例,一物点的物光与平行的参考光干涉的图像可看成是

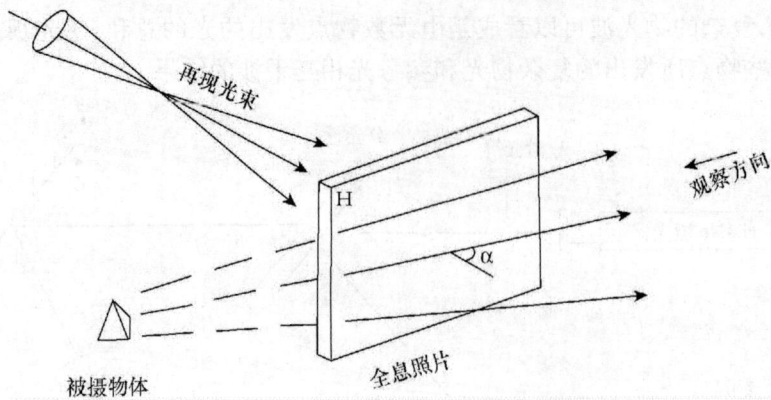

图 37 - 3　全息照片再现观察光路图

一组光栅。以平行的再现光垂直投射于全息图时,衍射角满足 $\sin\theta_i = \dfrac{\lambda}{d_i}$ ,其 +1 级衍射光是发散光,在原物点成一虚像; -1 级衍射光是会聚光,会聚点在与原物点对称的位置上,成实像。

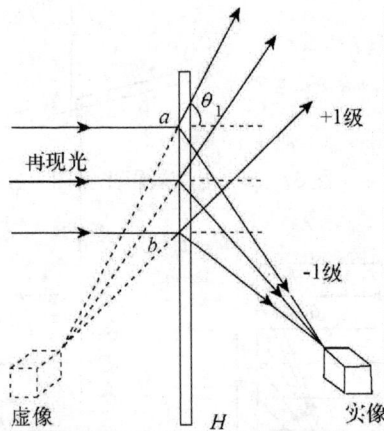

图 37 - 4　全息图衍射

### 3. 全息照相的特点

（1）全息照相没有正负片之分,是以干涉原理记录,衍射原理再现;

（2）全息照相可再现出逼真的三维立体影像,有显著的视差现象;

（3）将全息图分割成碎片,每一碎片仍能再现出完整的被摄物的影像;

（4）对光源的要求较严,必须有较高的相干性;

（5）同一张全息感光板,只要多次改变参考光的入射方向,就能多次重复记录,分别再现出不同的景物;

（6）全息照片的再现像可放大和缩小。用不同波长的激光照射全息照片,由于与拍摄时所用激光的波长不同,再现的物像就会发生放大或缩小。

## 【实验内容】

**1. 静物漫反射全息照相**（拍摄）

（1）准备

打开激光器，按图 37-1 布置光路，$M_1$ 和 $M_2$ 为全反射镜，$L_1$ 和 $L_2$ 为扩束镜，$H$ 为感光板，$D$ 为被摄物。光路系统应满足下列要求：

① 被摄物应全部被均匀照明，参考光应均匀地照在整张感光板上，感光板离静物不要超过 10cm。

② 物光和参考光光程大致相等，相差不超过 5cm。

③ 感光板上物光和参考光的光强之比取 1:4 ~ 1:10。

④ 物光和参考光之间夹角应小于 30°。

（2）曝光

布置好光路后，关闭一切光源，在底版架上装上感光板并固紧，装感光板时应使乳胶面对准入射光方向。排除一切震动因素，如走动、讲话、对台面的碰撞（哪怕是轻微的）等，安静 2 分钟后，曝光 20 秒左右。

（3）冲洗底版

取下曝光后的感光板，在黑暗中放入 D19 显影液中显影，显影时间在 20℃ 的显影液中约 3 分钟左右，显影时可在绿色安全灯下观看，当感光板呈浅黑色即可。

显影后的底版，经清水漂洗后，放入 F5 定影液中定影，定影时间 3~5 分钟，然后在流水中冲洗 3 分钟，然后吹干。

**2. 观察全息照片的再现物像**

将已经制成的全息图放回原底版架上，不要改变全息图与原底版之间的方位（即不能上下颠倒，前后翻转），挡住物光，移去原物，便可在原物位置上，显现出与原物同等大小，三维立体的原始像。

## 【注意事项】

1. 光学仪器要轻拿轻放，不可用手触摸光学面。
2. 不要在实验室内来回走动，大声喧哗。
3. 实验完成后整理好仪器，经教师检查后方可离开实验室。

## 【思考题】

1. 漫反射全息照相光路布置时，应满足哪三点主要要求？
2. 全息照相在曝光时，最需防止的是什么？
3. 为什么说全息图记录了物体的振幅和位相？

# 附　录

## 附录一　游标卡尺

游标卡尺是比钢尺更精密的长度测量工具(见附图1-1)。它用一对量爪卡住被测物进行测量,故称卡尺。游标卡尺除了一副外量爪,还有一副较小的内量爪,尾部还有尾尺,所以该尺还能测量物体的内径及孔槽深度。

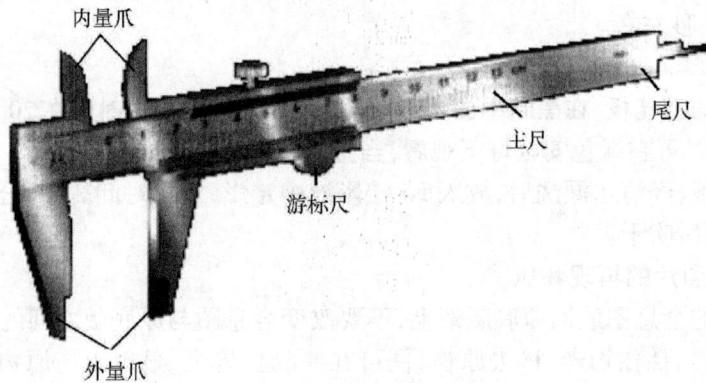

附图1-1　游标卡尺

### 一、结构及原理

游标卡尺主要由主尺和游标尺组成,游标尺可以在主尺上滑动。游标尺上的刻度是按不同设计要求划分的,卡尺测量的准确度主要由游标区分。游标原理如附图1-2所示。

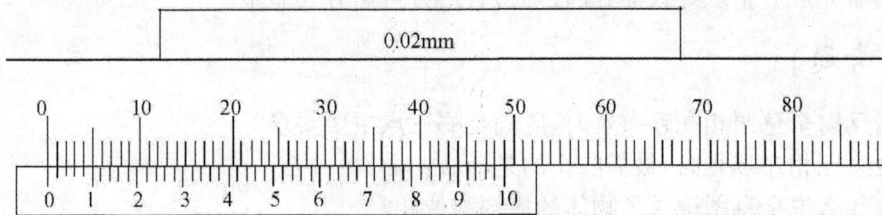

附图1-2　游标尺原理

主尺最小分度是1mm,游标与主尺49mm等长并等分为50个刻度,则游标尺的分度值为:49mm/50分度=0.98mm/分度

主尺与游标的分度值之差为(1-0.98)mm,即0.02mm。我们就是根据这个差值去判断

读数的。例如,用游标卡尺测量一长度为 0.44mm 的物体。游标在主尺上移动了 0.44mm,由 $0.02\text{mm} \times 22 = 0.44\text{mm}$ 可知,0.44mm 就是主尺与游标在 22 刻度线上的差值之和,此时游标第 22 分度线应能与主尺上相应的毫米线对齐。

读游标上的数时,先仔细找到与主尺能对齐的刻度,将此游标刻度 $\times 0.02\text{mm}$ 即可。实际上游标尺已将十分位读数直接刻出,使读数更为方便。

## 二、使用方法

1. 卡尺在使用前应先检查零点。将量爪并拢,观察主尺与游标尺的零点是否对齐,若不齐,记下读数作为起始误差加以修正。

2. 读数时,用游标零位在主尺上读出毫米整数部分,再在游标尺上读出尾数并相加。读数时,为防止游标尺滑动,可使用紧固螺钉锁住。

图例(见附图 1-3)中:主尺 $L_0 = 21\text{mm}$

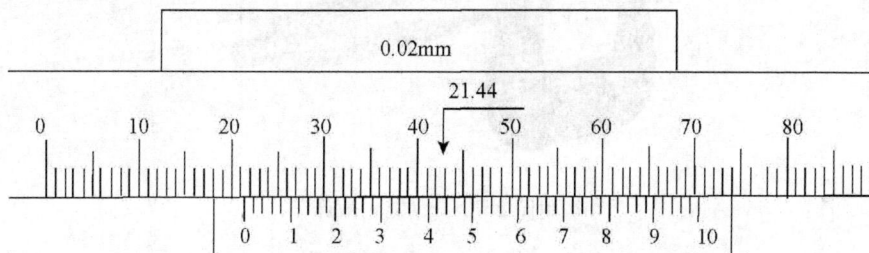

附图 1-3 读数示例

游标 $\Delta L = 0.02\text{mm} \times 22 = 0.44\text{mm}$

$L = L_0 \pm \Delta L = (21.44 \pm 0.02)\text{mm}$

3. 卡尺是精密量具,使用中要防止磕碰、磨损量爪。卡尺用毕,将紧固螺钉放松,并放进盒内保存。

游标卡尺的量程和分度值,因不同需要而有多种类型,但其基本原理相同。物理实验中分光仪的角游标,也是这一原理的应用。

# 附录二　螺旋测微计

螺旋测微计又称千分尺,是一种比游标卡尺更精密的长度测量仪器。

## 一、结构及测量原理

螺旋测微计的构造如附图2-1所示。主要部分是一根测微螺杆,在螺杆上紧固着一个微分套筒,螺杆可在装有螺母的固定套管上旋进旋出。螺杆与螺母的螺纹是经过精密加工的,以保证等间距螺距的精密度。

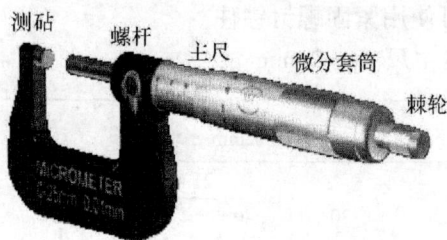

附图2-1　螺旋测微计

本实验室所用测微计的螺距为0.5mm,即套筒每旋转一周,长度的变化是0.5mm。在微分套筒上又刻有50个等分线,那么每一分度所对应的长度就是:

$$0.5mm/50 \text{分度} = 0.01 \text{ mm/分度}$$

在固定套管上刻有纵向的主标尺,主标尺有两排刻线,一侧为毫米线,另一侧为半毫米线。当微分套筒旋出半毫米线时,测量值应加上0.5mm的长度。

测量长度 = 毫米刻线数( +0.5mm) + 微分筒读数

请看示例附图2-2(a)图读数为5.150mm,附图2-2(b)图读数为5.650mm,两者区别仅在于主标尺相差0.5mm。

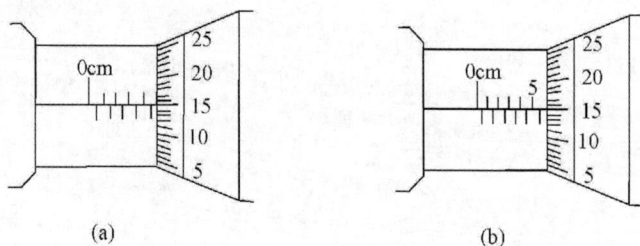

(a)　　　　　　　　　　　　　(b)

附图2-2　读数示例

## 二、技术指标

规格　　　　　　0 ~ 25mm

分度值　　　　　0.01mm

示值误差　　　　±0.008mm

不平行度　　　　<0.004mm

### 三、使用方法

1. 检查零点：将测量砧口闭合，检查主尺零位与微分套筒零点是否对齐。若不在零点位置，可以采用以下办法：

① 用专用工具调整校准；

② 记下此时读数，在测量时将其作为起始误差值以便修正。

2. 旋进螺杆时应注意：在靠近被测物时要使用尾部的棘轮。棘轮的摩擦力可控制测微计与被测物的接触压力，不致使被测物发生弹性变形而影响测量的准确性；读数时，若要防止螺杆移位，可使用锁紧装置。

3. 仪器使用完毕，应查验砧口是否留有空隙，以防热涨变形，然后放入盒内保存。

螺旋测距原理已被广泛应用，如在物理实验中所用的读数显微镜、迈克尔孙干涉仪、在工业生产中各种机床的传动部分、生活用品中的转椅等。你还知道哪些用途？

# 附录三  TW - 05 型物理天平

## 一、结构及原理

TW - 05 型物理天平系双盘悬挂等臂式天平(见附图 3 - 1)。横梁上有三个刀口,中间刀口是天平臂的支点,两侧刀口用于悬挂秤盘。刀口采用优质合金钢,刀垫采用玛瑙,使定位精确,摩擦阻力减小。横梁上的游码可称量 1g 以下重物。底板左面装有托架,可放置烧杯等物。

技术参数

最大载荷　　　　500g

分度值　　　　　50mg

示值变动性　　　<1 分度

游标刻度　　　　50mg/刻度

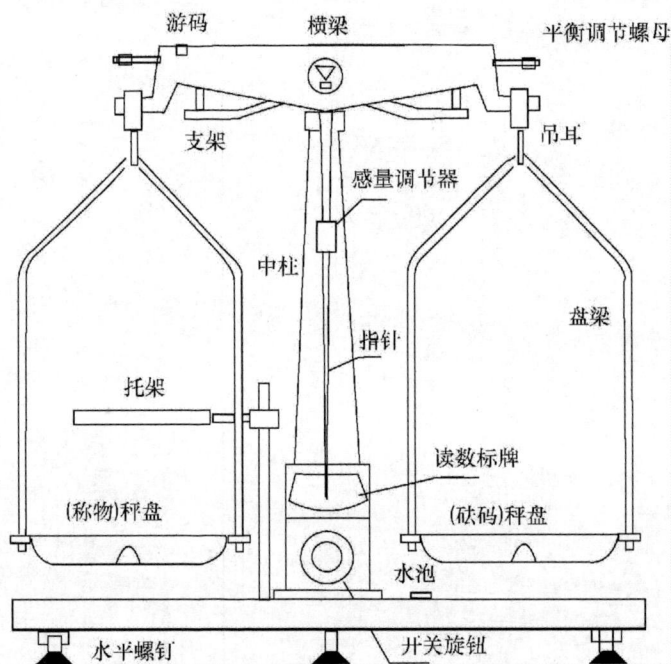

附图 3 - 1　TW - 05 型物理天平示意图

## 二、调整与使用

1. 调整水平:调天平底脚两个水平螺钉,使水准器气泡居中。

2. 调整平衡:将游码移至左侧零刻度线处,调节横梁两端平衡调节螺母,使指针停在零位或在零位左右对称摆动。

3. 称物时:① 轻拿轻放;② 物放左盘,砝码放右盘;③ 砝码只许用镊子夹,严禁用手。

4. 天平的启动与制动是由开关旋钮控制。切记:天平启动只是用于观察是否平衡,而其他操作均要在制动状态下进行。初称阶段不必全启动,稍旋起能判断出倾向即可回到制动状态,再进行下一步操作。

5. 当感量小于 1g 时,可使用横梁上的游码,每移一刻度相当于 50mg。

被称物质量 = 砝码质量 + 游标刻度 + 指针标牌示数

指针标牌示数作为尾数,小于天平的最小分度值,应按存疑读数使用。

6. 天平左右挂盘均刻有"1"、"2"编号,不可互换。

7. 天平用毕:应处于制动状态,使刀口与刀垫脱离接触。砝码在盒里归位放好。

### 三、复称法——对天平由两臂长度不等所引入的系统误差的修正

设 $L_1$ 和 $L_2$ 分别表示左右两臂的长度,待测物的质量为 $m$。先把它放在左盘里称衡,平衡时右盘里砝码质量加上游码读数共计为 $m_1$,于是有 $mgL_1 = m_1gL_2$;再将物体放在右盘里称衡(注意,此时游码读数由右向左读分度值和估读值),平衡时左盘里砝码质量加游码读数之和为 $m_2$,于是有 $m_2gL_1 = mgL_2$。

由以上两式相除,可消去 $L_1$ 和 $L_2$,最终得 $m = \sqrt{m_1m_2}$,此式就是经过复称之后求得的待测物的质量。

由于天平的两臂不等长引入的误差为

$$\Delta_臂 = |m_1 - m| \ 或 \ |m_2 - m|$$

如果 $\Delta_臂$ < 天平的分度值,则两臂不等长引入的系统误差可忽略不计,因而没必要进行复称。在检查 $\Delta_臂$ 时,物体的 $m$ 应取得大一些,这样一来,$m_1$ 与 $m_2$ 的差异才较明显。

# 附录四　MUJ－Ⅱ型电脑通用计数器

## 一、功能

MJU－Ⅱ型计数器可由后面板 $P_1$、$P_2$ 口输入 2～4 个光控信号,也可由前面板高频接口输入电信号,用以计时和计数及测试频率、周期、转速等。增加附件后,光电门可扩至 8 个。MUJ－Ⅱ型计数器可向外输出机内频标和一组 6V/1A 稳压电源。

## 二、技术指标

| | |
|---|---|
| 显示单元 | 数字:6 位 LED 数码管 |
| | 单位:三个发光二极管(LED),自上而下分别表示 kHz、ms、s。 |
| | 溢出:显示屏左上 LED,测量值溢出时发光并鸣响。 |
| 主机 | MCS－51 单片机(INTEL8031) |
| 主振频率 | 6MHz　稳定度　$1.5 \times 10^{-6}$/日 |
| 输入阻抗 | 1MΩ　输入灵敏度 ≥100mV　输入极限 150V |
| 输入波形 | 方波、正弦波、三角波、调幅波 |
| 测频范围 | 10Hz～10MHz |
| 测周期范围 | 50μs～30min　频标选择　10μs～1s　$V_{pp} = 5V$ |
| 电源保险管 | 0.2A　$\phi5 \times 20$　直流输出保险管　1A　$\phi5 \times 20$ |

## 三、使用方法

MUJ－Ⅱ型电脑通用计数器面板图见附图 4－1。

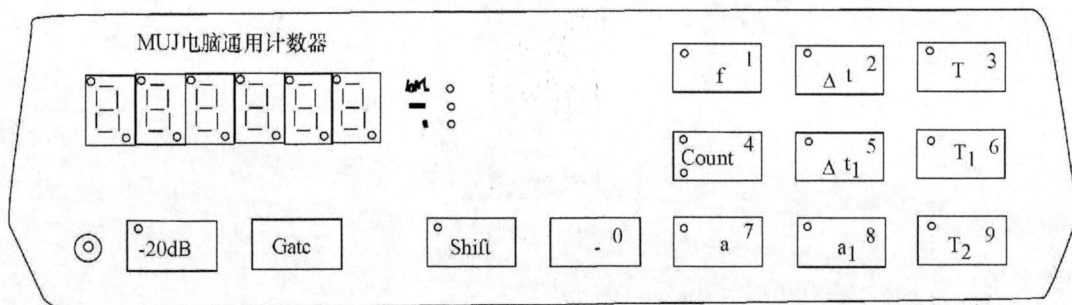

附图 4－1　MUJ－Ⅱ型电脑通用计数器面板图

附表 4－1　MUJ－Ⅱ型电脑通用计数器键功能表

| 键符号 | 功能 | 键符号 | 功能 |
|---|---|---|---|
| °－20dB | 输入电信号衰减 20dB | Gate | 标频选择;一档/次 |
| ° Shift | 双功能键选择 | － ⁰ | 光电门数预置;置 0 |
| ° f ¹ | 测电信号频率;置 1 | ° Δt ² | $P_1$ 计时;置 2 |

| 键符号 | 功能 | 键符号 | 功能 |
|---|---|---|---|
| ° T ³ | 测电信号周期;置3 | : Count ⁴ | : P₁ 计数;置4<br>: 计电脉冲 |
| ° Δt₁ ⁵ | P₁ 两路计时;置5 | ° a ⁷ | 测加速度;置7 |
| ° T₁ ⁶ | P₁ 测转速;置6 | ° T₂ ⁹ | 测光控周期;置9 |
| ° a₁ ⁸ | 加附件测加速度;置8 | | |

**说明:**1. 需输入上档数值时应先按 Shift 键再设定数字。

2. 按触摸式键被确认后该键指示灯亮并鸣响。

表附 4 – 2　MUJ – Ⅱ型电脑通用计数器键操作方法

| 测量内容 | 信号输入 | 操作键 | 显示 |
|---|---|---|---|
| 频率 | 电信号插口 | f | Shift 可锁定 |
| 周期 | 电信号插口 | T | |
| 计时 | P₁ 接 2 光电门 | Δt | 重复测量、不消零 |
| 计数 | P₁ 光电门<br>电信号插口 | : Count<br>: Count | |
| 双路计时(动量守恒) | P₁P₂ 各 1 光电门 | Δt₁⁵ | $P_{11} - P_{12} - P_{21} - P_{22}$ |
| 加速度 | P₁、P₂2~4 光电门 | a. – °光电门数(3) | $t_1 - t_2 - t_3 - t_{12} - t_{23}$ |
| 周期(简谐振动) | P₁ 光电门 | T₂、Shift、预置数(X)<br>Shift、启动 T₁ | $\sum Tx$ |
| 双周期 | P₁、P₂ 各 1 光电门 | 同上 | $P_1(\sum T_x) - P_2(\sum T_x)$ |
| 转速 | P₁ 接光笔 | T₁、Shift、预置数(X)<br>Shift、启动 T₁ | $\sum T_x$ |
| 标频输出 | T. Gate(选档)、Shift | | |

**注:**① 显示提示符 P 的下角标,第一位表示接口编号,第二位表示计时时序。

② 多点测量采用循环显示,为便于记录,可使用暂停键 Shift。

# 附录五　MUJ－6B 电脑通用计数器

## 一、仪器主要特点

本机采用单片微处理器,程序化控制,是一种智能化仪器。可广泛应用于各种计时、计数、测频、测速实验中。在与气垫导轨配套使用时,除具有一般数字计时器同样的功能外,还具有将所测时间直接转换为速度、加速度值的特殊功能。本机具有记忆存储功能,可记忆多组实验数据,在较短的时间内完成气垫导轨分组实验。本机还可与自由落体仪配套使用。本机只设置了四只操作键,同时设置了可转换的十种功能。时标基准根据测量结果自动定位。

## 二、仪器技术指标

1. 显示方式:　　　　6 位 0.8″LED 数码管
2. 计时范围:　　　　0.00ms ~ 35.50min
3. 计数范围:　　　　0 ~ 999999
4. 周期数范围:　　　1 ~ 9999
5. 测加速度范围:　　0.00 ~ 2000cm/s$^2$
6. 测速范围:　　　　0.00 ~ 2000cm/s
7. 测频范围:　　　　1Hz ~ 20MHz
8. 电周期范围:　　　0.5Hz ~ 200kHz
9. 测频输入电压:　　0.1 ~ 30V
10. 信号源输出:　　　1Hz、10Hz、100Hz、1000Hz、10000Hz
11. 光电输入:　　　　双路、4 门
12. 电磁铁插口:　　　1 个(P1 光电门兼用)
13. 电源电压:　　　　220(1 ±10% )V　AC

## 三、工作原理

本机以单片机为中央处理器,并编入与气垫导轨等实验相适应的数据处理程序,具备多组实验的记忆存储功能,通过按键输入指令。P1、P2 光电输入口采集信号,由中央处理器处理,LED 数码显示屏显示各种测量结果。

**功能键:** 用于十种功能的选择或清除显示数据。

※ 按动功能键,仪器将进行功能选择,按住功能键不放,可进行循环选择。

※ 光电门遮过光,按功能键,可清"0"复位。

**转换键:** 用于测量单位的转换,挡光片宽度的设定及简谐运动周期值的设定。

在计时、加速度、碰撞功能时:

※ 按转换键小于 1s,测量值在时间或速度之间转换。

※ 按转换键大于 1s,可重新选择您所用的挡光片宽度 1.0cm、3.0cm、5.0cm、10.0cm。

**取数键:** 在使用计时 1、计时 2、周期功能时,仪器可自动存储前 20 个测量值;在使用加速度、碰撞、重力加速度功能时,仪器可自动存储前 5 个测量值。

※ 取出存储数据:按取数键,可依次显示数据存储顺序及相应值。

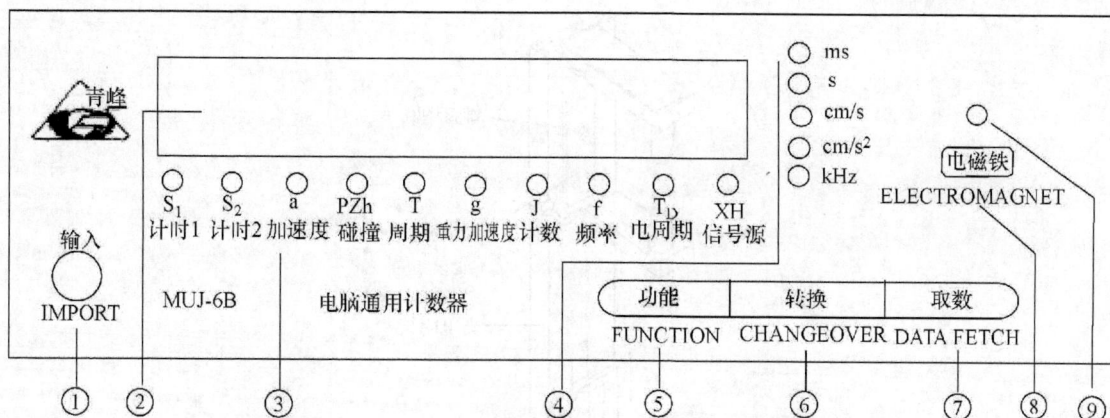

① 测频输入口　　② LED 显示屏　　③ 功能转换指示灯
④ 测量单位指示灯　⑤ 功能键　　　⑥ 转换键
⑦ 取数键　　　　⑧ 电磁铁键　　⑨ 电磁铁通断指示灯

附图 5 - 1　MUJ - 6B 型电脑通用计数器前面板示意图

※ 清除存储数据：在显示存储值过程中，按功能键。

**电磁铁键：**按此键可控制电磁铁的通、断。

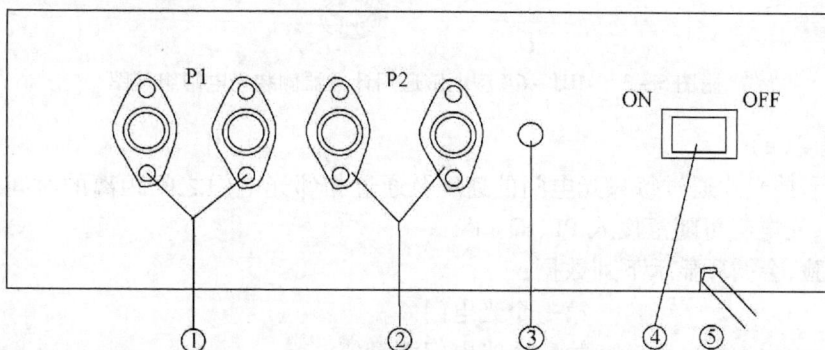

① P1 光电门插口（外侧口兼电磁铁插口）　② P2 光电门插口　③ 频标输出插口　④ 电源开关　⑤ 电源线

附图 5 - 2　MUJ - 6B 型电脑通用计数器后面板示意图

## 四、仪器使用与操作

光电门组装请看附图 5 - 3。

注意：每次开机，挡光片宽度自动设定为 1.0cm。您使用的挡光片与您用转换键设定的挡光片宽度应一致（仅显示时间可忽略此项）。

1. 计时 1（$S_1$）

测量对任一光电门的挡光时间。（不适合气垫导轨实验）

2. 计时 2（$S_2$）

测量 P1 口光电门两次挡光或 P2 口光电门两次挡光的间隔时间（而不是 P1、P2 口各挡光一次）及凹形挡光片通过 P1 口或 P2 口光电门的速度，可连续测量。（适合气垫导轨实验）

**特别提示：**测量时间应使用凹形挡光片。

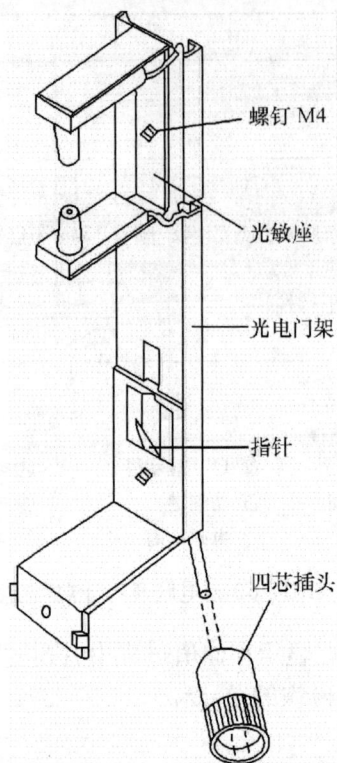

附图 5-3 MUJ-6B 型电脑通用计数器侧装光电门组装图

（图中标注：螺钉 M4、光敏座、光电门架、指针、四芯插头）

3. 加速度($a$)

测量凹形挡光片通过每只光电门的速度及通过相邻光电门之间距离的时间或这段路程的加速度 $a$，光电门可随意接入 P1、P2 口。

做完实验，会循环显示下列数据：

| | |
|---|---|
| 1 | 第一个光电门 |
| ×××××× | 第一个光电门测量值 |
| 2 | 第二个光电门 |
| ×××××× | 第二个光电门测量值 |
| 1-2 | 第一至第二光电门 |
| ×××××× | 第一至第二光电门测量值 |

※ 如连接 3 个或 4 个光电门时，将继续显示 3,2-3,4,3-4 段的测量值。

※ 按下功能键可清"0"，进行新的测量。

4. 碰撞(PZh)

进行等质量,不等质量碰撞实验。

在 P1、P2 口各接一只光电门,两只滑行器上安装相同宽度的凹形挡光片及碰撞弹簧,滑行器从气轨两端向中间运动,各自通过一只光电门后碰撞。

做完实验,会循环显示下列数据：

| | |
|---|---|
| P 1.1 | P1 口光电门第一次通过 |
| ×××××× | P1 口光电门第一次测量值 |

| P 1. 2 | P1 口光电门第二次通过 |
|---|---|
| ××××× | P1 口光电门第二次测量值 |
| P 2. 1 | P2 口光电门第一次通过 |
| ×××××× | P2 口光电门第一次测量值 |
| P 2. 2 | P2 口光电门第二次通过 |
| ×××××× | P2 口光电门第二次测量值 |

☞ 如滑块 3 次通过 P1 口光电门,一次通过 P2 口光电门,本机将不显示 P2.2,而显示 P1.3,表示 P1 口光电门进行了三次测量。

☞ 如滑块 3 次通过 P2 口光电门,一次通过 P1 口光电门,本机将不显示 P1.2,而显示 P2.3,表示 P2 口光电门进行了三次测量。

※ 按下功能键可清"0",进行下一次测量。

5. 周期($T$)

接入一个光电门,测量简谐运动 1~9999 周期的时间,可选用以下两种方法。

☞ 不设定周期数:开机仪器会自动设定周期数为 0,完成一个周期,显示周期数加 1。按转换键即停止测量。显示最后一个周期数约 1s 后,显示累计时间值。按取数键,可提取每个周期的时间值。

☞ 设定周期数:按住转换键,确认您所设定周期数时放开此键。(只能设定 100 以内的周期数)每完成一个周期,显示周期数会自动减 1,当完成最后一次周期测量,会显示累计时间值。

显示累计时间值时,按取数键可显示本次实验每个周期的测量值。

待运动平稳后,按功能键,开始测量。

**特别提示:**此仪器只能记录前 20 个周期时间值。

6. 重力加速度($g$)

将电磁铁插头接入电磁插口,两个光电门接入 P2 光电门插口,按动电磁铁键,电磁指示灯亮,吸上钢球;再按动电磁铁键,电磁指示灯灭,钢球下落计时开始,钢球下部遮住光电门,计时器计时。

显示结果:

| 1 | 第一个光电门 |
|---|---|
| ×××××× | $t_1$ 值 |
| 2 | 第二个光电门 |
| ×××××× | $t_2$ 值 |

※ 第三个光电门插在 P1 光电门内侧插口,还可测到第 3 个数值。

因为:$h_1 = \dfrac{1}{2}gt_1^2$,　　　$h_2 = \dfrac{1}{2}gt_2^2$

所以:$g = \dfrac{2(h_2 - h_1)}{t_2^2 - t_1^2}$

式中:$(h_2 - h_1)$ 为两光电门之间距离。

将两光电门之间距离设定大些,可减小测量误差。

按功能键或电磁铁键,仪器可清"0"。

重力加速度的测量方法,还可用计时 2($S_2$)功能测量,具体方法请见自由落体仪使用说明书。

7. 计数($J$)

测量光电门的遮光次数。

8. 测频($f$)

可测量正弦波、方波、三角波。

☞ 将本机附带的测频输入线连接在前面板测频输入口上,另一端的红黑两色夹子分别夹在被测信号的输出端及公共地线上。

☞ 在电周期功能时,按转换键可转换到测频功能。

※ 当被测信号大于 1MHz,如显示 5628.86kHz,需查看尾数时,按取数键将会在显示屏左端显示 ×。则此次测量值应为 5628.86 × kHz。

9. 电周期($T_D$)

☞ $T_D = 1/f$,频率较低时,用电周期测量频率值较准确。

☞ 连接方法详见测频章节。

10. 信号源(XH)

将信号源输出插头,插入信号源输出插口,可输出频率为:10.000、1.000、0.100、0.010、0.001 单位为 kHz 的方波信号,按转换键可改变电信号的频率。如果测试信号误差较大,请检查本仪器地线与测试仪器地线是否相连接。

**五、本机的自检、调整和维护**

本机具有自检功能。按住取数键不放,再开启电源开关,数码管显示"2 2 2 2 2 2"、"5.5.5.5.5.5.",发光二极管全亮,显示 23.50ms,说明仪器正常。若整机不能正常计时,请检查光电门是否正常。

## 【注意事项】

1. 仪器通电前,请检查电源电压是否符合使用条件。

2. 请避免阳光直射仪器。

3. 测量时间大于计时范围时,显示 0.0.0. 或单位指示灯不亮。

4. 测量时间小于 1ms 或大于 99.999s 时,按转换键想转换为速度时,只显示 0.0.0.,表示超范围转换。在加速度($a$)功能时,两个光电门之间的测量值小于 10ms,按转换键不显示加速度 $a$ 值。

5. 当做完实验后,请关闭仪器电源开关。

6. 仪器出现故障,请找专业技术人员修理。

# 附录六　世界十大经典物理实验

## 排名第一　托马斯·杨双缝演示用于电子干涉实验

20 世纪初,人们发现微观粒子(光子、电子、质子、中子等)具有"波粒二象性",如何按照量子物理学的观点探知这一规律,成为物理学家研究的课题。

在科学界,杨氏双缝实验是经典的波动光学实验。玻尔和爱因斯坦都曾设想用电子束代替光束做这个实验来证实电子的波动性,由于技术原因,直至 1961 年才得以实现。科学家约恩孙制作出间距 1μm 的双缝,发射 150keV 电子束通过双缝,在荧光屏上显示出了干涉图样,这是对电子具有波动性的有力证实。一个有趣的现象:单个发射电子也会有干涉图样,当试图得到电子是由哪个缝通过时,图像立即消失。

## 排名第二　伽利略的自由落体实验

16 世纪前,希腊著名哲学家亚里斯多德认为,每一个物体都有回到自然位置的特性。物体越重,回到自然位置的倾向越大,在自由落体运动中重物体下落速度应比轻物体快。当时在比萨大学任教的伽利略向权威的观点提出挑战,他设计了一个理想实验:一轻一重两物体束缚在一起下落,按哲人的观点可得出两点结论。

比萨斜塔

1. 重物受轻物牵阻下落时间会延长;2. 连接体总重量增加,下落时间应减少,显然这两个结论是相互矛盾的。传说伽利略在比萨斜塔上验证了他的观点。爱因斯坦评价道:"伽利略的发现以及他所应用的科学推理方法是人类思想史上最伟大的成就之一"。

## 排名第三　罗伯特·密立根的油滴试验

1909 年美国科学家罗伯特·密立根设计了一个试验。他在一个透明的小盒里上下安装了正负电极,用香水瓶喷头喷入油滴,通过板极电压控制油滴下落速度。经过反复试验,密立根得出结论:电荷的值是某个固定的常量,

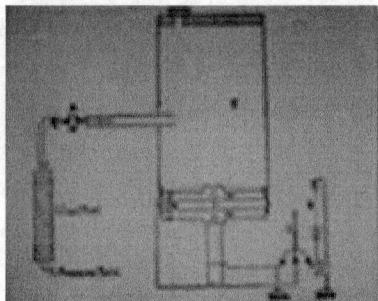

密立根的油滴实验装置图

最小单位就是单个电子的带电量。电子电荷总是元电荷的确定的整数倍而不是分数倍。

密立根由于这一发现荣获诺贝尔奖,在获奖演讲中他说:"科学是用理论和实验这两只脚前进的,有时这只脚先迈出一步,有时是另一只脚先迈出一步,但是前进要靠两只脚。先建立理论然后做试验,或者是先在实验中得出了新的关系,然后再迈出理论这只脚并推动实验前进,如此不断交替进行。"

## 排名第四　牛顿的棱镜分解太阳光

1665～1667 年牛顿做了一系列试验来研究光现象。在这之前人们普遍认为白光是纯的无色光。牛顿用三棱镜将阳光分解出不同的颜色,在他的第一篇论文中揭示出白光的本质:"通常的白光确实是每一种不同颜色的光线的混合,光谱的伸长是由于玻璃对这些不同的光线折射本领不同"。这一实验开创了对光谱学的研究,成为光学和物质结构研究的主要手段。

牛顿在暗室做分光实验

## 排名第五　托马斯·杨的光干涉实验

早期以牛顿为代表的科学家认为,光是由微粒组成,这种观点在近百年间阻碍了人们对光学的进一步认识。1800 年英国物理学家托马斯·杨提出了他的光"干涉原理",即"同一光源的部分光线当从不同渠道,恰好由同一个方向或者大致相同的方向进入眼睛时,光程差是固定长度的整数倍时最亮,相干涉的两个部分处于均衡状态时最暗,这个长度因颜色而异"。为此,杨氏做了一个非常著名的"杨氏干涉实验"。他在百叶窗上开了一个小洞,让光线射入暗室,用一张纸片将光线从中间分成两束,结里看到了像波一样的干涉现象。光的波动学说由此得到成功证明。

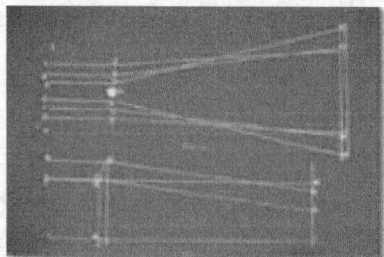

托马斯在论文中的插图

## 排名第六　卡文迪什扭矩实验

牛顿的万有引力理论提出：两个物体之间的引力与它们的质量的乘积成正比，与它们距离的平方成反比。英国科学家亨利·卡文迪什（1731～1810）通过实验找到了计算万有引力的方法。他把两个金属球用一根6英尺长的木杆连接，在中心点用细金属丝悬挂，再用两个重350磅的皮球靠近金属球，使金

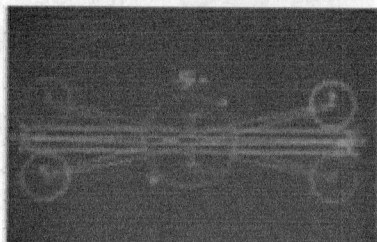

扭秤实验图

属丝发生扭转，由此测出万有引力常数 $G$。$G$ 的精确测量对地球物理、天体物理都具有重要的实际意义。

## 排名第七　埃拉托色尼测量地球圆周

埃拉托色尼是生于公元前276年的北非人，他兴趣广泛、博学多才，是少有的百科全书式的学者。遗憾的是他的著作大部分遗失。

他最著名的成就就是测出地球的大小。方法却很简单：他听说在埃及的赛恩，当复至时光线可以直射井底，表明太阳光与地面垂直。于是他事先测出赛恩到亚历山大城的距离，又测出夏至时在亚历山大城阳光与地面垂线大约有7°夹角，然后用几何的方法推算出地球圆周约为40000km，误差在5%以内，与实际只差100km。

## 排名第八　伽利略的加速度试验

伽利略在研究自由落体运动时，受当时测量条件的限制无法准确测量，于是他设计了斜面实验用来"冲谈"重力，"放慢"速度，并把自由落体看成是倾角为90°的特例。他做了一个6m长的光滑木板槽，让铜球沿斜面滚下，测出时间和距离的关系。亚里斯多德认为滚动起来的球应是匀速，伽利略却证

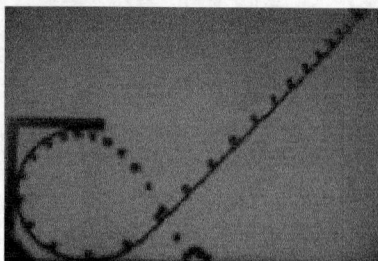

用频闪仪拍摄的斜面运动

明了路程和时间的平方成正比：2倍时间使球滚动了4倍距离。

伽利略在实验基础上，经过数学的计算和推理得出假设，然后再用实验加以检验，由此得出正确的自由落体运动规律。这种研究方法后来成为近代自然科学研究的基本方法。

## 排名第九　卢瑟福散射与原子的有核模型

卢瑟福在 1898 年发现了 α 射线。1911 年他在曼彻斯特大学做放射性试验时惊奇发现：带正电的 α 粒子射向金箔时，有少量被弹回来。研究了这一现象后，卢瑟福提出了原子有核模型：原子不是一团糊状物质，其大部分物质集中在一个中心的小核上，称之为核子，电子在他周围环绕。

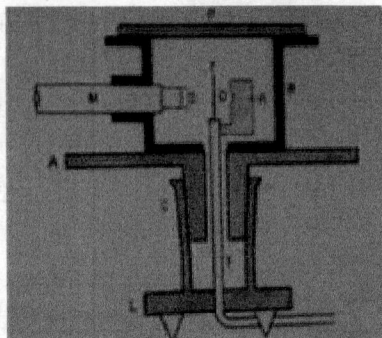

罗瑟福的学生用这一装置观测 α 散射角，以验证原子有核理论

这是一个开创新时代的试验，导致原子物理和原子核物理的建立。同时他推演的卢瑟福散射理论和以散射为手段研究物质结构的方法，对近代物理有相当重要的影响。

## 排名第十　米歇尔·傅科钟摆试验

1851 年法国科学家傅科当众做了一个试验：用一根长 67m 的钢丝吊着一个重 28kg 的摆锤，锤下有笔可以记录摆动的轨迹。由于地球绕地轴自转，傅科摆也会绕垂心缓慢转动。在巴黎是顺时针方向，30 小时一周期；在南半球是逆时针方向；在赤道则不会转动；在南极周期是 24 小时。傅科摆振动平面绕铅垂线发生偏转角现象，称为傅科效应。实际上这等同于一个观察者看到地球在摆下的自转。

傅科当众做摆球实验